Leitfaden der Bauwirtschaft und des Baubetriebs

Schnell, Vahland, Oltmanns

Verfahrenstechnik der Grundwasserhaltung

Leitfaden der Bauwirtschaft und des Baubetriebs

Herausgegeben von

Prof. Dr.-Ing. Fritz Berner
Prof. Dr.-Ing. Bernd Kochendörfer

Der *Leitfaden der Bauwirtschaft und des Baubetriebs* will das in Forschung und Lehre breit angelegte Feld, das von der Verfahrenstechnik über die Kalkulation bis zum Vertragswesen reicht, in zusammenhängenden, einheitlich konzipierten Darstellungen erschließen. Die Reihe will alle am Bau beteiligten – vom Bauleiter, Bauingenieur bis hin zum Studenten des Bauingenieurwesens – ansprechen. Auch der konstruierende Ingenieur, der schon im Entwurf das anzuwendende Bauverfahren und damit die Kosten der Herstellung bestimmt, sollte sich dieser Buchreihe methodisch bedienen.

Schnell, Vahland, Oltmanns

Verfahrenstechnik der Grundwasserhaltung

Von Prof. Dr.-Ing. Wolfgang Schnell †

2., neubearbeitete und erweiterte Auflage
Mit 44 Abbildungen und 42 Tabellen

Bearbeitet von Prof. Dr.-Ing. Rainer Vahland,
Fachhochschule Holzminden
und Dipl.-Ing. Wolfgang Oltmanns, Braunschweig

B. G. Teubner Stuttgart · Leipzig · Wiesbaden

Die Deutsche Bibliothek – CIP-Einheitsaufnahme
Ein Titeldatensatz für diese Publikation ist bei
der Deutschen Bibliothek erhältlich

1. Auflage 1991
2. Auflage Januar 2002

Der Verlag B. G. Teubner ist ein Unternehmen der Fachverlagsgruppe BertelsmannSpringer.
www.teubner.de

Umschlaggestaltung: Ulrike Weigel, www.CorporateDesignGroup.de
Druck und buchbinderische Verarbeitung: Präzis-Druck, Karlsruhe
Gedruckt auf säurefreiem und chlorfrei gebleichtem Papier.
Printed in Germany

ISBN 3-519-15023-9

Vorwort

Wasser ist im Bauwesen ein prägendes Element bei der Planung und Ausführung von Vorhaben des Erd- und Grundbaus. Bereits 1990 behandelte Prof. Dr.-Ing. W. Schnell in der von Prof. Dipl.-Ing. K. Simons initiierten Reihe 'Leitfaden der Bauwirtschaft und des Baubetriebes' die Verfahrenstechnik der Grundwasserhaltung.

In Anbetracht der zunehmenden ökonomischen und ökologischen Bedeutung von Wasserhaltungen und zur Berücksichtigung neuer technischer Entwicklungen beabsichtigte Prof. Dr.-Ing. W. Schnell eine Neuauflage der Verfahrenstechnik der Grundwasserhaltung mit einer noch ausführlicheren Behandlung baubetrieblicher Belange.

Nach dem Tod von Prof. Dr.-Ing. W. Schnell war es uns eine Ehre, seine Ideen aufzugreifen und gemeinsam die zweite Auflage der Verfahrenstechnik der Grundwasserhaltung zu bearbeiten.

Bei der Überarbeitung wurden die geotechnischen und planerischen Grundlagen sowie die Abschnitte Grundwasserabsperrungen, Qualitätssicherungen und Grundwassermanagement ergänzt bzw. neu aufgenommen. Die Kosten- und Leistungsrechnungen wurden ausführlicher dargestellt. Entsprechend der Intention dieser Buchreihe soll damit eine Hilfestellung im Studium und für die Praxis gegeben und die erforderliche Kreativität bei individuellen Lösungen gefördert werden.

Wir danken den Firmen für die zur Verfügung gestellten Prospekte, Unterlagen und Informationen sowie diversen Diplomanden der FH Holzminden für vorbereitende Arbeiten. Besonders danken wir Frau Dipl.-Ing. M. Schumacher, Prof. Rodatz und Partner, Braunschweig und Herrn Dipl.-Ing. H. Pankoke, FH Holzminden für die überaus konstruktive Unterstützung bei der Bearbeitung der zweiten Auflage der Verfahrenstechnik der Grundwasserhaltung.

Für Anregungen von Studierenden und aus der Praxis zu diesem Buch im Hinblick auf die geplante dritte Auflage danken wir bereits im Voraus.

Holzminden/Braunschweig, im November 2001

Rainer Vahland
Wolfgang Oltmanns

Inhalt

1 Technische Grundlagen zur Planung, Ausführung und Überwachung von Wasserhaltungen und -absperrungen im Erd- und Grundbau

1.1 Einführung

Wasser beeinflusst als Grund-, Oberflächen- und Niederschlagswasser wesentlich die Planung und Ausführung von Bauvorhaben des Erd- und Grundbaus. Zu berücksichtigen sind dabei insbesondere Auswirkungen auf die gewählte Konstruktion und die Dimensionierung der Baugrubensicherung, Gründung, Böschungssicherung etc. Zudem prägt es insbesondere bei fein- und gemischtkörnigen Böden maßgeblich die Bodenparameter Festigkeit und Steifigkeit. Für zahlreiche Schäden bei Bauvorhaben ist Wasser ursächlich. Die sorgfältige Vorerkundung, Planung und Ausführung sowie die Überwachung im Sinne einer Qualitäts- und ggf. Beweissicherung bei Wasserhaltungen und der dazu erforderlichen Einrichtungen ist deshalb unumgänglich.

Maßnahmen zur Wasserhaltung sind in der Bauphase erforderlich, wenn das Gründungsniveau einer Flächengründung unterhalb des Grundwasserspiegels liegt. Nach projektspezifischen Erfordernissen wird das Wasser abgeleitet (Gräben), abgesenkt (Brunnen) und/oder abgesperrt (vertikale und/oder horizontale Barrieren). Grundwasserabsperrungen (Barrieren) werden häufig als Baugrubensicherungen ausgeführt.

Die technische, wirtschaftliche und ökologische Bedeutung von Wasserhaltungsmaßnahmen ist durch die folgenden Aspekte gekennzeichnet:

- Wirtschaftliche Nutzung des Untergrundes unterhalb des Grundwasserspiegels bei Verknappung und Verteuerung besonders des innerstädtischen Baugrundes
- Optimierte Trassierungen/Gradienten und kurze Wege an Verknüpfungen sowie landschaftsästhetische Gestaltungen im Verkehrswegebau erfordern technisch und wirtschaftlich aufwendige Wasserhaltungen bei der Bauausführung
- Beeinflussung von Anrainern durch Wasserspiegeländerungen
- Schonung der Wasserressourcen durch minimale Eingriffe, d. h. keine Absenkung, Rückbau von Barrieren, Entwicklung innovativer Baustoffe etc.
- Ableitung des geförderten Wassers nach Quantität und Qualität, beispielsweise bei anthropogenen Kontaminationen oder natürlichen Inhaltsstoffen
- Ingenieurtechnisches Niveau der Maßnahme
- Plan- und Kalkulierbarkeit sowie Beherrschbarkeit der jeweiligen Maßnahme

1.2 Erkundung der Boden- und Grundwasserverhältnisse

Die sorgfältige Erkundung der Boden- und Grundwasserverhältnisse sowie deren realistische ingenieurtechnische bzw. -geologische Interpretation sind notwendige Voraussetzungen für eine fachgerechte und erfolgreiche Ausführung einer Wasserhaltungsmaßnahme. Die Untersuchung der Boden- und Grundwasserverhältnisse obliegt dem Bauherrn. Der Umfang der erforderlichen Feld- und Laboruntersuchung sowie der Ingenieurleistungen wird individuell und projektspezifisch durch den Sachverständigen für Geotechnik, der üblicherweise vom Entwurfsverfasser eingeschaltet wird, festgelegt. Der geotechnische Bericht bzw. bei untergeordneten Maßnahmen adäquate Angaben des Entwurfverfassers müssen entweder der Ausschreibung beiliegen (selten) oder die Wasserhaltung wird einrichtungstechnisch und baubetrieblich im Detail ausgeschrieben.

Grundvoraussetzung für eine zielgerichtete Erkundung der Boden- und Grundwasserverhältnisse sind detaillierte Unterlagen zu dem projektierten Vorhaben sowie Angaben zu benachbarten baulichen Anlagen (vgl. Kapitel 1.4):

- Lagepläne des Projektes, Grundrisse und Schnitte mit Höhenangaben (in m NN), Katasterauszug, Ver- und Entsorgungsinfrastruktur, Kampfmittel etc. Diese Informationen muss der Entwurfsverfasser zusammenstellen.
- Bohrprofile, Grundwasserverhältnisse, geologische Übersichts- und Baugrundkarten, lokale Besonderheiten von Boden und Fels, Fluss- und Landeskulturbaumaßnahmen. Diese Informationen können bei Geologischen Landesämtern, Bergämtern, Landesvermessungsämtern, Wasserwirtschaftsverwaltungen, Geotechnischen Instituten und Versorgungsunternehmen abgefragt werden.

Auf dieser Grundlage werden die geotechnischen und hydrogeologischen Untersuchungen, insbesondere für die Wasserhaltung, geplant und unter fachtechnischer Begleitung ausgeführt. Inhalte dieser Untersuchungen können sein:

- Ortsbegehung, Luftaufnahmen, organoleptische Beurteilung von Aufschlüssen
- Aufschlussbohrungen und Pegeleinrichtungen (Bodenprofile, Wasserstände)
- Kleinstbohrungen und Sondierungen als Ergänzung der Schlüsselbohrungen
- Durchlässigkeitsversuche in situ und geophysikalische Untersuchungen
- Bodenmechanische Laboruntersuchungen sowie Wasser- und ggf. Bodenanalytik

Bei der Ortsbegehung können unmittelbar geologische, hydrologische und zivilisatorische Gegebenheiten (Geländeform, Quellen, Feuchtstellen, Wasserläufe, Bauwerke etc.) festgestellt und gezielt untersucht werden.

Die erforderliche Qualität und Quantität geotechnischer Untersuchungen wird in der DIN 4020 „Geotechnische Untersuchungen für bautechnische Zwecke“ behandelt.

Die Bohrverfahren sind so zu wählen, dass eine durchgehende Gewinnung von Bodenproben zumindest des Aquifers gewährleistet ist. Die DIN 4021 „Aufschluss durch Schürfe und Bohrungen sowie Entnahme von Proben" gibt einen Überblick über die Eignung verschiedener Bohrverfahren im Boden und Fels. Die DIN 4020 erläutert u. a. Untersuchungen der Grundwasserverhältnisse.

Die Abstände der Bohrungen sollen bei homogenem Baugrund bei Hochbauten etwa 20 bis 40 m und bei Linienbauwerken 50 bis 200 m betragen. Bei Einzelfundamenten von Sonderbauwerken (Schornsteine, Brücken etc.) sollen etwa 2 bis 4 Aufschlüsse durchgeführt werden. Im heterogenen Baugrund ist das Aufschlussraster entsprechend zu verdichten.

Der Bereich, der um die Baugrube herum aufgeschlossen werden muss, wird von der Absenktiefe und der zunächst geschätzten Durchlässigkeit des Untergrundes bestimmt. Näherungsweise kann ein Bereich untersucht werden, der dem 20-fachen der Absenktiefe s entspricht. Für eine genauere Betrachtung muss die Reichweite R der Absenkung berechnet werden. Diese lässt sich nach der Formel von Sichardt (nicht dimensionstreu) abschätzen:

$$R \approx 3000 * s * \sqrt{k}$$

mit R: Reichweite der Absenkung [m]
s: Absenktiefe [m]
k: Durchlässigkeitsbeiwert des Bodens [m/s]

Die Durchlässigkeiten der Böden werden nach DIN 18 130 „Bestimmung des Wasserdurchlässigkeitsbeiwertes" unterschieden (Tabelle 1.1):

- sehr schwach durchlässig $k < 10^{-8}$ m/s
- schwach durchlässig 10^{-8} m/s $\leq k \leq 10^{-6}$ m/s
- durchlässig 10^{-6} m/s $< k \leq 10^{-4}$ m/s
- stark durchlässig 10^{-4} m/s $< k \leq 10^{-2}$ m/s
- sehr stark durchlässig 10^{-2} m/s $> k$

Tabelle 1.1 Größenordnung der Durchlässigkeit von Böden (Erfahrungswerte)

Bodenart	Durchlässigkeitsbeiwert k [m/s]	
	Grenzbereiche	überwiegend
Steine, Geröll	$> 10^{-1}$	
Fein- bis Grobkies	10^{-4} bis 10^{-2}	$3 \cdot 10^{-2}$ bis $2 \cdot 10^{-2}$
Grobsand	10^{-5} bis 10^{-2}	10^{-4} bis 10^{-3}
Mittelsand	10^{-6} bis 10^{-3}	10^{-4}
Feinsand	10^{-6} bis 10^{-3}	10^{-5} bis 10^{-4}
Lehm	10^{-10} bis 10^{-6}	10^{-9} bis 10^{-8}
Schluff	10^{-9} bis 10^{-5}	10^{-9} bis 10^{-7}
Löß	10^{-10} bis 10^{-5}	10^{-10}
Ton	10^{-12} bis 10^{-8}	10^{-9} (schluffig) bis 10^{-11} (fett)

Die Endteufe der Bohrungen ist von der Absenktiefe sowie von der Durchlässigkeit und der Struktur des Untergrundes abhängig. Unbeschadet der gründungstechnisch bedingten Aufschlusstiefe sollen die Erkundungen im Zusammenhang mit der Wasserhaltung mindestens 10 m in den Aquifer und 5 m unter die Brunnensohle sowie bis zur 2-fachen Absenkung unter den Ruhewasserspiegel reichen. Bei Baugruben muss die Erkundungstiefe im Allgemeinen mindestens 2 m unter die Unterkante der Baugrubenumschließung reichen. Wenn bis zu dieser Tiefe keine natürliche Grundwasserbarriere (Grundwasserhemmer) erreicht wird, muss die Erkundung bis mindestens 5 m unter die Unterkante der Umschließung ausgeführt werden. Es ist vorteilhaft, die Bohrungen zu temporären Grundwassermessstellen (Pegeln) und ggf. Brunnen auszubauen und dort die Spiegelhöhe sowie ggf. die Fließgeschwindigkeit zu beobachten. Der Grundwasserstand, die Fließrichtung und die Fließgeschwindigkeit sind jahreszeitlichen Schwankungen unterworfen. Deshalb ist es für die Festlegung der Bemessungswasserstände erforderlich, die Beobachtungen frühzeitig vor der Maßnahme und in regelmäßigen Abständen durchzuführen. Während der Baumaßnahme können diese Pegel zur Kontrolle der Wirksamkeit der Wasserhaltung bzw. der Wasserabsperrung genutzt werden. Der temporäre Schutz und der anschließende Rückbau der Pegel ist zu beachten.

Vor der Baugrunderkundung ist die Durchlässigkeit und die Struktur des Bodens sowie die Art und Tiefe der Baugrubenumschließung unbekannt. Daher wird empfohlen, die Endteufe der Bohrungen großzügig zu wählen.

Aus dem Probematerial der Bohrungen werden nach organoleptischer Ansprache repräsentative Proben ausgewählt und labortechnisch untersucht. Auf der Grundlage der Untersuchungsergebnisse werden Schichtenverzeichnisse erstellt und bodenmechanische Klassifikationen durchgeführt. Darauf aufbauend wird der Untergrund als generalisiertes Ingenieurmodell in Schichten mit relevanten Bodenparametern und Bemessungswasserständen abgebildet. Dieses Modell dient als Grundlage für die bautechnische Planung.

Für den Entwurf der Wasserhaltung sind zusätzliche Angaben über etwaige Feinschichtungen, unterschiedliche Durchlässigkeiten, jahreszeitliche Spiegelhöhenänderungen (in m NN) und Wasseranalysen (zur Beurteilung der Korrosions- und Verockerungsgefahr etc.) notwendig.

Die Bodendurchlässigkeit wird nach DIN 18 130 untersucht. Für bautechnische Zwecke ist es im Allgemeinen ausreichend, die Durchlässigkeit grobkörniger Böden nach der Kornverteilung zu ermitteln (DIN 18 123 „Bestimmung der Korngrößenverteilung“). Nach Hazen beträgt die Durchlässigkeit für reinen Sand

$$k = 0{,}0116 * d_{10}^2$$

mit k: Durchlässigkeitsbeiwert des Bodens [m/s]

d_{10}: Korndurchmesser bei 10 % Siebdurchgang [mm]

Durch die verbesserte Formel von Beyer wird zusätzlich die Ungleichförmigkeit $U = d_{60}/d_{10}$ und die Lagerungsdichte des Bodens berücksichtigt:

$$k = c * d_{10}^2$$

mit k: Durchlässigkeitsbeiwert des Bodens [m/s]
c: Beiwert nach BEYER
c = 0,012 bei U = 5, lockerste Lagerung
c = 0,005 bei U = 20, dichteste Lagerung
d_{10}: Korndurchmesser bei 10 % Siebdurchgang [mm]

Die Durchlässigkeit eines Bodens wird für eine Wassertemperatur von 10°C angegeben. Bei niedrigeren Temperaturen verkleinert und bei höheren Temperaturen vergrößert sich der k-Wert. Beispielsweise beträgt die Durchlässigkeit bei 5°C 0,87 k und bei 25°C 1,46 k. Des Weiteren wird die Durchlässigkeit durch Gaseinschlüsse, z. B. bei Wiederversickerungen, deutlich reduziert.

Zuverlässiger als Laboruntersuchungen sind Durchlässigkeitsversuche im Gelände. Daher sind Probeabsenkungen bei umfangreichen Wasserhaltungen zu empfehlen und bei heterogenem Baugrund sogar erforderlich.

Bei einer Probeabsenkung werden die in einem Brunnen entnommene Wassermenge q sowie mindesten zwei Pegelstände des Absenktrichters im stationären Zustand gemessen (Bild 1.1). Aus diesen Werten kann die Durchlässigkeit des Bodens ermittelt werden:

$$k = \frac{q}{\pi} * \frac{\ln x_2 - \ln x_1}{y_2^2 - y_1^2}$$

mit k: Durchlässigkeitsbeiwert des Bodens [m/s]
q: Förderrate des Brunnens [m^3/s]
x: Abstand des Pegels vom Brunnen [m]
y: Spiegelhöhe im Pegel [m]

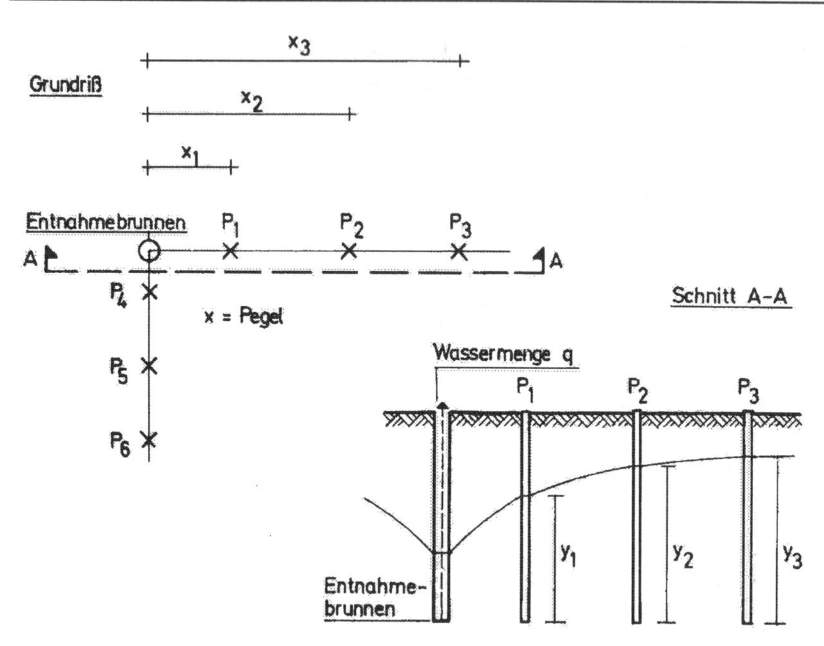

Bild 1.1 Pegelanordnung für eine Probeabsenkung

Weitere Möglichkeiten zur Bestimmung der Durchlässigkeit sind Versickerungsversuche, Einschwingversuche ($k > 10^{-6}$ m/s), Packerversuche (Festgestein), Slug-Bail-Tests (kurze Spiegeländerungen im Pegel/Brunnen bei $k < 10^{-4}$ m/s) sowie Markierungsversuche (Tracerversuche) und Flowmeter-Tests (Fließgeschwindigkeitsmessungen). Die Planung, Durchführung und Auswertung dieser Untersuchungen erfordert besondere Fachkenntnisse. Dafür sind geeignete Fachleute einzuschalten.

Bei längerfristigen Wasserhaltungen, insbesondere bei einer Wiederversickerung des Grundwassers, und bei potentiellen Kontaminationen müssen Wasseranalysen durchgeführt werden. Die Analysen sollen den originären Zustand im Hinblick auf die Wasserhaltung (Korrosions-, Verockerungs-, Versinterungs-, Verstopfungsgefahr) beschreiben. Zusätzlich sollen Prognosen über mögliche Veränderung des Wassers aus der Wechselwirkung zwischen dem Bauverfahren und dem Wasser bzw. Boden ermöglicht werden. Darüber hinaus sind Analysen vor und während/nach der Maßnahme bei der Bewertung des Eingriffs in den Grundwasserhaushalt hilfreich. Bauchemische Untersuchungen zur Baustoffaggressivität sind nur bedingt brauchbar. Für die Analytik und Bewertung der Wasseranalysen empfiehlt sich - auch in ökochemischer Hinsicht - die Einschaltung entsprechender Fachleute.

1.3 Verfahren der Wasserhaltung und Wasserabsperrung

Ein Bauwerk wird bevorzugt in einer trockenen Baugrube hergestellt. Eine Wasserhaltung bzw. -absperrung ist erforderlich, wenn oberhalb der geplanten Baugrubensohle Grundwasser ansteht. Hierfür werden prinzipiell drei verschiedene Verfahren angewandt:

- Grundwasserabsenkung
- Grundwasserabsperrung
- Grundwasserverdrängung

Bei einer Grundwasserabsenkung wird der Grundwasserspiegel durch eine offene Wasserhaltung (vgl. Kapitel 4) oder durch Brunnen mit Schwerkraft- oder Vakuumentwässerung (vgl. Kapitel 5) bis unter die Baugrubensohle abgesenkt.

Eine Grundwasserabsperrung mittels Schlitz-, Spund-, Bohrpfahl- oder Düsenstrahlwände (vgl. Kapitel 6.2 bis 6.5) unterbindet den seitlichen Wasserzustrom zur Baugrube. Um zu verhindern, dass Wasser von unten in die Baugrube eindringt, müssen die Verbauwände in eine wasserundurchlässige Schicht einbinden. Wenn keine undurchlässige Bodenschicht in technisch und wirtschaftlich erreichbarer Tiefe ansteht, muss der Baugrund z. B. durch eine Unterwasserbeton- oder Injektionssohle (vgl. Kapitel 6.5 und 6.6) abgedichtet werden. Bei Grundwasserabsperrungen wird von einer geschlossenen Grundwasserhaltung gesprochen.

Eine weitere Möglichkeit Baugrubensohlen oder Fehlstellen in Schlitz-, Bohrpfahl- und Spundwänden abzudichten, ist das Verfahren der Bodenvereisung. Aufgrund der hohen Energiekosten wird diese Methode jedoch nur in Sonderfällen angewandt.

Bei der Grundwasserverdrängung wird das Wasser durch Druckluft aus dem Arbeitsraum ferngehalten. Dies wird z. B. mit dem Einsatz von Senkkästen ermöglicht. Dieses Bauverfahren ist auf Sonderfälle wie z. B. beim Tunnelbau, bei der Gründung von Brückenpfeilern oder Seeschiffskajen beschränkt.

Die Wahl eines geeigneten Verfahrens richtet sich im Wesentlichen nach den folgenden Randbedingungen:

- Größe und Form der Baugrube
- Absenktiefe des Grundwasserspiegels
- Baugrundverhältnisse (Bodenart, Schichtung, Durchlässigkeit)
- Wasserverhältnisse (gespanntes / nicht gespanntes Grundwasser, Grundwasserstockwerke)
- Gefährdung der Nachbarbebauung, Verkehrswege und Leitungen
- Platzverhältnisse
- vorgesehene Baugrubensicherung

Die generellen Vor- und Nachteile der drei Verfahren zur Wasserhaltung sind in der Tabelle 1.2 zusammengestellt:

Tabelle 1.2 Vor- und Nachteile der Wasserhaltungsverfahren

Wasserhaltungs-verfahren	Vorteil	Nachteil
Grundwasser-absenkung	-kostengünstig -in vielen Böden anwendbar -technisch einfach durchführbar -mit jeder Verbauart kombinierbar -keine Wasserdruckbelastung der Verbauwände	- Vorlaufzeit vor Aushubbeginn erforderlich - Platzbedarf für Brunnen - großer Einzugsbereich - wasserhaushaltsrechtliche Probleme - Setzungsgefahr für benachbarte Bauwerke - in Kiesen wegen des starken Wasserandranges häufig nicht anwendbar
Grundwasser-absperrung	- in allen Böden anwendbar - keine kontinuierliche Entnahme von Grundwasser erforderlich - keine Setzungsgefahr für benachbarte Bauwerke infolge einer Wasserhaltung - Brunnen sind nur für die Entwässerung der Baugrube erforderlich	- Verbauwände müssen wasserdicht sein und auf Wasserdruck bemessen werden - häufig nur wirtschaftlich bei einer wasserundurchlässigen Bodenschicht in geringer Tiefe - nicht zurückgebaute vertikale Abdichtungen (Schlitz-, Bohrpfahlwand) können dauerhaft die Grundwasserströmung beeinflussen
Grundwasser-verdrängung durch Druckluft	- in praktisch allen Böden anwendbar - keine Grundwasserentnahme erforderlich	- hohe Kosten aufgrund der Arbeiten unter Druckluft - Anwendung generell auf 30 m unterhalb des Grundwasserspiegels begrenzt - nur für kompakte Bauwerke (z. B. Brückenpfeiler, Einzelblöcke von Tunneln) geeignet, da das Bauwerk als Ganzes abgesenkt wird - regelmäßiger Bauwerksgrundriss erforderlich (z. B. kreisförmig oder rechteckig)

1.4 Planung der Wasserhaltung

Grundwasserabsenkung

Für die Planung und Dimensionierung einer Grundwasserabsenkung sind umfangreiche Unterlagen erforderlich, die die ausschreibende Stelle, i. d. R. der Bauherr, dem Unternehmer zur Verfügung stellen muss. Zudem legt der Bauherr fest, ob dieser, ggf. unter Einbezug eines Fachplaners, die Planung der Grundwasserabsenkung selbst durchführt oder an den Unternehmer übergibt. Im ersten Fall übernimmt der Bauherr die Verantwortung für die Richtigkeit der Dimensionierung und die Zweckmäßigkeit der Anlage.

Der Unternehmer ist für eine technisch einwandfreie Herstellung und Betreibung zuständig. Im zweiten Fall ist der Unternehmer für die Planung der Grundwasserabsenkung verantwortlich. Allerdings bleibt die Gewährleistung für die Richtigkeit der für die Ausschreibung notwendigen Angaben grundsätzlich beim Bauherrn. Dieser muss die Angebote hinsichtlich der Preise und der technischen Eignung überprüfen. Damit der Unternehmer ein Angebot erstellen kann, sind fallweise die folgenden Angaben in den Ausschreibungsunterlagen erforderlich:

- Zweck, Umfang und Absenkungsziel der Grundwasserabsenkung und ihre ungefähre Dauer
- Bodenschichtung und Durchlässigkeit
- Höhe des unbeeinflussten Grundwasserspiegels und dessen Schwankungen
- Wasseranalysen
- Angaben über Gewässer oder Wasserentnahmen, die die Grundwasserabsenkung beeinflussen können
- Einbeziehen von Oberflächen-, Sicker- oder Schichtenwasser oberhalb des unbeeinflussten Grundwasserspiegels
- Bemessungsniederschlag
- Baugrubenabmessungen
- Gründungstiefen, Gründungsarten und Lasten benachbarter Bebauung
- Zustand der von der Absenkung betroffenen baulichen Anlagen vor Beginn der Grundwasserabsenkung und Verteilung der Haftung bei eintretenden Schäden
- Besondere Maßnahmen zum Schutz benachbarter Grundstücke und Bauwerke
- Fläche und geforderter Grundwasserstand für Objekte, die durch eine Wiederversickerung zu schützen sind
- Maximal mögliche Erhöhung des Grundwasserstandes bei einer Wiederversickerung bei fehlendem Vorfluter
- Bauablauf- und Bauzeitenpläne, soweit nicht durch den Unternehmer bestimmt
- Betriebsdauer (Brunnenbetriebstage) der Anlage, als Abrechnungsbasis
- Vorhaltedauer (Brunnenvorhaltetage) der Anlage, als Abrechnungsbasis
- Wartungsdauer der Anlage (in Kalendertagen) , als Abrechnungsbasis
- Lage und Aufnahmefähigkeit des Vorfluters, Ableitung in Gerinnen oder geschlossenen Leitungen, ggf. über besondere Bauwerke (z. B. Rohrbrücken)
- Angaben über die Stromversorgung
- Anzahl und Beschreibung der Entnahmebrunnen einschließlich Abdichtungen, aller erforderlichen Armaturen und Geräte zur Brunnensäuberung/-regenerierung
- Leistungsangaben für die einzelnen Pumpen
- Durchmesser und Länge der Rohrleitungen
- Art und Stärke der Notstromversorgung
- Erforderliche Sicherheitseinrichtungen
- Art und Umfang vorzusehender Reserveanlagen
- Umstellungen der Wasserabsenkungsanlage beim Fortschreiten der Bauarbeiten
- Verschließen von Brunnen (z. B. aufgrund behördlicher Auflagen)
- Einbau von Wassermessvorrichtungen
- Anzahl und Art der Messpegel

- Art und Umfang der Prüfungen und ggf. Behandlung des geförderten Wassers aufgrund behördlicher Auflagen
- Einbau der Anlage innerhalb oder außerhalb der Baugrube
- Bohrebene für die Herstellung der Absenkungs- und Versickerungsbrunnen
- Maßnahmen zum Schutz des Bauwerks gegen Aufschwimmen bei unbeabsichtigtem vorzeitigem Ansteigen des Wassers
- Vorkehrungen für Erweiterungsmöglichkeiten der Grundwasserabsenkungsanlage

Grundwasserabsperrung

Bei einer Grundwasserabsperrung sind für eine ordnungsgemäße Leistungsbeschreibung vom Bauherrn insbesondere folgende Angaben aufzuführen:

- Gründungstiefen, Gründungsarten und Lasten benachbarter Bebauung
- Zusätzliche Belastung des Verbaus
- Baugrubenabmessung, Höhenlage der Oberkante des Verbaus
- Besondere Anforderungen an die Dichtigkeit
- Verbot von Absteifungen des Verbaus gegen ein Bauwerk (z. B. wegen Abdichtungsarbeiten)
- Ausbildung der Anschlüsse an das Bauwerk
- Vorhalten oder Liefern von Bauteilen und –stoffen
- Lage und Art der für den Verkehr vorzusehenden Überfahrten und Übergänge

1.5 Projektierung und Überwachung der Wasserhaltung

Bei dem Entwurf und der Planung einer Wasserhaltungsmaßnahme müssen im Einzelnen bei den im Kapitel 1.3 erläuterten Aspekten weitere Einflüsse berücksichtigt werden. Zum Beispiel sind bei einer Grundwasserhaltung mit Brunnen die Auswirkungen einer Grundwasserabsenkung zu untersuchen. Mögliche Probleme liegen beispielsweise in der Setzungsgefahr des umliegenden Bodens, der Beeinflussung des Wasserhaushaltes und der Schädigung der Flora. Diese Faktoren werden im Folgenden näher erläutert.

Beeinflussung der Nachbarbebauung durch Setzungen

An benachbarten baulichen Anlagen können aufgrund von Grundwasserabsenkungen Setzungsschäden auftreten. Die Schäden werden durch eine Änderung der Spannungsverhältnisse im Boden verursacht. Der durch die Absenkung entfallende Auftrieb bewirkt eine Erhöhung der wirksamen Spannungen im Korngerüst. Diese zusätzlichen Spannungen führen zu einer Zusammendrückung bzw. einer Setzung des Baugrundes. Da der Absenktrichter des Grundwassers je nach Bodendurchlässigkeit stark gekrümmt sein kann, können ggf. große Setzungsdifferenzen auftreten. Bei einer Wiederversickerung sind Setzungen infolge Senkungen/Sackungen bei Wassersättigung vormals teilgesättigter Schichten möglich.

Vor Beginn einer Wasserhaltungsmaßnahme ist eine Untersuchung der Gründungsart und –tiefe der Nachbarbebauung erforderlich. Der Zustand der Bebauung soll in einem Beweissicherungsverfahren dokumentiert werden. Während der Wasserhaltung sind eventuell auftretende Setzungen der Nachbargebäude, z. B. durch Nivellements, zu überwachen und ingenieurtechnisch zu bewerten.

Falls die Grundwasserabsenkung benachbarte Versorgungsbrunnen z. B. von Industriebetrieben beeinflusst, sind zusätzliche Untersuchungen/Maßnahmen erforderlich.

Beeinflussung des Wasserhaushaltes

Bei einer Grundwasserabsenkung wird entweder Wasser entnommen und in einen Abwasserkanal bzw. Vorfluter abgeleitet oder das Wasser wird teilweise oder vollständig wiederversickert.

Die Entnahme des Wassers beeinträchtigt den natürlichen Grundwasserhaushalt erheblich. Die Ableitung des Wassers kann problematisch sein. Zum Beispiel können zusätzliche starke Regenfällen zur Überlastung von Abwassersystemen führen. Eine Wiederversickerung des Wassers kann sinnvoll sein. Die Versickerungsfläche muss weit genug vom Absenktrichter entfernt liegen, damit das abgeführte Wasser nicht sofort der Brunnenanlage zufließt. Eine Wiederversickerung ist aus bautechnischen Aspekten insbesondere bei Grundwasserabsperrungen, bei denen nur das durch die Baugrubensohle eintretende Wasser abgepumpt wird (Restwasserhaltung), sinnvoll.

Das Abpumpen und die Wiederversickerung des Grundwassers birgt jedoch ökologische Probleme, wenn das Wasser durch die Baumaßnahme (z. B. durch Zement, Öl etc.) verunreinigt ist. Bei der Wiederversickerung wird das kontaminierte Wasser direkt dem Grundwasser zugeführt. Zudem können durch die Änderung der Grundwasserhydraulik bislang unbekannte Altlasten mobilisiert und verschleppt werden.

Ferner kann der Wasserhaushalt nach Beendigung der Absenkung durch im Boden verbleibende Brunnen gestört werden. Wenn ein Absenkungsbrunnen verschiedene Wasserhorizonte erfasst, können diese miteinander in Verbindung treten, wenn bei der Brunnenherstellung keine Abdichtung im Bereich der Sperrschicht angebracht wurden. Dies ist besonders problematisch, wenn dadurch ein Wasserhorizont, der zur Wasserversorgung genutzt wird, verunreinigt wird.

Beeinflussung der Flora

Bei der Durchführung einer Grundwasserabsenkung muss die benachbarte Flora beobachtet werden, da durch die Absenkung den Pflanzen das Wasser entzogen wird, was zu irreparablen Schäden führen kann.

In den Ausschreibungsunterlagen bzw. spätestens im Bauvertrag muss das Absenkziel für das jeweilige Bauverfahren festgelegt werden. Ferner soll bei der Projektierung der Baumaßnahme der Bemessungswasserstand sowie die zulässige Absenkung außerhalb der Baugrube hinsichtlich der Gefährdung der Nachbarbebauung/Flora definiert werden. Die maximale Förderrate bei der Wasserverbringung bzw. die Wasseraufnahmefähigkeit des Vorfluters muss festgesetzt werden. Bei Grundwasserabsperrungen ist ein Grenzwert für die zulässige Restwassermenge vorzugeben. Dieser Grenzwert regelt die Menge des in die Baugrube eintretenden Restwassers global, d. h. bezogen auf die gesamte Baugrubenbegrenzung, und lokal, d. h. pro Wassereintrittstelle.

Zur Überwachung einer Wasserhaltung gehört neben den vorab beschriebenen Faktoren die Aufstellung und Durchführung einer Qualitätssicherung. Im Kapitel 7 werden bauvorbereitende und baubegleitende Maßnahmen zur Qualitätssicherung zusammengestellt und erläutert.

Ferner ist es Aufgabe der Bauüberwachung, die Menge bzw. Vorhaltezeit des Materials und der Geräte sowie die Betriebszeit der Anlage und die Arbeitszeit der Bedienungsmannschaft als Abrechnungsgrundlage zu prüfen. Die Abrechnungseinheiten sind in der DIN 18 305 „Wasserhaltungsarbeiten" geregelt.

1.6 Technische Begriffe und Abkürzungen

Zum besseren Verständnis der Verfahrenstechnik der Grundwasserhaltung werden die verwendeten Fachbegriffe der Grundwasserabsenkung (in Anlehnung an die DIN 4049 „Hydrologie") und der Grundwasserabsperrung erläutert:

Absenktiefe	gibt die Tiefe an, bis zu der das Grundwasser in einem Brunnen abgesenkt werden kann bzw. wird
Absenktrichter	beschreibt den Verlauf des abgesenkten Grundwasserspiegels
Absenkziel	beschreibt die erforderliche Absenktiefe
Anrainer	ist ein benachbartes Gewässer, Bauwerk etc.
Aquifer	ist eine grundwasserführende Bodenschicht
Artesisches Grundwasser	hat eine Druckfläche über der Grundwasser- und Erdoberfläche
Aufschlussbohrung	ist eine Bohrung, die zur Untersuchung/Bestimmung des anstehenden Bodens dient
Bemessungswasserstand	ist der Wasserstand, der für die Bemessung zugrunde gelegt wird
Bodenanalytik	umfasst die Bodenanalyse zur Beschreibung des originären Zustandes des Bodens
Durchlässigkeitsbeiwert	beschreibt die Wasserdurchlässigkeit eines Bodens (k-Wert)

EAB	Empfehlungen des Arbeitsausschusses „Ufereinfassungen" Häfen und Wasserstraßen
Filterstabilität	beschreibt den Widerstand gegen Auswaschen von Bodenpartikeln bei einer Durchströmung mit Wasser
Förderhöhe	ist die Höhe, bis zu der eine Pumpe Wasser fördern kann
Gekernte Bohrung	ist eine Bohrung, bei der der vollständige Bohrkern (gekernte Bodenprobe) entnommen wird
Gespanntes Grundwasser	hat eine Druckfläche oberhalb der Grundwasseroberfläche
Grundwasser	füllt Hohlräume des Untergrundes zusammenhängend aus
Grundwasserabsenkung	ist die Differenz zwischen dem Wasserspiegel außerhalb der Wasserhaltung und des Brunnens
Grundwasserdruckfläche	ist der Ort der Standrohrspiegelhöhen
Grundwasserentspannung	ist die Reduzierung der Grundwasserdruckfläche
Grundwasserhemmer	ist eine im Vergleich zu den übrigen Bodenschichten gering durchlässige Schicht
Grundwasserhorizont	ist der Bereich, in dem Grundwasser ansteht
Grundwasserleiter	sind geeignet, Wasser weiterzuleiten (Aquifer)
Grundwassernichtleiter	sind baupraktisch undurchlässige Bodenschichten
Grundwasseroberfläche	ist die obere Grenzfläche des Grundwassers (eine freie Grundwasseroberfläche entspricht der Grundwasserdruckfläche)
Grundwassersohle	ist die untere Grenzfläche eines Grundwasserleiters
Grundwasserspiegel	ist die gegen die Atmosphäre ausgeglichene Fläche des Grundwassers
Grundwasserstauer	ist eine wasserundurchlässige Schicht
Grundwasserstockwerk	ist ein Aquifer einschließlich der oberen und unteren Begrenzung
in situ	in natürlicher Lage / vor Ort
Natürliche Barriere	ist eine baupraktisch undurchlässige Bodenschicht
Organoleptische Ansprache	ist eine Untersuchung des Bodens bzw. Wassers ohne Hilfsmittel zwecks Klassifizierung/Beurteilung
Pegel	ist eine Grundwassermessstelle, die zur Überwachung der Spiegelhöhe, ggf. der Fließgeschwindigkeit und zur Probeentnahme ausgebaut ist
Probeabsenkung	ist eine Methode zur Bestimmung des Durchlässigkeitsbeiwertes des Bodens in einem bestimmten Bereich eines Grundwasserhorizontes
Quelle	ist ein örtlich begrenzter Grundwasseraustritt
Reichweite	eines Brunnens ist die Strecke, auf der der Grundwasserspiegel abgesenkt wird

Restwasserhaltung	beinhaltet das Abpumpen des durch die Baugrubensohle eingetretenen Wassers sowie des Oberflächen- bzw. Regenwassers bei einer Grundwasserabsperrung
Sickerwasser	ist unterirdisches, gravimetrisch bewegtes Wasser
Teufe	bezeichnet die Tiefe einer Bohrung
Thixotropie	ist die Neigung eines Stoffes, sich unter Einwirkung einer dynamischen Belastung zu verflüssigen
un-/vollkommene Brunnen	binden nicht bzw. binden in eine wasserundurchlässige Schicht ein
Vorfluter	ist ein Gewässer, das ober- bzw. unterirdisch zufließendes Wasser aufnimmt und abführt
Verockerung	ist eine Krustenbildung durch Ausfällung von im Wasser gelösten Eisenverbindungen
Wasseranalytik	umfasst die Wasseranalyse zur Beschreibung des originären Grundwasserzustandes
WHG	Wasserhaushaltsgesetz
Wiederversickerung	ist das Wiedereinleiten des im Brunnen entnommenen Grundwassers

2 Baubetriebliche und vertragsrechtliche Grundlagen

2.1 Phasen während der Bauwerksentstehung

Ein Bauvorhaben durchläuft von der Idee des Bauherrn bis zur Abnahme des Bauwerks folgende Phasen (Bild 2.1):

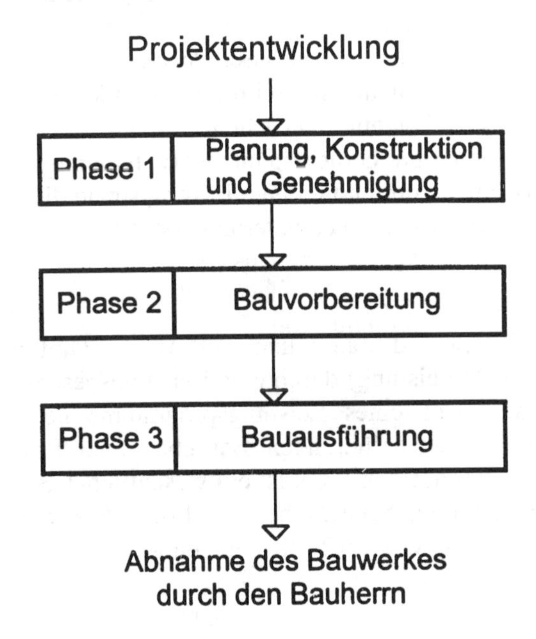

Bild 2.1 Phasen des Bauablaufes

In diesem Buch werden Informationen zusammengestellt, die der Planer in der Phase 1 benötigt, um in Abhängigkeit vom Grundwasserstand, vom Bauwerk, der Gründung, der Bauwerksumgebung und der Bodenart ein geeignetes Verfahren für die Wasserhaltung zu wählen und zu dimensionieren. Zusätzlich sollen für die Phase 2 Empfehlungen zur Leistungsbeschreibung gegeben werden, um die gestellten Forderung nach einer eindeutigen und erschöpfenden Leistungsbeschreibung (VOB/A § 9 Nr. 1) zu erfüllen.

Für die Aufgaben der bauausführenden Betriebe innerhalb der Phase 2 (Angebotserstellung) und der Phase 3 (Bauausführung) werden Informationen zum Bauverfahren, zur Geräteauswahl und zur Leistungs- und Kostenberechnung zusammengestellt.

2.2 Begriffe

2.2.1 Bauaufgabe, Bauleistung und Prozess

Bauaufgabe

Der Planer muss ausgehend von der Idee des Bauherrn unter Beachtung soziologischer, bautechnischer, gestalterischer, wirtschaftlicher und rechtlicher Gesichtspunkte ein Bauwerk konzipieren. Auf Grundlage dieser Planung müssen die ausführenden Unternehmer das Bauwerk erstellen. Die gesamte Planung und Umsetzung wird als Bauaufgabe bezeichnet. Die Bauaufgabe wird zur Optimierung und für die konstruktive Bearbeitung unter ablauforientierten Gesichtspunkten (z. B. Baugrube, Gründung, Keller) bzw. bauteilorientierten Gesichtspunkten (z. B. Baugrube, Wände, Decken, Dach) gegliedert. Das Finden der endgültigen Lösung sowie die Erstellung der einzelnen Bauwerksteile wird in Teilaufgaben unterteilt.

Bauleistung

Nachdem die Bauwerksteile und Materialien nach Art und Umfang festgelegt wurden, wird das Bauwerk (die Bauleistung) durch eine Leistungsbeschreibung in Form eines Leistungsverzeichnisses oder eines Leistungsprogramms beschrieben. Auf dieser Grundlage ermitteln die bauausführenden Betriebe einen Preis. Die Leistungsbeschreibung mit dem dazugehörigen Preis ist ein wesentlicher Bestandteil des Bauvertrages zwischen dem Auftraggeber (Bauherr) und dem Auftragnehmer (Baubetrieb). Teilaufgaben der Bauleistung werden Teilleistungen genannt.

Prozesse

Der bauausführende Betrieb muss zur Verwirklichung der Bauleistung mehrere Fertigungsprozesse durchlaufen. Die Prozesse lassen sich in mittelbar und unmittelbar zur Herstellung eines Bauwerks dienende Prozesse unterteilen:

- Hauptprozesse dienen unmittelbar der Durchführung einer Teilaufgabe (z. B. Herstellen und Einbauen von Beton, Bodenverdichtung, Rammen der Spundwand)
- Nebenprozesse dienen mittelbar der Durchführung einer Teilaufgabe (z. B. Schalen)
- Hilfsprozesse sind Voraussetzung für die Durchführung der Haupt- und Nebenprozesse (z. B. Transport, Lagerung, Schutzmaßnahmen)

Bauprozesse (Tabelle 2.1) sind durch ihre instationäre Anwendung gekennzeichnet und im Ablauf nicht vollständig vorhersehbar. Im Erd- und Tiefbau wird dies besonders durch ungenaue Kenntnisse der Bodeneigenschaften und des tatsächlichen Grundwasserstandes deutlich.

Tabelle 2.1 Typische Prozesse des Erd- und Tiefbaus[1]

Erdbau		
Lösen	Schürfen	Entwässern
Laden	Schneiden	Verfestigen
Transportieren	Hacken	Sichern
Verteilen	Reißen	Entnehmen
Einebnen	Fräsen	Deponieren
Verdichten	Greifen	Spülen
Tiefbau		
Ausheben	Graben	Pumpen
Aussteifen	Rammen	Entwässern
Rückverankern	Bohren	Druckluft erzeugen
Abböschen	Schlitzen	Kälte erzeugen
Injizieren	Vortreiben	Fördern
Umschließen	Abteufen	Heben
Sichern	Absenken	Umsetzen
		Entstauben

2.2.2 Bauverfahren, Verfahrenstechnik, Fertigungssystem

Bauverfahren

Das Bauverfahren beschreibt die Methode bzw. die Art und Weise, wie ein Bauprozess durchgeführt wird. Ein Bauverfahren kennzeichnet den zeitlichen Ablauf sowie die kapazitative und räumliche Kombination von Produktionsfaktoren. Diese Faktoren sind aus betriebswirtschaftlicher Sicht in Werkstoffe, Betriebsmittel, ausführende und leitende Arbeit gegliedert:

- Werkstoffe: Baustoffe, einschließlich Boden, Grundwasser, Bauhilfsstoffe, Betriebs- und Schmierstoffe
- Betriebsmittel: Werkzeuge für das gewerbliche Personal bzw. (Bau-) Maschinen und Geräte
- Ausführende Arbeit: Tätigkeit des gewerblichen Personals (AK)
- Leitende Arbeit: Tätigkeit der Aufsicht (Polier) und der Baustellenleitung (Bauleiter)

Verfahrenstechnik

Die Verfahrenstechnik stellt eine Methode dar, ein Bauverfahren zur Lösung eines bautechnischen Problems zu finden. Ursprünglich kommt dieser Begriff aus dem Bereich der Chemie, wo ein im Labor entwickeltes Verfahren in den technischen Großbetrieb umgesetzt wird. Bei der Verfahrenstechnik wird in folgenden Schritten vorgegangen:

[1] Kühn, G.: Handbuch Baubetrieb

- Zerlegen eines Vorganges in Prozesse
- Untersuchen der Mechanik jedes einzelnen Prozesses
- Bestimmen der maschinellen Elemente, die diesen Vorgang übernehmen können
- Entwickeln bzw. Auswählen der dazugehörigen Anlage

Bei der Übertragung dieser Methode auf Aufgaben des Erd- und Tiefbaus ergibt sich folgende Vorgehensweise:

- Zerlegen der Teilaufgaben bzw. der Teilleistungen in notwendige Prozesse ggf. in Teilprozesse
- Analyse der Prozesse hinsichtlich ihrer möglichen zeitlichen, kapazitativen und räumlichen Ausprägung
- Auswahl von möglichen Arbeitsgruppen, Geräten und/oder Maschinen auf der Grundlage der ersten beiden Punkte
- Festlegung der Arbeitsgruppen, Geräte und/oder Maschinen unter den Gesichtspunkten der quantitativen, qualitativen und zeitlichen Vertragserfüllung, Wirtschaftlichkeit, Verfügbarkeit und sonstiger Kriterien

Fertigungssystem

Wenn ein Bauverfahren zur Verwirklichung einer Teilaufgabe gefunden wurde, wird dieses Verfahren konkret für die Anwendung auf der Baustelle ausgelegt. Dies bedeutet, dass jeder Betriebspunkt, in dem sich die verschiedenen Fertigungsphasen vollziehen, sowie das Teilsystem „Transport" zwischen den einzelnen Betriebspunkten konkret ausgebildet und hinsichtlich seiner Ausstattung komplettiert wird.

2.2.3 Weitere baubetriebliche Begriffe und Abkürzungen

AG/AN	Abkürzungen für die in der VOB verwendeten Begriffe des Auftraggebers bzw. des Auftragnehmers
Allgemeine Geschäftskosten	sind Kosten für die Vorhaltung der Leistungsbereitschaft eines Unternehmens (z. B. Kosten der kaufmännischen und technischen Abteilungen, Gebäudekosten etc.) Diese Kosten fließen als umsatzbezogene Zuschläge in die Preisbildung ein
Aufwandswert	siehe Lohnaufwandswert
Auslastung	eines Gerätes beschreibt die Zeit, in der ein Gerät innerhalb der Einsatzzeit unter Last läuft. Der Auslastungsgrad ist Grundlage der Energiekostenermittlung als Bestandteil der Betriebskosten eines Gerätes

Baugeräteliste	mit der Abkürzung BGL bezeichnet, ist eine systematische Erfassung der gängigsten Baugeräte und ihrer Kenndaten (z. B. Motorleistung, Gewicht, Anschaffungspreis, Nutzungsdauer, Vorhaltekosten etc.). Die BGL ist Grundlage der Gerätekostenermittlung für die Kalkulation
Bauhilfsstoffe	sind Stoffe, die hilfsweise zur Leistungserbringung erforderlich sind und nicht im Bauwerk verbleiben (z. B. Schalung, Rüstung, temporär eingesetzter Verbau etc.)
Bauzinsen	sind Kosten, die zur Vorfinanzierung der Ausgaben einer Baustelle dienen bis zum Eingang der durch den Bauherrn erfolgten Zahlungen
Besondere Leistungen	müssen in der Leistungsbeschreibung ausdrücklich erwähnt werden, falls der Auftraggeber diese Leistungen fordert
Betriebskosten	eines Gerätes sind alle einem Gerät zugeordneten Kosten, bezogen auf eine Betriebsstunde (Betriebsstoffkosten, Vorhaltekosten und Geräteführerkosten etc.)
Betriebsstoffkosten	eines Gerätes sind Stoffkosten für Energie (z. B. Strom, Diesel, Gas etc.) Schmier- und Wartungsmittel
Betriebszeit	eines Gerätes ist die Zeit, die ein Gerät innerhalb der Einsatzzeit unter Last läuft
BGL	siehe Baugeräteliste
Einheitspreis	ist der vertraglich festgelegte Preis für eine Abrechnungseinheit einer innerhalb einer in einer Position beschriebenen Teilleistung
Einsatzzeit	eines Gerätes beschreibt die Zeitdauer in der ein Gerät für einen Arbeitsprozess eingesetzt wird
Einzelkosten der Teilleistungen	mit der Abkürzung EKT sind Kosten, die in der Kalkulation direkt einer Teilleistung (beim Einheitspreisvertrag einer Position) zugeordnet werden können
EP	siehe Einheitspreis
Fremdleistungskosten	sind Kosten, die durch den Einsatz eines Nachunternehmers anfallen
Gerätekosten	beinhalten die Vorhaltekosten der Geräte
Geräteleistung	ist die durchschnittliche Leistung eines Gerätes während eines Arbeitsprozesses, bezogen auf eine Betriebsstunde (z. B. die Aushubleistung eines Baggers = 120 m^3/h)
Geräteliste	ist ein Hilfsmittel der Kalkulation, um die Gerätekosten für die einzelnen Teilleistungen oder für den Zeitraum der gesamten Baustelle als Vorbereitung der Kalkulation zu erfassen

Gesamtpreis	ist das Produkt aus der einer Position zugehörenden Menge (auch Vordersatz genannt) und dem Einheitspreis
Gewinn	ist eine für die Preisbildung angenommene Zielgröße des Baustellenerfolges. Der Gewinn wird als prozentualer Zuschlag den ermittelten Kosten zugeschlagen
GP	siehe Gesamtpreis
Kostenart	ist eine für die Kalkulation vorgenommene Unterscheidung der Kosten nach Art ihrer Entstehung (z. B. Lohnkosten, Gerätekosten etc.)
Leistungsverzeichnis	ist eine bestimmte Form der Leistungsbeschreibung. Es ist der Sammelbegriff für die Positionstexte, in denen die Bauleistung beschrieben wird
Lohnaufwandswert	beschreibt den Lohnstundenverbrauch einer Prozesseinheit (z. B. Schalen 0,6 h/m²)
Lohnkosten	ist die in der Kalkulation verwendete Kostenart unter der die Lohnkosten des gewerblichen Personals erfasst wurden. Diese enthalten alle Lohnbestandteile, die sich aus den gesetzlichen Vorschriften und tariflichen Vereinbarungen ergeben
LV	Abkürzung für das Leistungsverzeichnis
Nebenleistungen	gehören auch ohne besondere Erwähnung der Leistungsbeschreibung zum vom Auftragnehmer geschuldeten Leistungsumfang
Position	ist das kleinste Element eines Leistungsverzeichnisses. Eine Position enthält den Positionstext, der die vom AN zu erbringende Teilleistung beschreibt, die voraussichtliche Abrechnungsmenge (auch Vordersatz genannt) und die Abrechnungseinheit. Der Unternehmer ergänzt die Position mit seinem Angebot durch Zuordnung eines Einheitspreises und des Gesamtpreises
Sonstige Kosten	ist eine Kostenart für alle Kosten, die nicht den anderen in der Kalkulation verwendeten Kostenarten zuzuordnen sind (z. B. Einbaumaterialien, Deponiegebühren etc.)
Tonnage	ist eine Bezeichnung der bei der Baustelleneinrichtung und Räumung zu transportierenden Gewichte in Tonnen
VOB	Verdingungsordnung für Bauleistungen, bestehend aus den Abschnitten A,B und C
Vorhaltekosten	auch als Gerätemiete bezeichnet, setzen sich zusammen aus den Kostenbestandteilen Abschreibung, Verzinsung und Reparatur

Vorhaltezeit	beschreibt im Regelfall die Zeitdauer vom Antransport- bis zum Abtransporttag eines Gerätes. Die Vorhaltezeit enthält neben der Einsatzzeit noch Zeitanteile für Reparatur, Wartung und Stillstandzeiten auf der Baustelle
Wagnis	ist der in der Kalkulation angesetzte wertmäßige Kostenansatz zur Abdeckung nicht konkret erfassbarer Risiken der Baustelle

2.3 Der Bauvertrag und die Leistungsbeschreibung

2.3.1 Das Zustandekommen eines Bauvertrages

Der Bauvertrag ist ein Schuldvertrag der mit Willen der Vertragsparteien zustande gekommen ist. Für den Abschluss eines Bauvertrages gelten die Regelungen des allgemeinen Schuldvertrages nach dem BGB (Bürgerliche Gesetzbuch). Dabei gilt der Vertrag über die Errichtung eines Bauwerkes als Werkvertrag nach BGB § 631 ff. Bei einem Bauvertrag, der nach der VOB abgeschlossen wird, werden die allgemeinen Regelungen des BGB durch die Regelungen der VOB/B ergänzt. In der VOB/A wird geregelt, wie ein VOB-Vertrag zustande kommt:

- Der Bauherr erstellt nach VOB/A eine Ausschreibung mit den folgenden Vergabeunterlagen:
  - Anschreiben = Aufforderung zur Angebotsabgabe (VOB/A, Abschnitt 1, § 10 Nr. 1 Absatz 1)
  - Bewerbungsbedingungen (VOB/A, Abschnitt 1, § 10 Nr. 5)
  - Verdingungsunterlagen (VOB/A, Abschnitt 1, § 9 und 10 Nr.1 Absatz 2, Nr. 2-4)
- Der anbietende Unternehmer trägt für die in den Verdingungsunterlagen beschriebene Bauleistung entsprechend dem Vertragstyp (Einheitspreisvertrag bzw. Pauschalvertrag) einen oder mehrere Preise ein. Die Preise sowie die Anerkennung der Verdingungsunterlagen werden durch seine Unterschrift bestätigt und an den Bauherrn übermittelt.
- Nach der Annahme des Angebotes (Zuschlag) durch den Bauherrn wird dieses Angebot zum Bauvertrag. In der VOB werden die Vertragsparteien als Auftraggeber (AG) und Auftragnehmer (AN) bezeichnet. Aus Gründen der Nachweisbarkeit soll die Auftragserteilung schriftlich erfolgen.

2.3.2 Die Verdingungsunterlagen

Regelungen der VOB

Die in der VOB/A, Abschnitt 1, § 9 und 10 beschriebenen Verdingungsunterlagen und späteren Vertragsunterlagen gelten bei Widersprüchen in der folgenden Reihenfolge (VOB/B § 1):

- Leistungsbeschreibung (LB)
- Besondere Vertragsbedingungen (BVB)
- Zusätzliche Vertragsbedingungen (ZVB)
- Zusätzliche Technische Vertragsbedingungen (ZTV)
- Allgemeine Technische Vertragsbedingungen (ATV = VOB/C)
- Allgemeine Vertragsbedingungen (AVB = VOB/B)

Bestandteile der Verdingungsunterlagen

Leistungsbeschreibung

Nach der VOB/A § 9 ist eine Leistungsbeschreibung im Allgemeinen mit einem Leistungsverzeichnis (LV) zu erstellen. Alternativ kann das LV auch mit einem Leistungsprogramm beschrieben werden.

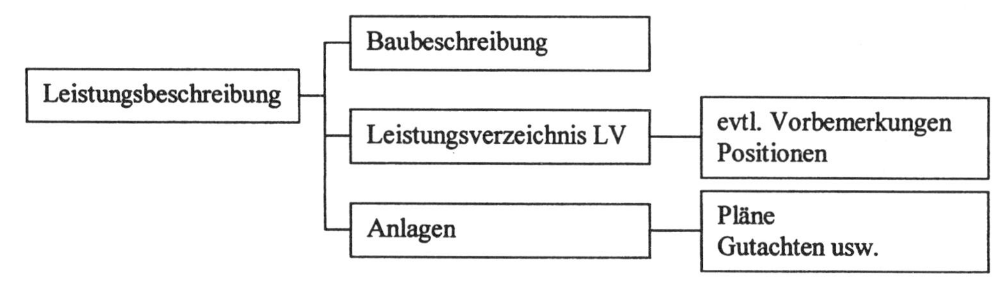

Bild 2.2 Bestandteile der Leistungsbeschreibung

Besondere Vertragsbedingungen

Gemäß VOB/A, Abschnitt 1, § 10 Nr. 4 Absatz 2 sollen Besondere Vertragsbedingungen nur angewandt werden, wenn es die Eigenart der Leistung bzw. die Ausführung erfordern. Diese Bedingungen werden demnach nur bei besonderen Verhältnissen für ein Bauwerk geregelt und haben ausschließlich für dieses Bauwerk eine Bedeutung (z. B. Zufahrtswege, Regelung über Ver- und Entsorgungsanlagen, Ausführungsfristen).

Zusätzliche Vertragsbedingungen

Zusätzliche Vertragsbedingungen (bzw. Allgemeine Geschäftsbedingungen) werden i. d. R. von den Auftraggebern bzw. deren Erfüllungsgehilfen (Architekt, Ingenieur) aufgestellt. Die Zusätzlichen Vertragsbedingungen formulieren für unterschiedliche Bauvorhaben immer wiederkehrende Vertragsregelungen vor und werden in unveränderter Form bei mehreren Objekten angewandt. Bei der Aufstellung von zusätzlichen Vertragsbedingungen muss das AGB-Gesetz (Gesetz zur Regelung des Rechts der Allgemeinen Geschäftsbedingungen vom 09.12.1976) zugrunde gelegt werden, um die Interessen der zukünftigen Vertragspartner angemessen zu berücksichtigen. Werden Vertragsklauseln verwendet, die nach dem AGB-Gesetz unwirksam sind, bleibt der übrige Vertrag davon unberührt. Anstatt der unwirksamen Klausel gilt die entsprechende allgemeine gesetzliche Regelung bzw. die Regelung der VOB/B.

Zusätzliche Technische Vertragsbedingungen

Zusätzliche Technische Vertragsbedingungen werden nur vereinbart, wenn die Regelungen der Allgemeinen Technischen Vertragsbedingungen gemäß VOB/C für die Leistungsanforderungen nicht ausreichen.

Allgemeine Technische Vertragsbedingungen / Allgemeine Vertragsbedingungen

Die Allgemeinen Technischen Vertragsbedingungen und die Allgemeinen Vertragsbedingungen sind in der VOB/C bzw. VOB/B geregelt.

Der Zusammenhang zwischen Vergabe-, Verdingungsunterlagen und Bauvertrag ist der folgenden Darstellung zu entnehmen. Die Ziffern (1) bis (6) ergeben die Rangfolge der Verdingungsunterlagen nach VOB/B §1 Nr. 2.

<table>
<tr><td colspan="3">Vergabeunterlagen (VOB/A § 10 Nr. 1 (1))</td><td></td></tr>
<tr><td rowspan="5">Anschreiben (Aufforderung zur Angebotsabgabe)
+
Bewerbungsbedingungen</td><td colspan="2">Verdingungsunterlagen
(VOB/A § 10 Nr. 1-3; VOB/B §1 Nr.2)</td><td rowspan="5">Angebot
+
Zuschlag
(VOB/A § 28)</td></tr>
<tr><td>überwiegend techn. Inhalt</td><td>überwiegend rechtl. Inhalt</td></tr>
<tr><td>(3) Leistungsbeschreibung LB</td><td>(2) Bes. Vertragsbedingungen BVB</td></tr>
<tr><td>(4) Zusätzliche Technische Vertragsbedingungen ZTV</td><td>(1) Zusätzliche Vertragsbedingungen ZVB</td></tr>
<tr><td>(5) Allgemeine Technische Vertragsbedingungen VOB/C</td><td>(6) Allgemeine Vertragsbedingungen VOB/B</td></tr>
<tr><td></td><td colspan="3">Bauvertrag</td></tr>
</table>

Bild 2.3 Zusammenhang zwischen Vergabe-, Verdingungsunterlagen und Bauvertrag[2]

[2] Hoffmann, M.: Zahlentafeln für den Baubetrieb

2.3.3 Anforderungen an die Leistungsbeschreibung

Die Leistungsbeschreibung eines Bauwerkes bildet die Grundlage der Preisbildung in der Angebotsphase und bestimmt nach der Auftragsvergabe das vom Unternehmer zu erbringende Leistungssoll. Das Leistungssoll legt den Leistungsumfang und die Qualität der Leistung fest. Die Leistungsbeschreibung ist demnach neben den übrigen Vertragsbedingungen der bedeutendste Vertragsbestandteil.

Nach VOB/A § 9 Nr. 1 bis 3 ist die Leistung eindeutig und erschöpfend zu beschreiben, so dass alle Bewerber die Beschreibung im gleichen Sinne verstehen und ihre Preise sicher und ohne umfangreiche Vorarbeiten berechnen können. Dem Auftragnehmer darf kein ungewöhnliches Wagnis aufgebürdet werden für nicht zu beeinflussende Umstände und Ereignisse, deren Einwirkung auf die Preise und Fristen nicht im voraus abschätzbar sind. Zudem sind alle Umstände, die die Leistungen beeinflussen, festzustellen und in den Verdingungsunterlagen anzugeben. Für das Aufstellen einer Leistungsbeschreibung gelten die Allgemeinen Technischen Vertragsbedingungen für Bauleistungen der VOB/C. Diese Grundsätze werden in dem für öffentliche Auftraggeber geltenden Vergabe-Handbuch erweitert[3]:

- Die Leistung muss eindeutig, vollständig, technisch richtig und ohne ungewöhnliches Wagnis für die Bieter beschrieben werden.
- Eine Leistungsbeschreibung ist eindeutig, wenn diese Art und Umfang der geforderten Leistungen mit allen maßgebenden Bedingungen (z. B. Qualität, Beanspruchungsgrad, technische und bauphysikalische Bedingungen, Erschwernisse, besondere Ausführungsbedingungen, Regeln zur Ermittlung des Leistungsumfangs) zweifelsfrei erkennen lässt und keine Widersprüche in sich, zu den Plänen oder anderen vertraglichen Regelungen enthält.
- Eine Leistungsbeschreibung ist vollständig, wenn diese Art und Zweck des Bauwerks bzw. der Leistung, Art und Umfang aller erforderlichen Teilleistungen und alle spezifischen Bedingungen und Anforderungen darstellt.
- Eine Leistungsbeschreibung ist technisch richtig, wenn diese Art, Qualität und Modalitäten der Ausführung der geforderten Leistungen entsprechend den anerkannten Regeln der Technik, den Allgemeinen Technischen Vertragsbedingungen oder etwaigen leistungs- und produktionsspezifischen Vorgaben zutreffend festlegt.
- Die Leistungsbeschreibung darf keine ungewöhnlichen Risiken enthalten. Insbesondere dürfen dem Auftragnehmer keine Aufgaben der Planung und der Bauvorbereitung, die je nach Art der Leistungsbeschreibung dem Auftraggeber obliegen, überbürdet und keine Garantien für die Vollständigkeit der Leistungsbeschreibung abverlangt werden.

[3] Lampe-Helbig, G.: Praxis der Bauvergabe

2.3.4 Allgemeine Geschäftsbedingungen Spezialtiefbau (AGB-Spezialtiefbau)

Die Allgemeinen Technischen Vertragsbedingungen und die Allgemeinen Vertragsbedingungen finden bei Erd- und Tiefbauleistungen nur bedingt Anwendung. Deshalb wurden vom Hauptverband der Deutschen Bauindustrie die „Allgemeinen Geschäftsbedingungen Spezialtiefbau (AGB-Spezialtiefbau)" entwickelt. Die AGB-Spezialtiefbau setzen sich aus folgenden Teilen zusammen:

- Allgemeine Bedingungen für den Spezialtiefbau (AB)
- Allgemeine Technische Bedingungen für Spezialtiefbauarbeiten (ATB)
- Spezielle Technische Bedingungen für Spezialtiefbauarbeiten (STB)

Die AGB-Spezialtiefbau stehen Arbeitgeber und Arbeitnehmer seit Januar 1992 für insgesamt 12 Untersparten zur Verfügung:

- STB-SW Schlitzwandarbeiten
- STB-DWE Dichtwandarbeiten im Einmassenverfahren
- STB-BP Bohr-, Bohrpfahl- und Bohrpfahlwandarbeiten
- STB-OBR Ortbetonrammpfähle
- STB-FRP Fertigrammpfähle aus Stahlbeton
- STB-RRS Ramm- und Rüttelarbeiten mit Stahlprofilen
- STB-TVD Tiefenverdichtungsarbeiten
- STB-E Einpressarbeiten (Injektionsarbeiten)
- STB-HDI Hochdruckinjektionsarbeiten
- STB-VA Verpressankerarbeiten
- STB-WH Wasserhaltungsarbeiten
- STB-VBA Verbauarbeiten mit Ausfachung

Wenn sich der Arbeitgeber zur Übernahme der AGB-Spezialtiefbau entscheiden, erhalten diese Bedingungen Vorrang vor der VOB/B und der VOB/C.

2.3.5 Bestandteile der Leistungsbeschreibung

Der Kern der Leistungsbeschreibung bildet ein nach Positionen und Gewerken gegliedertes Leistungsverzeichnis (LV). In der Regel wird das LV durch eine Baubeschreibung mit einer allgemeinen, zusammenfassenden Darstellung der Bauaufgabe ergänzt. Um dem Unternehmer kein ungewöhnliches Wagnis aufzubürden (VOB/A § 9 Nr. 2), werden zusätzlich die zu beachtenden Randbedingungen beschrieben:

- Zufahrtsmöglichkeit
- Einzuhaltende Grenzwerte für Schall und Vibration
- Einschränkung der täglichen und wöchentlichen Arbeitszeit
- Standorte der Baustelleneinrichtung und Lagerplätze
- Gefährdete Nachbarbebauung
- Angaben zum Bauablauf
- Wasserstände

Weitere Informationen zu den Inhalten der Leistungsbeschreibung sind in dem Abschnitt 0 der DIN-Normen 18 299 bis 18 451 in der VOB/C enthalten.

2.3.6 Inhalte des Leistungsverzeichnisses für die Leistungen der Wasserhaltung

Die Verfahren zur Grundwasserabsenkung und -absperrung sind im Wesentlichen Spezialverfahren des Tiefbaus, die häufig eine spezielle Geräteausstattung erfordern. Um diesem Umstand gerecht zu werden, sollte das Leistungsverzeichnis (in Anlehnung an das Merkblatt „Untergrundverbesserung durch Tiefenrüttler") folgende Positionen enthalten:

- Verfahrensspezifische Baustelleneinrichtung, Baustellenräumung und Vorhaltung der Einrichtungen
- Größere Transporte auf der Baustelle
- Positionen zur verfahrensspezifischen Leistungsbeschreibung der Grundwasserabsenkung und -absperrung
- Stillstandszeiten

2.4 Begriffe zur Geräteleistung

Die Leistungen von Baumaschinen für den Erd- bzw. Spezialtiefbau werden in der Praxis i. d. R. auf der Basis jahrelanger Erfahrung bestimmt. Zusätzlich wurden für eine große Anzahl von Baumaschinen wissenschaftlich fundierte Grundlagen zur Leistungsberechnung entwickelt und publiziert. Auf Initiative des Bundesausschusses Leistungslohn Bau 1983 wurde die DIN 24 095 „Erdbaumaschinen, Leistungsermittlung, Begriffe, Einheiten, Formelzeichen" geschaffen, die jetzt durch die DIN-ISO 9245 ersetzt wurde.

Die Leistung [m^3/h, m^2/h, Stück/Schicht etc.] einer Baumaschine lässt sich als Produktions- oder Bearbeitungsmenge je Zeiteinheit bzw. Mengendurchsatz je Zeiteinheit definieren. Bei der Ermittlung einer Maschinenleistung wird zwischen der Grundleistung Q und der Nutzleistung Q_A unterschieden. Die Grundleistung Q wird als „synthetische" Leistung, die von einem bestimmten Gerät unter „idealen" Bedingungen materialabhängig, aber ohne Berücksichtigung geräte- oder organisationsbedingter Einflüsse für kurze Zeit erbracht werden kann, definiert. Unter einer Nutzleistung Q_A wird dagegen die Dauer- bzw. Durchschnittsleistung oder Kalkulationsleistung verstanden. Die Nutzleistung wird unter Berücksichtigung aller bekannten Leistungseinflüsse (insbesondere Baustellenverhältnisse und Witterung) ermittelt.

Die Maschinenleistung ermittelt sich je Zeiteinheit. Nachfolgend werden einige Begriffe der Baugeräteliste (BGL) und vom Verband für Arbeitsstudien und Betriebsorganisation (REFA) gegenübergestellt.

Tabelle 2.2 Gegenüberstellung von Zeitbegriffen

In der Vorhaltezeit enthaltende Zeitanteile entspr. der BGL	Begriffe nach REFA
An- und Abtransport Auf- und Abbau Umrüstung	Rüstzeit
Betriebszeit Wartezeit (verfahrensbedingt)	Betriebsmittelgrundzeit
Umsetzen Verteil- und Verlustzeit Stilliegezeit	Betriebsmittelverteilzeit

Für die Leistungen bzw. bei Angaben von Leistungswerten von Geräten ist die zeitliche Bezugsgröße zu beachten, da die Leistung in der Praxis teilweise auf die Betriebsmittelgrundzeit und teilweise auf die Betriebsmittelgrundzeit zzgl. der Betriebsmittelverteilzeit bezogen wird.

2.5 Vergütung von Bauleistungen

2.5.1 Die baubetriebliche Kostenrechnung im Überblick

Kosten sind der bewertete Verbrauch von Produktionsfaktoren (Geräte und Dienstleistungen) für die Erstellung und Verwertung betrieblicher Leistungen und für die Aufrechterhaltung der hierfür erforderlichen Kapazitäten. Der Kostenbegriff ist durch folgende drei Merkmale gekennzeichnet:

- Mengenmäßiger bzw. zeitlicher Güterverbrauch
- Leistungsbezogenheit
- Bewertung des Mengen- bzw. Zeitverbrauches

Die einer Teilleistung zuzuordnenden Kosten werden vereinfacht nach folgender Formel berechnet:

Kosten = (Menge bzw. Zeit) * (Wert je Mengen- bzw. Zeiteinheit)

Für den Kostenansatz ist der Normalverbrauch maßgebend, Einmaliges oder Zufälliges hat keinen Kostencharakter. Nachfolgend werden die Unterscheidungsmerkmale von Kosten beschrieben, die für das Verständnis der Verfahrensbewertung von Bedeutung sind:

- Kosten nach Art der verbrauchten Güter und Leistungen (Kostenart)
- fixe und variable Kosten
- Einzelkosten und Gemeinkosten

Kostenart

Eine Kostenart ist der Inbegriff aller Kosten, die sich durch mindestens ein Merkmal von allen anderen Kosten des Betriebes unterscheiden. Gegenstand der Kostenartenrechnung ist die mengen- und wertmäßige Erfassung der Kosten unter Berücksichtigung zeitlicher und sachlicher Abgrenzungen. Für die Bewertung geräteintensiver Bauverfahren werden in der Kalkulation mindestens vier Kostenarten unterschieden (Tabelle 2.3):

- Lohnkosten
- Sonstige Kosten
- Gerätekosten
- Fremdleistungskosten

Tabelle 2.3 Kostenarten

Kostenarten einschließlich der wesentlichen Kostenbestandteile	**Informationsquelle für die Kosten**
Lohnkosten Mittellohn einer Arbeitsgruppe: Bruttolohn + lohnbedingte Zuschläge = MLA + lohngebundene Zuschläge = MLAS + Lohnnebenkosten = MLASL einschließlich Polier = MLAPSL	- Betriebsbuchhaltung - Lohnbuchhaltung - Tarifverträge
Sonstige Kosten (z. B. Materialkosten für Füllmaterial) Einkaufspreis + Frachten + Verluste - Deponiegebühren für Bodenaushub - Betriebsstoffe für Geräte	- Bei Kleinmaterial oder kleineren Liefermengen => Preislisten - Bei Sondermaterialien oder größeren Liefermengen => Preisanfrage bei mehreren Lieferanten und Deponiebetreibern
Gerätekosten Abschreibung, Verzinsung und Reparaturkosten je Zeiteinheit, Frachten (teilweise Auf- und Abbaukosten)	- Interne Verrechnungssätze - Preisanfrage bei Fremdgeräten - Baugeräteliste (BGL)
Fremdleistungen Vertrags- und Angebotspreise	- Anfragen - Vertrag

Fixe und variable Kosten

Für einen Vergleich zwischen verschiedenen Bauverfahren und der Kostenentwicklung in Abhängigkeit der Leistungsmenge kann eine Unterscheidung in fixe und variable Kosten zweckmäßig sein, da Kosten in Abhängigkeit von der Leistungsmenge ein charakteristisches Verhalten zeigen. Die Kostenfunktionen für die Gesamtkosten je Zeiteinheit und für die Kosten je Leistungseinheit haben einen unterschiedlichen Verlauf.

Die aus den fixen Kosten ermittelten Gesamtkosten je Abrechnungsperiode sind unabhängig von der Geräteauslastung. Dabei wird in fixe zeitabhängige Kosten (z. B. Abschreibung, Miete, Geschäftskosten) und fixe einmalige Kosten (z. B. Auf- und Abbau einer Betonmischanlage, Transport) unterschieden. Werden die fixen Kosten auf die Produktionsmengen verteilt, ergeben sich Kosten je Einheit bzw. Einheitskosten. Die fixen Kosten bezogen auf eine Leistungseinheit (z. B. DM/m³ Erdaushub) nehmen mit zunehmender Beschäftigung, d. h. wachsender Produktionsmenge je Zeitraum, ab (degressive Kosten) (Bild 2.4).

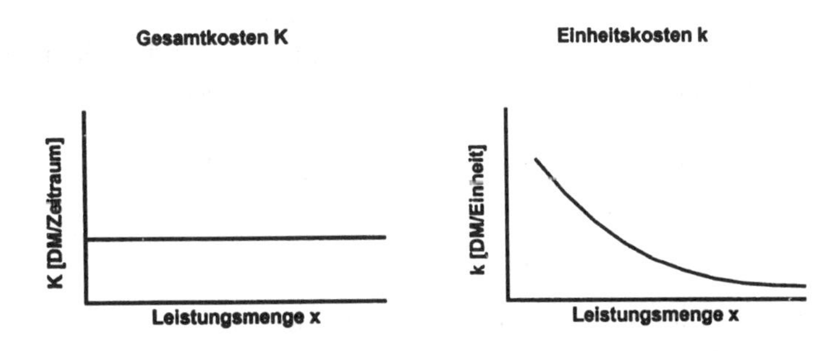

Bild 2.4 Kostenfunktionen für fixe Kosten[4]

Dagegen sind variable Kosten leistungsabhängig. Bei proportionalen Kosten, ändern sich die Gesamtkosten im festen Verhältnis zum Beschäftigungsgrad, bzw. zur Ausbringungsmenge (z. B. Baustoffverbrauch, Einbaumenge). Die Kostenfunktion der variablen Kosten werden bezogen auf eine Leistungseinheit zu konstanten Kosten, da der Anteil je Einheit gleichbleibend ist (Bild 2.5).

Variable Kosten können auch einen überproportionalen Verlauf bei progressiven Einheitskosten und einen unterproportionalen Verlauf bei schwach degressiven Einheitskosten zeigen.

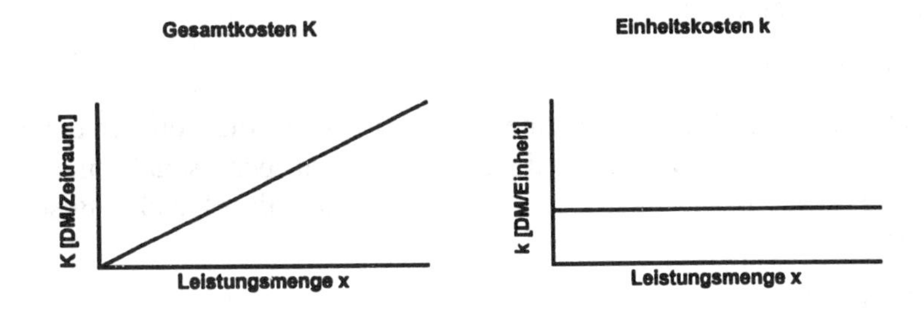

Bild 2.5 Kostenfunktionen für variable Kosten[5]

---

[4] Schnell, W., Vahland, R.: Verfahrenstechnik der Baugrundverbesserungen
[5] Schnell, W., Vahland, R.: Verfahrenstechnik der Baugrundverbesserungen

Einzel- und Gemeinkosten

Um eine möglichst verursachungsgerechte Zuordnung der Kosten zu einer Teilleistung zu erzielen, erfolgt eine Unterscheidung in Einzelkosten und Gemeinkosten.

Einzelkosten sind Kosten, die direkt einer Teilleistung zugerechnet werden können (z. B. die Materialkosten für einen m^3 Beton, der Lohnstundenverbrauch zum Einbau des Betons etc.). In der Kalkulation werden die Einzelkosten als Einzelkosten der Teilleistung (EKT) bezeichnet.

Kosten, die für mehrere Teilleistungen gemeinsam anfallen und einer einzelnen Teilleistung nur schwer, oder gar nicht zugerechnet werden können, werden Gemeinkosten genannt. Dabei wird allgemein zwischen Schlüsselgemeinkosten und Stellengemeinkosten unterschieden. In der Bauwirtschaft wird von umsatzbezogenen Gemeinkosten bzw. Gemeinkosten der Baustelle gesprochen. Die Gemeinkosten der Baustelle werden in zeitabhängige und einmalige Kosten unterschieden:

Zeitabhängige Gemeinkosten der Baustelle:

- Vorhaltekosten der nicht in den Einzelkosten enthaltenen Geräte und Einrichtungen
- Betriebsstoffkosten der nicht in den Einzelkosten enthaltenen Geräte und Einrichtungen
- Baustellengehälter
- Allgemeine Baukosten (z. B. Löhne für nicht produktives Personal, Bürokosten, Reisekosten etc.)

Einmalige Kosten der Baustelle:

- Kosten der Baustelleneinrichtung und Räumung
- Lohnbezogene Kosten für Kleingerät, Werkzeug, Nebenstoffe und Nebenfrachten
- Sonstige wegen Geringfügigkeit nicht einzeln erfasster Kosten
- Kosten für technische Bearbeitung (Arbeitsvorbereitung, statistische Berechnung etc.)
- Versicherung und besonderes Wagnis

Umsatzbezogene Gemeinkosten:

Diese Kosten entstehen nicht direkt durch einen bestimmten Auftrag, sondern ergeben sich durch die Kosten, die zur Aufrechterhaltung der Leistungsbereitschaft eines Unternehmens anfallen. Diese Kosten werden in der Kalkulation mit folgenden Bestandteilen in Ansatz gebracht:

- Allgemeine Geschäftskosten
- Bauzinsen
- Wagnis und Gewinn

2.5.2 Preisbildung im Baubetrieb

Bei der Kalkulation wird von einer horizontalen und einer vertikalen Gliederung gesprochen. Bei der vertikalen Gliederung werden die Kostengruppen nach der Verursachung und der Zurechnungsmöglichkeit gegliedert (Bild 2.6). Bei einer Kalkulation über die Angebotssumme entspricht diese vereinfachte Gliederung dem zeitlichen Ablauf der Kostenermittlung. Die Allgemeinen Geschäftskosten, Bauzinsen, Wagnis und Gewinn werden i. d. R. gemeinsam über prozentuale Sätze in Bezug auf die Angebotssumme als sogenannte umsatzbezogene Kosten erfasst.

Bild 2.6 Vertikale Gliederung der Kalkulation[6]

Bei der horizontalen Gliederung werden die Kosten der Kostengruppen „Einzelkosten der Teilleistungen" und „Gemeinkosten der Baustelle" getrennt nach Kostenarten gegliedert (z. B. Lohnkosten, Sonstige Kosten, Gerätekosten, Fremdleistungen).

Bei der Kalkulation von Bauleistungen wird im Allgemeinen eine Zuschlagskalkulation angewandt. Bei dieser Kalkulation werden zunächst die Einzelkosten der Teilleistungen ermittelt. Danach werden die Gemeinkosten der Baustelle und die umsatzbezogenen Gemeinkosten erfasst und prozentual auf die Teilleistungen verteilt. Je nach Berechnungsart der Zuschläge wird zwischen den Verfahren

- Kalkulation über die Angebotssumme und
- Kalkulation mit vorausbestimmten Zuschlägen

unterschieden.

[6] Schnell, W., Vahland, R.: Verfahrenstechnik der Baugrundverbesserungen

3 Vorgehensweise bei der Verfahrensbeschreibung und Erläuterung der Beispiele

In dem vorliegenden Buch werden die üblichen Verfahren zur Grundwasserhaltung beschrieben. Um Vergleiche zwischen den einzelnen Verfahren zu erleichtern, werden diese einheitlich nach folgender Gliederung aufgebaut.

1. Technische Grundlagen
Zu Beginn jedes Abschnittes werden die technischen Grundlagen und die Anwendungsbereiche des jeweiligen Bauverfahrens zur Grundwasserhaltung erläutert.

2. Nachweis und Dimensionierung
In dem Kapitel „Nachweis und Dimensionierung“ werden die in der Praxis gängigen Berechnungsverfahren behandelt.

3. Verfahrenstechnik
Die Verfahrenstechnik wird in mehrere Schritte unterteilt. Zunächst wird das Bauverfahren in einzelne Prozesse zerlegt und beschrieben. Danach werden den Prozessen die verfahrensspezifischen Geräte zugeordnet und die für das Verfahren charakteristischen Geräte im Einzelnen erläutert. Abschließend werden weiterführende Informationen bzw. Anmerkungen zur Leistungsberechnung und -beschreibung gegeben.

4. Qualitätssicherung
Bei den Bauverfahren wird auf die Maßnahmen eingegangen, die bei der Qualitätssicherung der Wasserhaltung zu beachten sind.

5. Beispiel
Jedes behandelte Wasserhaltungsverfahren wird durch ein Beispiel zur Kostenberechnung ergänzt. In diesen Beispielen wird die Leistungsbeschreibung, die Verfahrensauswahl, die Kostenermittlung und die Preisbildung behandelt. Für jedes Verfahren werden ähnliche Grundlagen gewählt, so dass eine möglichst große Vergleichbarkeit gegeben ist.

In den Beispielen (Bild 3.1) wird eine Baugrube für ein 15 m * 30 m großes Gebäude erstellt. Die Baugrubensohle liegt bei den Verfahren der Grundwasserabsperrung 10 m und bei der Wasserabsenkung 4,5 m unterhalb der Geländeoberkante (GOK). Für alle Verfahren wird der gleiche Baugrund (schluffiger Sand) gewählt. Der Grundwasserspiegel liegt bei der offenen Wasserhaltung sowie bei den Absenkungsverfahren 3,5 m und bei den Absperrungsverfahren 3,0 m unter GOK. Für die Absenkungsverfahren werden geböschte Baugruben mit einem Arbeitsraum gewählt. Bei der Grundwasserabsperrung binden die wasserundurchlässigen Verbauwände in eine in 13 m Tiefe anstehende Tonschicht ein. Die zur Absperrung gewählten Verbauwände bilden die äußere Baugrubenbegrenzung. Die Abmessungen der Verbauwände hängen davon ab, ob diese ein Bestandteil des späteren Gebäudes werden (z. B. Schlitz- und Bohrpfahlwände) oder ausschließlich der Baugrubensicherung dienen (Spundwand).

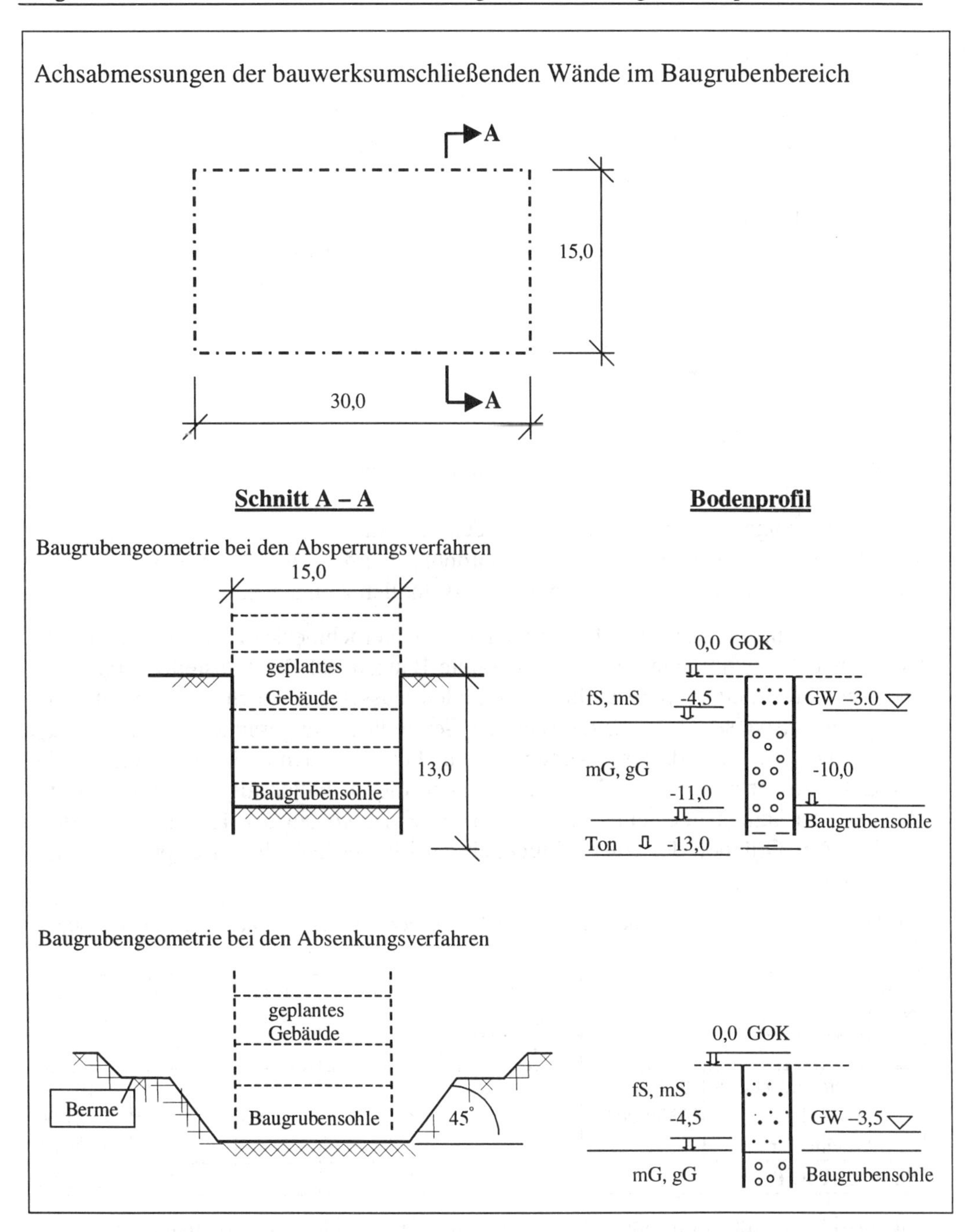

Bild 3.1 Allgemeines Beispiel zur Kostenberechnung

In den Beispielen werden zuerst die wesentlichen Teilaufgaben des Planers behandelt. Im Anschluss daran wird das gleiche Beispiel aus der Sicht des anbietenden bzw. ausführenden Baubetriebes bearbeitet.

- Teilaufgaben des Planers
  In der Situationsbeschreibung werden ergänzend zu diesem Kapitel weitere Informationen über das jeweilige Bauvorhaben gegeben. Für das vorgegebene Bauvorhaben und das ausgewählte Verfahren wird beispielhaft ein Leistungsverzeichnis (LV) erstellt und die zugehörigen LV-Mengen ermittelt.

- Teilaufgaben des Baubetriebes
  Auf der Grundlage dieses Leistungsverzeichnisses wird von Seiten des Baubetriebes das Bauverfahren konkretisiert. Dies erfolgt, indem die Geräte, Einrichtungen, Prozesse und Kolonnenstärken nach Art, Größe, Anzahl und Dauer festgelegt werden. Darauf werden die Kosten und Einheitspreise tabellarisch ermittelt. Dieses geschieht in der folgenden Reihenfolge:

1. Erstellung einer Geräteliste
In der Geräteliste werden alle für die Kalkulation erforderlichen Informationen der Geräte und Einrichtungen zusammengestellt (Tabelle 3.1). Dabei werden die Geräte und Einrichtungen verursachungsgerecht den einzelnen Positionen des Leistungsverzeichnisses zugeordnet. Diese direkte Zuordnung wurde gewählt, um dem Leser den teilleistungsspezifischen Geräteverbrauch verständlich zu machen.

Bei Baustellen, die in großer Entfernung vom Unternehmenssitz liegen, werden die Geräte und Einrichtungen häufig die gesamte Bauzeit auf der Baustelle vorgehalten und nicht kurzfristig disponiert. In diesen Fällen müssen zusätzlich zu der beschriebenen Vorgehensweise die Vorhaltekosten der Geräte über die gesamte Bauzeit ermittelt werden. Die Differenz dieser gesamten Vorhaltekosten zu den in den Einzelkosten der Teilleistungen erfassten Vorhaltekosten muss in diesen Fällen als Gemeinkosten der Baustelle zusätzlich über eine Umlage auf die Einzelkosten der Teilleistung verteilt werden. Aus Gründen der Übersichtlichkeit wird in den einzelnen Beispielen hierauf verzichtet.

Tabelle 3.1 Zusammenstellung der Tonnagen und monatlichen Gerätevorhalte- und Betriebsstoffkosten je Position

Pos. Nr.	Bezeichnung		Geräte		Leistung	Auslastung	Betriebsstoffe	Gerätekosten
			klein	groß				
		BGL-Nr.:	t	t	kW	%	DM/h	DM/Mon.
1	Materialcontainer	9415-0060	-	2,20	-	-		197,00
	Radlader	3330-0035		3,80	35	80	6,90	5.081,00
	Kleingerät		0,50		-	-		2.000,00
Summen Pos. 1			**0,50**	**6,00**			**6,90**	**7.278,00**

Die Geräte werden getrennt nach Groß- und Kleingeräten entsprechend der Transportgewichte der Baugeräteliste (BGL) zusammengestellt. Diese Trennung erfolgt, um in der Kalkulation den unterschiedlichen Aufwand für das Be- und Entladen erfassen zu können. Bei der Ermittlung der Einzelkosten der Teilleistungen wird mit folgenden Ansätzen gerechnet.

Geräteart	Laden auf dem Bauhof	Laden auf der Baustelle
Kleingeräte	40 DM/t	1 h/t
Großgeräte	10 DM/t	0,15 h/t

Die Transportkosten werden für die Geräte mit 35 DM/t berechnet.

Die Angaben der Geräteleistung und -auslastung dienen zur Ermittlung der Betriebsstoffkosten. Die Betriebsstoffkosten werden je Betriebsstunde mit Ansätzen aus der BGL ermittelt und durch einen Faktor für die Auslastung auf die Einsatzstunde umgerechnet.

Die Gerätevorhaltekosten werden wie in der Praxis üblich mit einem reduzierten BGL-Wert in Ansatz gebracht. Für die Beispiele werden 70 % der BGL-Werte angenommen.

2. Einzelkosten der Teilleistung

Auf der Grundlage der zuvor beschriebenen baubetrieblichen Vorüberlegungen und der Geräteliste werden die Kosten, der in den einzelnen Positionen beschriebenen Teilleistungen, für die Leistungsmenge 1 ermittelt. Je nach LV-Position werden die Kosten getrennt nach den Kostenarten angegeben. Dabei werden folgende Kostenarten unterschieden: Lohn, Sonstige Kosten, Gerätekosten und Fremdleistungskosten.

Wenn bei der Kalkulation von geräteintensiven Bauleistungen die Lohnkosten als Einzelkosten der Teilleistung erfasst werden, werden je Einsatzstunde des Gerätes für den Geräteführer 1,1 Lohnstunden angesetzt. Dieser 10%ige Aufschlag ergibt sich aus dem Zeitaufwand, den der Geräteführer außerhalb der Geräteeinsatzzeit für Wartung und Pflege des Gerätes aufwendet.

3. Einheitspreisbildung

Im letzten Schritt werden die Einheitspreise ermittelt, indem die Einzelkosten der Teilleistungen mit vorausbestimmten Zuschlägen je Kostenart beaufschlagt werden. Bei der Ermittlung des Preisanteils, der aus den Lohnkosten resultiert, werden die Lohnstunden mit einem Mittellohn ASL in Höhe von 65,41 DM/h multipliziert.

Dieser gewählte Mittellohn wurde für eine fiktive Arbeitsgruppe aus

- 1 Baggerführer
- 1 Maschinenführer
- 1 Facharbeiter

mit Tariflöhnen für das Tarifjahr 1999/2000 ermittelt. Ferner wird davon ausgegangen, dass alle Arbeitskräfte eine Auslösung erhalten.

Die daraus ermittelten Lohnkosten sowie die Sonstigen Kosten, Geräte- und Fremdleistungskosten werden im Rahmen der Kalkulation mit den folgenden Gemeinkostenzuschlägen beaufschlagt:

Kostenartengruppe	Zuschlagssätze
Lohn	40 %
Sonstige Kosten	10 %
Gerätekosten	30 %
Fremdleistungen	10 %

Bei den Lohnkosten wird der Zuschlag von 40 % direkt auf den Mittellohn ASL in einer Höhe von 25,16 DM/h beaufschlagt. Damit errechnet sich der Verrechnungssatz Lohn (Mittellohn ASL zuzüglich der Gemeinkosten) zu:

65,41 DM/h * (1 + 40 %) = 91,57 DM

Dieser Verrechnungssatz wird zur Preisbildung verwendet.

4 Offene Wasserhaltung

4.1 Technische Grundlagen

Das in der Baugrube anfallende Grundwasser wird bei der offenen Wasserhaltung zusammen mit dem Niederschlagswasser ggf. in Gräben gesammelt und Pumpensümpfen zugeführt. Von dort wird das Wasser ständig oder zeitweise abgepumpt. Dabei ist sicherzustellen, dass die gesamte anströmende Wassermenge aufgenommen und abgeführt werden kann. Die anfallende Wassermenge hängt vom Grundwasserspiegelunterschied und vom Durchlässigkeitsbeiwert k des Bodens ab. Zum Beispiel kann die offene Wasserhaltung in feinkörnigen Böden ($k = 10^{-9}$ bis 10^{-7} m/s), bei denen der Wasseranfall aufgrund des niedrigen k-Wertes gering ist, bei Wasserspiegelunterschieden bis zu 5 m wirtschaftlich eingesetzt werden. Dagegen ist dieses Verfahren bei grobkörnigen Böden ($k = 10^{-4}$ bis 10^{-1} m/s) nur bis zu Spiegeltiefen von 2,5 bis 3 m anwendbar. Verfahren, bei denen die Schwerkraft zur Entwässerung nicht ausreicht (z. B. im Feinsand/Schluff mit $\varnothing < 0{,}2$ mm bzw. $k < 10^{-4}$ m/s), werden im Kapitel 5.3 behandelt.

Die Gräben, in denen das Wasser gesammelt und abgeleitet wird, können als offene Gräben, Sickergräben oder Drängräben ausgebildet werden. Offene Gräben werden nur in standfesten Böden ausgeführt. In nicht standfesten Böden wird die Wasserhaltung in mit Filtermaterial (Sand oder Kies) gefüllten Sickergräben ausgeführt. Bei großem Wasseranfall können die Gräben durch Dränrohre, die in Filterkörper eingebettet sind, ergänzt werden (vgl. Kapitel 4.3.1).

Die Wasserhaltung ist über die gesamte Bauzeit des Bauwerkes mindestens bis zur Gewährleistung der Auftriebssicherheit aufrecht zu erhalten. Während des Baugrubenaushubs unterhalb des Grundwasserspiegels erfolgt eine ständige Sammlung und Ableitung des anfallenden Wassers. Die Ausschachtung der Baugrube geschieht in mehreren Stufen von 40 bis 60 cm. Vor jeder Ausschachtung müssen provisorische Gräben und Pumpensümpfe angelegt bzw. vertieft werden. Die ständig abzuteufenden Gräben sollen verhindern, dass eine Durchnässung und Aufweichung der Aushubfläche auftritt und infolge dessen die Erdarbeiten erschwert werden und die Tragfähigkeit der Baugrubensohle beeinträchtigt wird.

Eine offene Wasserhaltung ist wegen der Grundbruchgefahr oft nur bis in geringe Tiefen möglich. Mit zunehmender Tiefe wächst durch den stärkeren Wasserandrang die Gefahr von Bodenauflockerungen, was die Standfestigkeit und Tragfähigkeit des Bodens gefährdet.

Befindet sich unter einer gering durchlässigen Schicht unterhalb der Baugrubensohle gespanntes Grundwasser (Überdruck $h_ü$), so wirkt auf diese Schicht von unten der Druck $p_u = \gamma_w * h_ü$. Ist die Eigenlast des Bodens $G = \gamma * d / \eta$ kleiner als der Druck p_u, muss das Grundwasser entspannt werden. Dies erfolgt mittels Entspannungsbrunnen.

Die Ausführungsplanung, d. h. Umfang, Leistung, Wirkungsgrad und Betriebssicherheit der Anlage, obliegt i. d. R. dem Auftragnehmer. Die Wasserhaltungsanlage muss nach den vom Auftraggeber gemachten Angaben und Unterlagen über die hydrologischen und geologischen Verhältnisse bemessen werden. Der Beginn der Betriebsbereitschaft der Anlage sowie Beginn und Beendigung des Betriebes bedürfen der Vereinbarung aller Beteiligten.

4.2 Nachweis und Dimensionierung

Dimensionierung des Filtermaterials

Bei einer offenen Wasserhaltung, die mit Hilfe von Sickergräben ausgeführt wird, muss das Filtermaterial (Sand oder Kies) auf den Baugrund abgestimmt werden. Dadurch wird verhindert, dass Bodenmaterial eingeschlämmt und die Durchlässigkeit herabgesetzt wird. Im Allgemeinen kommen für die Berechnung der Filterstabilität die Filterkriterien von Terzaghi zur Anwendung:

$$\frac{D_{15}}{d_{85}} < 4 \qquad \frac{D_{15}}{d_{15}} > 4$$

mit D_{15}: Korndurchmesser des Filtermaterials bei 15 % Siebdurchgang [mm]
d_{15}: Korndurchmesser des abzufilternden Bodens bei 15 % Siebdurchgang [mm]
d_{85}: Korndurchmesser des abzufilternden Bodens bei 85 % Siebdurchgang [mm]

Im Bild 4.1 wird ein Beispiel für einen Filteraufbau nach Terzaghi gegeben.

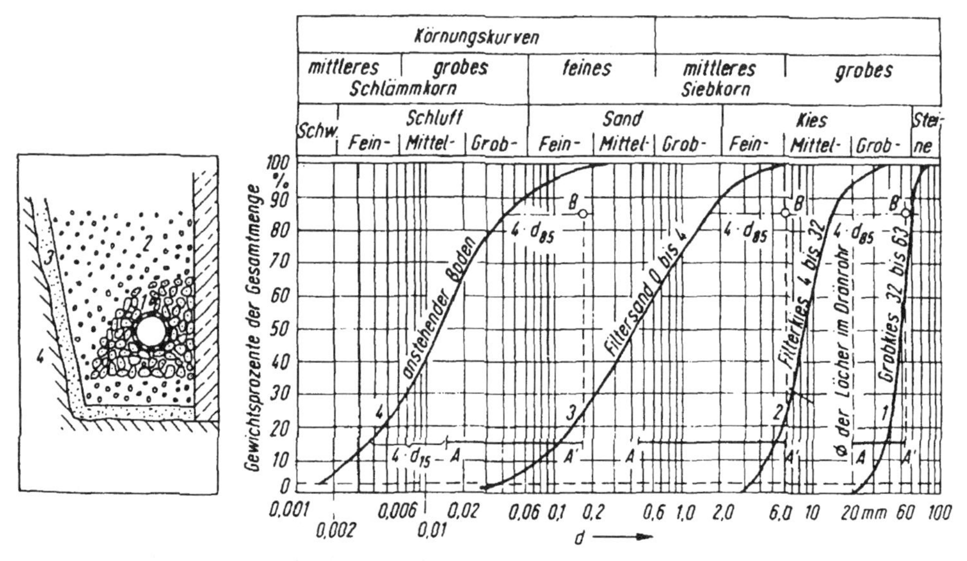

Bild 4.1 Filterregel nach Terzaghi und Aufbau eines Kiesfilters

International sind die Filterregeln des US Corps of Engineers gebräuchlich. Diese Regeln führen zu einem ähnlichen Filteraufbau wie die Filterkriterien von Terzaghi:

$$\frac{D_{15}}{d_{85}} < 5 \qquad \frac{D_{15}}{d_{15}} > 5 \qquad \frac{D_{50}}{d_{50}} < 25$$

Berechnung des Wasserzuflusses bei einer offenen Wasserhaltung

Der Wasserzufluss in eine Baugrube bei einer offenen Wasserhaltung lässt sich nach dem Verfahren von Davidenkoff berechnen:

$$q = k * H^2 * \left[\left(1 + \frac{t}{H} \right) * m + \frac{L_1}{R} * \left(1 + \frac{t}{H} * n \right) \right]$$

mit q: Baugrubenzufluss [m^3/s]
k: Durchlässigkeitsbeiwert des Bodens [m/s]
L_1: Länge der Baugrube
L_2: Breite der Baugrube
R: Reichweite der Wasserhaltung [m]
H: Abstand zwischen Grundwasserspiegel und Baugrubensohle [m]
t: Abstand zwischen Baugrubensohle und Oberkante Wasserstauer [m]
$t = H$ bei $T > H$
$t = T$ bei $T < H$
$t = 0$ bei $T = 0$
T: Abstand zwischen Baugrubensohle und Oberkante Wasserstauer [m]
m, n Beiwerte [-], vgl. Bild 4.2

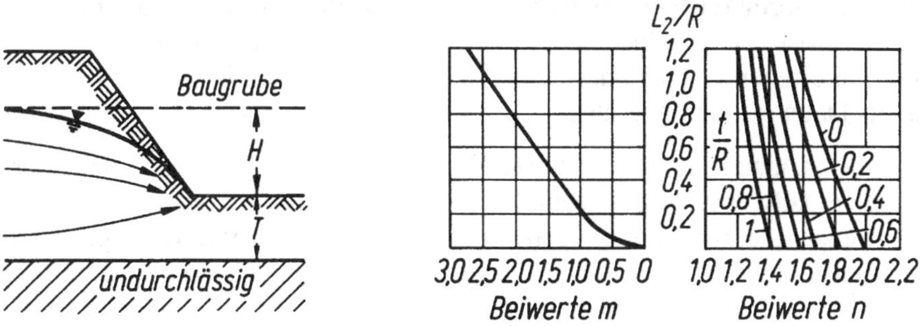

Bild 4.2 Berechnung des Baugrubenzuflusses nach Davidenkoff[7]

Für feinkörnige Böden, in denen einzelne wasserführende Schichten eingelagert sind, können keine allgemein gültigen Regeln zur Berechnung des Wasserzuflusses angegeben werden. Die anfallende Wassermenge ist im Allgemeinen jedoch gering und somit unproblematisch. Es besteht jedoch die Gefahr des Ausfließens wasserführender Schichten.

[7] Smoltczyk, U.: Grundbau-Taschenbuch

Um eine genauere Betrachtung durchzuführen, ist ein mittlerer Durchlässigkeitsbeiwert k der wasserführenden Schichten zu schätzen. Auf der Grundlage dieses k-Wertes wird der Wasserzufluss für eine offene Wasserhaltung ermittelt. Danach kann je nach Stärke der wasserführenden Schicht ein entsprechender Prozentsatz für den Wasserzufluss angenommen werden.

4.3 Verfahrenstechnik

4.3.1 Verfahrensbeschreibung

In diesem Kapitel erfolgt eine Beschreibung der einzelnen Elemente des Bauverfahrens „offene Wasserhaltung".

Gräben

Nach Fertigstellung des Baugrubenaushubs und dem Erstellen des Planums haben die Gräben und Dränagen die Aufgabe, das anfallende Wasser den Pumpensümpfen zuzuleiten. Um Wasseransammlungen auf der Baugrubensohle zu vermeiden, sollte die Sohle ein Gefälle von ca. 2 % zu den jeweiligen Gräben aufweisen. Die Gräben werden ringförmig am Baugrubenrand angeordnet und haben eine Tiefe von 0,5 bis 1,0 m. Die Abmessung der Gräben richtet sich nach der abzuführenden Wassermenge. Um zu vermeiden, dass die Fließgeschwindigkeit des Wassers zu gering wird, sind die Gräben mit einem Längsgefälle von mindestens 0,5 % anzulegen. Andernfalls können Schmutzablagerungen zu Verstopfungen führen. Ein Längsgefälle von 1 bis 1,5 % darf jedoch nicht überschritten werden.

Bei diesem Bauverfahren wird zwischen der reinen offenen Wasserhaltung und der Horizontalabsenkung unterschieden. Die Wassersammlung bei der offenen Wasserhaltung erfolgt in offenen Gräben oder Sickergräben. Dagegen wird die Horizontalabsenkung mittels Dränagen durchgeführt.

Offene Gräben können nur in standfesten Böden ausgeführt werden. Dies erfordert den geringsten Aufwand. In nicht standfesten Böden werden bei geringem Wasseranfall Sickergräben, die mit grobkörnigem Bodenmaterial (Sand oder Kies) gefüllt sind, angeordnet. Das Material muss filterfest gegenüber dem anstehenden Boden gesichert werden und ausreichend wasserdurchlässig sein. Häufig kommen anstatt eines filterstabilen Bodenmaterials Geotextilien zum Einsatz, die zwischen der Entwässerungsschicht und dem anstehenden Boden verlegt werden.

Drängräben bestehen aus Rohrleitungen, die mit einem Filtermaterial umgeben sind. Dafür werden poröse Tonrohre, Steinzeugrohre und Betonrohre oder längsgeschlitzte steife bzw. geschlitzte, gewellte und flexible Kunststoffrohre verwendet. Die Durchmesser der Rohre liegen zwischen 100 und 300 mm.

Der Aushub der Gräben erfolgt i. d. R. mit einem Tieflöffelhydraulikbagger. Der ausgehobene Boden wird seitlich gelagert und die untere Grabenhälfte mit Filtermaterial verfüllt. Danach werden die Dränageleitungen mit dem erforderlichen Längsgefälle verlegt und die obere Grabenhälfte verfüllt und leicht verdichtet. Zum Verfüllen der Gräben kann ein Radlader eingesetzt werden. Als Verdichtungsgerät werden z. B. Flächenrüttler oder Vibrationsstampfer verwendet.

Pumpensümpfe

Pumpensümpfe sind Vertiefungen, in denen das anfallende Wasser gesammelt und abgepumpt wird. Während der Aushubphase werden mit einem Bagger Vertiefungen ausgehoben in die z. B. Blechfässer mit perforiertem Mantel gestellt werden. Ist die endgültige Tiefe der Baugrubensohle erreicht, werden für den Endzustand die Seitenwände der Pumpensümpfe mit Brunnenringen, senkrechten Bohlen mit aussteifenden Holz- oder Stahlrahmen, gelochten Betonrohren oder perforierten Fässern verkleidet.

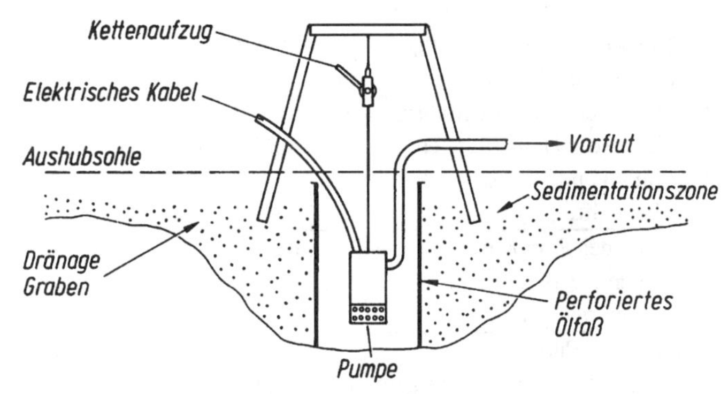

Bild 4.3 Pumpensumpf mit perforiertem Ölfass[8]

Der Pumpensumpf ist an der tiefsten Stelle der Baugrube anzuordnen. Die Sohle des Pumpensumpfes sollte mindestens 1,0 bis 1,5 m unterhalb der Baugrubensohle liegen, um genügend Stauraum zur Verfügung zu stellen. Der Durchmesser liegt bei ca. 1,0 m. Um den Pumpensumpf herum wird ein Filter zum Ausfiltern der feinen Kornfraktionen eingebaut. Zur Vermeidung von Sandeintrieb ist der Einbau eines Filtervlieses zwischen dem anstehenden Boden und dem Kiesfilter empfehlenswert. Zum Schutz vor Verschmutzungen ist der Pumpensumpf von oben abzudecken. Das im Pumpensumpf gesammelte Wasser wird mit Tauch- oder Vakuumpumpen abgepumpt. Die Anzahl der Pumpen hängt von der Größe der Baugrube und der abzuführenden Wassermenge ab. Um die Wasserhaltung auch beim Ausfall einer Pumpe aufrecht zu erhalten, sollen mindestens zwei Pumpen eingesetzt werden.

[8] Smoltczyk, U.: Grundbau-Taschenbuch

Das Ausschachten des Pumpensumpfes und der Aushub der Schachtringe erfolgt mit einem Tieflöffelhydraulikbagger. Das Filtermaterial wird mit einem Radlader eingebracht und verdichtet. Als Verdichtungsgerät können z. B. Flächenrüttler oder Vibrationsstampfer eingesetzt werden. Danach sind eine Druckleitung zum Vorfluter zu verlegen und die Pumpen mit entsprechenden Anschlüssen zu montieren.

Bis zur Fertigstellung des Bauwerkes müssen alle Anlagen der offenen Wasserhaltung regelmäßig überprüft und gewartet werden.

Die Tabelle 4.1 zeigt die einzelnen Arbeitsprozesse einer offenen Wasserhaltung mit Sickergräben. Jedem Arbeitsprozess sind Teilprozesse sowie die dafür erforderlichen Geräte zugeordnet. In der Tabelle sind ausschließlich die mit der Wasserhaltung in Zusammenhang stehenden Leistungen aufgeführt.

Tabelle 4.1 Prozesse der offenen Wasserhaltung

Prozess	**Teilprozess**	**Gerät**
Aushub der Sickergräben	Ausheben der Gräben und Anschluss an den Pumpensumpf Transport des Bodens	Bagger Transportgeräte
Verlegen der Dränageleitungen	Verfüllen der unteren Grabenhälfte Verlegen der Dränleitungen Verfüllen und Verdichten der oberen Grabenhälfte	Radlader Verdichtungsgerät
Herstellen des Pumpensumpfes	Aushub des Pumpensumpfes Verlegen der Betonringe Verfüllen mit Filterkies	Bagger Radlader Verdichtungsgerät
Einbau der Pumpen	Einbau der Pumpen Verlegen der Druckleitung zum Vorfluter Montieren der Anschlüsse, einschl. aller Form- und Passstücke	Kleingeräte Bagger
Betrieb und Rückbau der Anlage	Vorhalten der Leitungen, der Pumpen und des Pumpensumpfes Ausbau der Pumpen Rückbau der Druckleitung	Hydraulikbagger

4.3.2 Gerätebeschreibung

In diesem Kapitel werden die verschiedenen Pumpentypen, die bei der offenen Wasserhaltung eingesetzt werden, und deren Funktionsweise erläutert. Die Pumpen werden nach ihrem Standort unterschieden. Zum Einsatz kommen Vakuumpumpen an der Geländeoberfläche und Tauchpumpen, die in den Pumpensumpf eingehängt werden. Wichtig ist, dass die Pumpen trockenlaufsicher und schmutzunempfindlich sind.

Vakuumpumpen

Eine Vakuumpumpe saugt das Wasser aus dem Pumpensumpf zur Geländeoberfläche. Die maximale Saughöhe beträgt ca. 8 m. Vakuumpumpen werden im Allgemeinen durch Elektro-, Benzin- oder Dieselmotoren angetrieben.

Die Pumpen werden je nach Bauart in Verdränger- und Kreiselpumpen unterschieden. Überwiegend werden selbstansaugende Kreiselpumpen, sogenannte Vakuumaggregate, eingesetzt. Bei diesen Pumpen ist die Vakuum- und die Förderpumpe zu einer Einheit verbunden. Durch die Vakuumpumpe wird in den Leitungen ein Druckunterschied (Vakuum) erzeugt, durch den das Wasser nach oben gesaugt und von der Förderpumpe abgepumpt wird. Die im Wasser enthaltene Luft wird im Trennbehälter separiert und abgeführt. Dadurch ist die Förderung des Wassers durch Lufteintrag nicht gefährdet. Eine Automatik steuert die Vakuum- und die Förderpumpe je nach Luft- und Wasseranfall.

Bei Verdrängerpumpen, die zum Teil auch als Membranpumpen bezeichnet werden, wird das Wasser mit Hilfe einer Membran aus dem Pumpengehäuse durch eine Rückschlagklappe in die weiterleitenden Schläuche verdrängt. Danach wird die Membrane zurückgezogen, so dass sich die Rückschlagklappe schließt. Der dadurch erzeugte Druckunterschied saugt neues Wasser an.

Geringe Undichtigkeiten bewirken bei Verdränger- und Kreiselpumpen eine drastische Abminderung des Wirkungsgrades.

Tauchpumpen

Eine Tauchpumpe (Bild 4.4) setzt sich aus einer Kreiselpumpe mit vertikaler Welle und einem Elektromotor zusammen. Der Vorteil der Tauchpumpe gegenüber der in Geländehöhe aufgestellten Kreiselpumpe besteht darin, dass die Tauchpumpe das Wasser nicht ansaugt sondern nach oben drückt. Dadurch ist die Pumpe von der durch den Atmosphärendruck begrenzten Saughöhe unabhängig.

Die Pumpenwahl ist im Wesentlichen von der Fördermenge, der erforderlichen Absenktiefe und dem Platzangebot auf der Baustelle abhängig. Außerdem ist der Verschmutzungsgrad des Wassers zu berücksichtigen, da die vom Wasser mitgeführten Partikel Pumpen beschädigen können. Dabei sind die vom Pumpenhersteller angegebenen Werte zugrunde zu legen. Beispielsweise sind Membranpumpen auch zur Förderung von stark verschmutztem Wasser geeignet.

In der Tabelle 4.2 bis Tabelle 4.5 sind einige technische Daten für verschiedene Pumpentypen zusammengestellt.

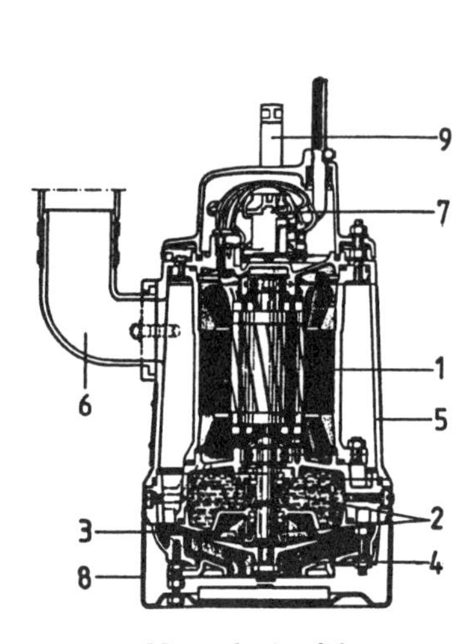

Normale Ausführung

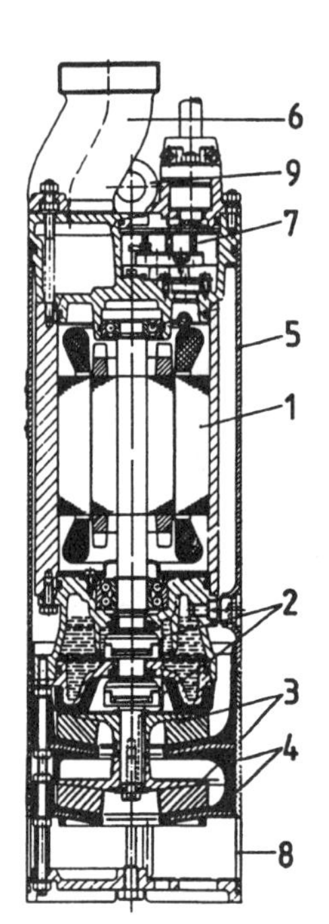

Schlanke Ausführung

1. Elektromotor
2. Gleitringdichtung
3. Laufrad
4. Diffusor
5. Außenmantel
6. Druckstutzen
7. Elektroanschluss
8. Sieb
9. Anhängebügel

Bild 4.4 Tauchpumpe (Schmutzwasserpumpe)[9]

Tabelle 4.2 Kreiselpumpen

Pumpenart	Kreiselpumpen (Vakuumpumpen)		
Hersteller	HBG		Hüdig
Typ	ZEISS	J 90-2	S 100
Antriebsart	Diesel selbstansaugend	Diesel selbstansaugend	Diesel/elektrisch selbstansaugend
Förderleistung [m³/h]	63	60	150-100-50
Förderhöhe [m]	14	19	4 - 14 - 21
Saughöhe [m]	7,0	7,5	7,5
Leistung [kW]	7,4	8,1	7,8
Drehzahl [min]	3500	2300	2600
Sauganschluss [Zoll]	4´´	4´´	4´´
Druckanschluss [Zoll]	4´´	4´´	4´´
Gewicht [kg]	165	210	170
Einsatzbereiche	Bauwirtschaft, Kommunen, Industrie, Umweltschutz, Landwirtschaft		

[9] König, H.: Maschinen im Baubetrieb

Tabelle 4.3 Membranpumpen

Pumpenart	Membranpumpen (Vakuumpumpen)		
Hersteller	HBG	Hüdig	YANMAR
Typ	MH 40	WM 35	YDE
Antriebsart	Diesel/elektrisch	Diesel/elektrisch	Diesel
Förderleistung [m³/h]	40,0	35,0	19,2
Förderhöhe [m]	15	15	15
Saughöhe [m]	7,0	8,5	8,0
Leistung [kW]	3,0 / 3,0	2,2 / 2,2	2,0
Drehzahl [min]	68	55	50
Sauganschluss [Zoll]	4´´	4´´	3´´
Druckanschluss [Zoll]	4´´	4´´	3´´
Gewicht [kg]	171,0	240,0	59,4
Einsatzbereiche	Bauindustrie, Kläranlagen, Landwirtschaft, Textil-, Lebensmittel-, Papier-, Schiffs- und Maschinenbau-Industrie		

Tabelle 4.4 Vakuumaggregate

Pumpenart	Vakuumaggregate		
Hersteller	HBG	Hüdig	DIA
Typ	Pionier 320 C	HC 465/22	VS 160
Antriebsart	elektrisch	elektrisch	Diesel
Wasserleistung bis [m³/h]	210	150	160
max. Luftleistung[m³/h]	125	105	100
Förderhöhe bis [mWS]	18	25	17
Kraftbedarf [kW]	11,0	8,8	13,5
Drehzahl [min]	1450	1500	1550
Saugstutzen [Zoll]	2 x 4´´	2 x 6´´	3 x 4´´
Druckstutzen [Zoll]	2 x 4´´	1 x 6´´	1 x 6´´
Länge [mm]	1450	1520	1650
Breite [mm]	1550	1580	1560
Höhe [mm]	1250	1480	1500
Gewicht [kg]	540	455	560
Einsatzbereiche	Grundwasserabsenkung über Vakuumverfahren, Hangstabilisierung, Silo-/Deponieentwässerung, Kanalbau und allgemeiner Tiefbau		

Tabelle 4.5 Tauchpumpen

Pumpenart	Tauchpumpen				
Hersteller	GRINDEX				
Typ	Major			Major NB	Trio
	N	H	L		
Antriebsart	Drehstrom	Drehstrom	Drehstrom	Drehstrom	Wechselstrom
Motorleistung [kW]	6,1	5,6	5,4	6,1	6,3
Drehzahl [min]	2800	2800	2800	2800	-
Nennstrom [A]	21-9,7	19-8,9	19-8,7	11,0	4,2-3,8
Leistungsaufnahme [kW]	7,6	6,9	6,8	7,6	8,5
max. Förderleistung [m³/h]	145	66	230	145	18
max. Förderhöhe [m]	25,0	44,0	15,0	25,5	12,0
Druckanschluss [Zoll]	4''	3''	6''	4''	2''
Höhe [mm]	665	665	665	590	340
Durchmesser [/] max. Breite [mm]	330	310	495	280	230
Gewicht [kg]	45	45	50	45	15
zulässiger Kornd. [mm]	8,5	8,5	8,5	7,0	6,0
Einsatzbereiche	Bauwirtschaft (Entwässerung von Sickergräben), Steinbrüchen, Bergbau, Schifffahrt			Brunnenbau (Tiefbrunnen), Bauwirtschaft, Industrie	Bauwirtschaft, Kommunen (für kleinere Pumparbeiten)

4.3.3 Informationen zur Leistungsberechnung

Nachfolgend werden verfahrensspezifische Merkmale zur Leistungsberechnung bei der Herstellung einer offenen Wasserhaltung beschrieben.

Zur Herstellung der Gräben und Pumpensümpfe wird ein Hydraulikbagger eingesetzt. Die Nutzleistung des Baggers Q_N für die einzelnen Prozesse beträgt:

- Aushub der Pumpensümpfe: 2,0 m³/h – 6,0 m³/h
- Herstellung der Sickergräben: 10,0 m³/h – 15,0 m³/h
- Aufbau der Sammelleitung: 2,0 m/h – 3,0 m/h
- Rückbau der Sammelleitung: 4,0 m/h – 6,0 m/h

Die Pumpenleistung soll für den Absenkvorgang und nicht für die im stationären Zustand berechnete Förderrate ausgelegt werden. Zu Beginn der Absenkung ist jedoch eine Pumpe einzusetzen, die mindestens das Doppelte der nach erreichen des Absenkzieles zu erwartenden Wassermenge fördern kann. Nach dem Erreichen des Absenkziels soll die Pumpe der tatsächlich anfallenden Wassermenge und der Förderhöhe angepasst werden. Aus Sicherheitsgründen soll grundsätzlich eine Reservevorhaltung von Pumpen und eine redundante Energieversorgung vorhanden sein.

Die Aufwandswerte für den Pumpenbetrieb betragen bei einer Kolonne mit 2 Arbeitskräften:

- Aufbau der Pumpe: 2,5 h – 3,5 h
- Ausbau der Pumpe: 1,5 h – 2,5 h
- Überwachung und Betrieb: ca. 1,0 h/Tag

Aufgrund von wasserrechtlichen Bestimmungen ist für die Einleitung in einen Abwasserkanal, der als Vorfluter verwendet wird, eine Gebühr zu veranschlagen. In dem Beispiel des Kapitels 4.5 wird eine Gebühr von 1,75 DM/m³ angesetzt.

4.3.4 Anmerkungen zur Leistungsbeschreibung

Ein Bodengutachten ist auch bei einer offenen Wasserhaltung von entscheidender Bedeutung. Wenn kein Gutachten vorliegt, müssen im Vorfeld der Baumaßnahme Untersuchungsbohrungen durchgeführt werden, um die Bodenkennwerte und den Grundwasserstand zu ermitteln oder es müssen hilfsweise Erfahrungswerte vorliegen. Die Parameter sind für die Pumpenauswahl, die -anzahl und für die Art der Dränageleitung mitbestimmend. Zusätzlich sollten genaue Angaben über benachbarte Gewässer und die Gründungen angrenzender Gebäude vorliegen.

In regelmäßigen Abständen muss eine Wartung und Vorhaltung der offenen Wasserhaltung erfolgen. Insbesondere ist der Grundwasserstand unterhalb der Baugrubensohle (nach Einbau der Betonsohle des Gebäudes) zu kontrollieren. Auch um diesen Überwachungsaufwand gering zu halten, sollen Flutöffnungen im Gebäudekörper angeordnet werden. Beim Ausfall der offenen Wasserhaltung kann das Untergeschoss des Gebäudes geflutet werden, um größere Schäden zu vermeiden.

Folgende DIN-Normen und Spezielle Technische Bedingungen enthalten Informationen über Leistungsbeschreibungen.

DIN-Normen

Spezielle DIN-Normen für das Entwässerungsverfahren gibt es in der VOB/C nicht. Die Allgemeinen Technischen Vertragsbedingungen der im Folgenden aufgeführten Normen sind für die Bauausführung maßgebend:

- DIN 18 299 „Allgemeine Regelungen für Bauarbeiten jeder Art“[10]
- DIN 18 300 „Erdarbeiten“
- DIN 18 305 „Wasserhaltungsarbeiten“
- DIN 18 308 „Dränarbeiten“
- DIN 41 24 „Baugruben und Gräben“

[10] Verdingungsordnung für Bauleistungen: VOB/C

Spezielle Technische Bedingungen für Wasserhaltungsarbeiten (STB-WH)[11]

1. Nebenleistungen
   Erstellen des wasserrechtlichen Antrages

2. Besondere Leistungen
   (1) Einholen der wasserrechtlichen Genehmigung vor Beginn der Arbeit
   (2) Herstellung, Unterhaltung und Rückbau von Rohrbrücken und Gräben zur Verlegung von Leitungen

3. Aufmaß und Abrechnung
   Ergänzend zu ATV DIN 18 305, Abschnitt 5 gilt für Brunnen ATV DIN 18 302, Abschnitt 5

4.4 Qualitätssicherung

Um die erforderliche Qualität und Sicherheit einer offenen Wasserhaltung zu gewährleisten, sind die im Kapitel 7.2 aufgeführten bauvorbereitenden und baubegleitenden Maßnahmen erforderlich.

4.5 Beispiel

Situationsbeschreibung

Das im Kapitel 3.3 beschriebene Beispiel dient als Grundlage für die nachfolgenden Berechnungen. Die Baugrubentiefe beträgt 4,5 m und der Grundwasserstand liegt bei 3,5 m. Das Grundwasser wird bis 1 m unter die Baugrubensohle abgesengt, d. h. die Grundwasserabsenkung H beträgt 2,0 m. Damit liegt die wasserundurchlässige Schicht (Wasserstauer) 1,5 m unterhalb des Absenkzieles. Der Durchlässigkeitsbeiwert wird mit $k = 10^{-5}$ m/s und die anfallende Wassermenge je Meter Sickergraben mit $q = 0{,}006$ l/s angenommen. Die Betriebsdauer der Wasserhaltungsanlage, einschließlich Auf- und Abbauen der Geräte wird mit 3 Monate (90 Tage) geschätzt.

Die anfallende Wassermenge wird über Sickergräben, die die Baugrube am Fuß der Böschung umlaufen, und über eine Dränleitung zwei Pumpensümpfen zugeführt. Dort fördern Pumpen das Wasser über Druckleitungen zu einem ca. 40 m entfernten Vorfluter.

In der Kostenberechnung wird der Auf- und Abbau sowie der Betrieb der Anlage berücksichtigt. Dabei wird davon ausgegangen, dass die Baugrube bis zu ihrer endgültigen Tiefe ausgehoben wird. In den Leistungspositionen des Bodenaushubs sind die Entwässerungsgräben und Pumpensümpfe der Zwischenbauzustände als Leistungsbestandteil enthalten.

---

[11] Englert, K., Grauvogel, J., Maurer,M.: Handbuch des Baugrund- und Tiefbaurechts

Leistungsverzeichnis

Tabelle 4.6 Leistungsverzeichnis der offenen Wasserhaltung

Leistungsverzeichnis				
Pos. Nr.	**Bezeichnung**	**Menge**	**EP [DM]**	**GP [DM]**
1	Einrichten und Räumen der Baustelle Vorhalten der Baustelleneinrichtung für 90 Tage für sämtliche in der Leistungsbeschreibung ausgeführten Leistungen Sanitäre Einrichtungen, Wohnunterkünfte, Wasser- und Stromanschluss werden vom Generalunternehmer gestellt	1 psch	11.727,86	11.727,86
2	Herstellen, Vorhalten und Beseitigen des Pumpensumpfes aus Betonbrunnenringen mit Filterkiespackung innerhalb der Baugrube, einschl. des erf. Erdaushubs und der Wiederverfüllung, (Pumpensümpfe der Zwischenbauzustände sind beim Erdaushub zu berücksichtigen) lichter Sohlenquerschnitt 1,0 m^2, Abteuftiefe 1,5 m anfallender Aushub der Bodenklassen 3 und 4	2,00 Stk	1.629,89	3.259,78
3	Herstellen des Sickergrabens innerhalb der Baugrube mit Anschluss an den Pumpensumpf, (Gräben für Zwischenbauzustände sind beim Erdaushub zu berücksichtigen) Rohre aus geschlitzten Kunststoff-Filterrohren, Wassereintrittsfläche mind. 10 cm^2/m einschl. des erforderlichen Erdaushubs, Grabentiefe 1,0 m, Sohlenbreite 0,5 m, anfallender Aushub der Bodenklassen 3 und 4 auf eine Deponie des Arbeitgebers abfahren	90,00 m	125,61	11.304,90
4	Ein- und Ausbauen der Pumpen mit Elektromotor für die Pumpensümpfe einschl. aller Form- und Passstücke Vorhalten und Betreiben der Pumpen für 90 Tage, einschl. Wartung und laufender Kontrolle Fördermenge bis 5 m^3/h geodätische Förderhöhe über 5,0 m bis 10,0 m, inkl. zentraler Schalt- u. Überwachungsstation und Notstromaggregat	2,00 Stk	15.368,90	30.737,80
5	Rohrleitungen nach Wahl des AN (DN 100 bis 200) Verlegen, Vorhalten und Rückbauen der Rohrleitungen, einschl. aller Armaturen, Form- und Passstücke, mit Anschluss an Wasserförderanlagen in Pumpensümpfen	105,00 m	101,16	10.621,80
Titel	Offene Wasserhaltung	Summe Netto		67.652,14 DM
		16 % MwSt.		10.824,34 DM
		Angebotssumme		78.476,48 DM

Die genannten Mengen und Preise werden nachfolgend ermittelt.

Massenermittlung zur Leistungsbeschreibung

Pos 2: Die Pumpensümpfe haben eine Grundfläche von 1,0 m^2 und eine Tiefe von 1,5 m. Für einen Einsatz von zwei Pumpen (siehe Pos 4) sind zwei Pumpensümpfe erforderlich.
Pos 3: Der Sickergraben hat eine Breite von 0,5 m und eine Tiefe von 1,0 m. Die Länge des Grabens beträgt: 2 * (30 m + 15 m) = 90,0 m
Pos 4: Berechnung der Wassermenge je Pumpensumpf:

$$q' = [0{,}006\ l/s * (2 * 15 + 2 * 30)] / 2 \approx 0{,}3\ l/s$$
$$\approx 1080\ l/h = 1{,}1\ m^3/h$$

Zur Abführung der berechneten Wassermenge ist eine Pumpe ausreichend. Aus Sicherheitsgründen (Ausfall einer Pumpe) werden jedoch zwei Pumpen gewählt.
Pos 5: Aus den örtlichen Gegebenheiten ergibt sich die erforderliche Länge der Rohrleitung zu: = 105,0 m

Bauverfahren und zugehörige Leistungswerte

Der Baugrubenaushub einschließlich dem Herstellen des Planums sind an anderer Stelle in dem Leistungsverzeichnis erfasst. Der Bauablauf ist folgendermaßen geplant: Nach dem Erdaushub, zu dem auch die Pumpensümpfe und Gräben der Zwischenbauzustände gehören, werden die Pumpensümpfe und die Sickergräben für den Endbauzustand ausgehoben. Der ausgehobene Boden wird von einem Fremdunternehmer für 25 DM/m³ geladen und abtransportiert. Nach dem Aufstellen der Betonringe in den Pumpensümpfen wird die untere Grabenhälfte mit Filtermaterial verfüllt und verdichtet sowie die Dränageleitungen verlegt. Danach wird die obere Grabenhälfte verfüllt und verdichtet. Gleichzeitig werden die Tauchpumpen in die Pumpensümpfe eingebaut. Alle Anschlüsse, Armaturen und Wartungsanlagen sind zu installieren und die Sammelleitung zum Vorfluter zu verlegen. Nach Beendigung der Baumaßnahme erfolgt der Rückbau der Pumpen und der Sammelleitung.

Geräteauswahl: Für die offene Wasserhaltung werden folgende Geräte gewählt:

- 50 KW Hydraulikbagger auf Luftbereifung mit einem Löffelvolumen von 0,5 m^3
- 35 KW Radlader mit einem Schaufelvolumen von 0,6 m^3
- Flächenrüttler mit Dieselmotor zur Bodenverdichtung
- Tauchpumpen zur Grundwasserförderung

Zeitaufwand: Der Bodenaushub der Pumpensümpfe erfolgt mit einem Hydraulikbagger. Als Werkzeug wird ein Grabgreifer eingesetzt. Die Kolonnenstärke beträgt 2 AK. Damit ergeben sich die Lohnaufwandswerte je Pumpensumpf zu:

Aushub	3 h	(2 AK)
Einbau der Betonringe	1 h	(2 AK)
Einbau Filterkiespackung	0,75 h	(2 AK)
Ausbau der Betonringe	1 h	(2 AK)
Verfüllen des Sumpfes	2 h	(2 AK)

Betriebszeit für den Hydraulikbagger:

$$\frac{3{,}0\,h}{2\,AK}+\frac{1{,}0\,h}{2\,AK}+\frac{1{,}0\,h}{2\,AK}+\frac{2{,}0\,h}{2\,AK}=3{,}5\,h$$

Betriebszeit für den Radlader, einschließlich der Bodenverdichtung:

$$\frac{0{,}75\,h}{2\,AK}=0{,}375\,h$$

Die Vorhaltezeit der Geräte beträgt (3,5 h + 0,375 h)* 2 Stk = 7,75 h
Bei 8 h pro Arbeitstag entspricht das ca. <u>1,0 AT</u>

Der Aushub der Sickergräben erfolgt ebenfalls mit einem Hydraulikbagger. Durch häufiges Umsetzen des Baggers liegt die Leistung bei ca. 12 m³/h. Bei einem Aushub von 0,5 m³/m errechnet sich die Leistung zu 12 m³/h : 0,5 m³/m = 24 m/h. Die Kolonne besteht aus 2 AK. Der Aufwandswert des Aushubs beträgt:

$$\frac{1\,h}{24\,m}*2\,AK \qquad =\underline{0{,}083\text{ h/m}}$$

Für das Verfüllen und Verlegen der Filterrohre werden folgende Aufwandswerte angesetzt:

- Einbringen von Filterkies in die untere Grabenhälfte: 0,25 h/m
- Verlegen der Filterrohre mit mindestens 0,5 % Gefälle: 0,10 h/m
- Verfüllen der oberen Grabenhälfte: 0,15 h/m

Das Verfüllen der Sickergräben durch einen Radlader und das Verdichten des Filterkieses durch einen Flächenrüttler ergibt folgende Einsatzzeit:

$$\frac{Aufwandswert}{Arbeitskräfte}=\frac{0{,}25\,h+0{,}15\,h}{2\,AK} \qquad =\underline{0{,}20\text{ h/m}}$$

Es wird angenommen, dass der Bagger eine Vorlaufzeit von 2,5 h hat, dies entspricht ca. 30 m. Damit ergibt sich eine Vorhaltezeit von:
0,2 h/m * 90 m + 2,5 h = 20,5 h
Dies entspricht ca. <u>2,5 AT</u>

Der Ein- und Ausbau der Pumpen erfolgt durch eine Kolonne mit 2 AK. Der Zeitaufwand je Pumpe beträgt:

- Einbau der Pumpe (einschl. aller Form- u. Passstücke): 2,80 h (2 AK)
- Ausbau der Pumpe (einschl. aller Form- u. Passstücke): 1,90 h (2 AK)

  4,70 h

Für das Auf- und Abbauen der zentralen Schalt- und Überwachungsstation und dem Notstromaggregat werden 17 h angesetzt.

Die Vorhaltezeit liegt somit bei: 4,7 h * 2 Stk + 17 h = 26,4 h
Dies entspricht ca. 3,0 AT

Die Verlegung und der Rückbau der Sammelleitungen (DN 100-200) erfolgt mit einem Hydraulikbagger und 2 AK (Maschinenführer und Hilfsarbeiter):

- Verlegung: 0,39 h/m
- Rückbau: 0,19 h/m

Damit berechnet sich die Einsatzzeit des Baggers zu:

Verlegen der Rohre:

$$\frac{0{,}39\, h/m}{2\, AK} = 0{,}2\, h/m$$

Rückbau der Rohre:

$$\frac{0{,}19 h/m}{2AK} = 0{,}1\, h/m$$

Daraus ergibt sich eine Gerätevorhaltezeit von: (0,2 h/m + 0,1 h/m) * 105 m = 31,5 h
Dies entspricht ca. 4,0 AT

Der Zeitaufwand für das Auf- und Abladen der Geräte ist bereits in den einzelnen Positionen eingerechnet.

Personalaufwand: Die eingesetzte Kolonne besteht aus:

1 Baggerführer, 1 Maschinenführer, 1 Facharbeiter

Sonstige Kosten: Der aus den Gräben und Pumpensümpfen ausgehobene Boden (45 m³ + 3 m³) wird für 25 DM/m³ geladen und abtransportiert. Die Materialkosten für die Schachtringe betragen 260 DM/Pumpensumpf und für den Filterkies 31 DM/m³.

Die Einleitungsgebühren in den Vorfluter werden folgendermaßen berechnet:

2 Pumpen * 1,1 m³ * 24 h/Tag * 90 Tage * 1,75 DM/m³ = 8.316 DM

Für den Pumpenbetrieb ergeben sich folgende Stromkosten:

1 kW/Pumpe * 24 h/Tag * 0,35 DM/kWh * 90 Tage = 756 DM/Pumpe

Kosten- und Preisermittlung

Tabelle 4.7 Zusammenstellung der Tonnagen und monatl. Vorhalte- und Betriebsstoffkosten je Pos.

Pos. Nr.	Bezeichnung		Geräte klein	Geräte groß	Leistung	Anzahl	Auslastung	Betriebsstoffe	Gerätekosten
		BGL-Nr.	t	t	kW	Stk	%	DM/h	DM/Mon.
1	Materialcontainer	9415-0030		1,4	-	1	-		163,00
	Kleingerät	-	0,5		-	1	-		2.000,00
Summe Pos. 1			**0,5**	**1,4**					**2.163,00**
2	Hydraulikbagger	3151-0050		11,0	50	1	70	10,19	6.475,00
	Grabgreifer	3153-4050	0,7		-	1	-		610,50
	Tieflöffel mit Lasthaken	3153 1050	0,5		-	1	-		181,00
	Radlader	3330-0040		4,2	40	1	30	3,49	5.905,00
Summe Pos. 2			**1,2**	**15,2**				**13,68**	**13.171,50**
3	Hydraulikbagger	3151-0050		(11,0)	50	1	50	7,28	6.475,00
	Tieflöffel mit Lasthaken	3153-1050	(0,5)		-	1	-		181,00
	Radlader	3330-0040		(4,2)	40	1	50	5,82	5.905,00
	Flächenrüttler	3523-2440	0,144		3,5	1	50	0,51	648,50
Summe Pos. 3			**0,644**	**15,2**				**13,61**	**13.209,50**
4	Tauchkörperpumpe	4671-0010	0,024		1	2	80	0,96	240,00
	Stromaggregat	7301-0012	0,51		11	1	20		684,00
	Zentrale Schalt- und Überwachungsstation	-	0,50		-	1	-		1.100,00
Summe Pos. 4			**1,034**					**0,96**	**2.024,00**
5	Hydraulikbagger	3151-0050		(11,0)	50	1	50	7,28	6.475,00
	Tieflöffel mit Lasthaken	3153-1050	(0,50)		-	1	-		181,00
	Schnellkupplungsrohr DN 100 bzw. 200	4820-0100 bzw.	0,0045		-	1	-		-
		4820-0200	0,015		-	1	-		-
Summe Pos 5			**0,52**	**11,0**				**7,28**	**6.656,00**
Summe der gesamten Tonnage:			**2,9***	**16,6***					

* Im Gesamtgewicht sind die in Klammern gesetzten Gewichte nicht enthalten, da jedes Gerät nur einmal antransportiert wird.

Tabelle 4.8 Einzelkosten der Teilleistungen

Einzelkosten der Teilleistungen					
Pos. Nr.	Teilleistungen und Kostenentwicklung	Kosten je Einheit			
		Lohn [Std.]	Sonstige Kosten [DM]	Geräte-kosten [DM]	Fremd-leistung [DM]
1	**1psch Baustelleneinrichtung**				
	Lohnaufwand:				
	Container aufstellen: 2,0 h	2,00			
	Transport:				
	2∗(2,9 t+16,6 t)∗35 DM/t		1.365,00		
	Laden auf der Baustelle:				
	2 ∗ 2,9 t ∗ 1 h/t + 2 ∗ 16,6 t ∗ 0,15 h/t	10,78			
	Laden auf dem Bauhof:				
	2 ∗ 2,9 t ∗ 40 DM/t + 2 ∗ 16,6 t ∗ 10 DM/t		564,00		
	Gerätevorhaltung:				
	(2.163 DM/Mon. / 30 AT/Mon.) ∗ 90 AT			6.489,00	
Summe Pos. 1		**12,78**	**1.929,00**	**6.489,00**	
2	**2 Stk Pumpensumpf herstellen**				
	Lohnaufwand:				
	(3,0 + 1,0 + 0,75 + 1,0 + 2,0) h/Stk	7,75			
	Geräteaufwand:				
	(13.172 DM/Mon. / 21 AT/Mon.)∗ 1,5 AT/2 Stk			470,41	
	Betriebsstoffe:				
	13,68 DM/h ∗ 1/(4,0 m³/h) ∗ 1,50 m³		5,13		
	Sonstiges:				
	Schachtringe und Filterkies (260,0 + 15,5)		275,50		
Summe Pos. 2		**7,75**	**280,63**	**470,41**	
3	**90 m Sickergräben herstellen**				
	Lohnaufwand:				
	(0,083 + 0,25 + 0,10 + 0,15) h/m	0,58			
	Geräteaufwand:				
	(13.209,5 DM/Mon. / 21 AT/Mon.)∗ 3 AT/90 m			20,97	
	Betriebsstoffe:				
	13,61 DM/h ∗ 1/(12,0 m³/h)		1,13		
	Sonstiges:				
	Dränageleitung und Filterkies				
	(12,0 DM/m + 0,5 m³/m ∗ 31 DM/m³) /m		27,50		
	Abfuhr des Aushubs 25,0 DM/m³ ∗ 0,5 m³/m				12,50
Summe Pos. 3		**0,58**	**28,63**	**20,97**	**12,50**

Fortsetzung Tabelle 4.8

Einzelkosten der Teilleistungen						
Pos. Nr.	Teilleistungen und Kostenentwicklung	Kosten je Einheit			
		Lohn [Std.]	Sonstige Kosten [DM]	Geräte-kosten [DM]	Fremd-leistung [DM]
4	**2 Stk Pumpen in Pumpensumpf ein- und ausbauen, vorhalten und betreiben**				
	Lohnaufwand:				
	(2 * 4,7 + 17,0) h/Stk * 0,5 Stk	13,20			
	Geräteaufwand:				
	(2024 DM/Mon. / 30 AT/Mon.) * 90 AT / 2 Stk			3.036,00	
	Betriebsstoffe:				
	0,96 DM/h * 24 h/d * 90 d/ 2 Stk		1.036,80		
	Sonstiges:				
	Wartung der Anlage 1,0 h/d * 90 d	90			
	Einleitungsgebühr		756,00		
Summe Pos 4		**103,20**	**1.792,80**	**3.036,00**	
5	**Sammelleitung zum Vorfluter**				
	Lohnaufwand:				
	(0,39 + 0,19) h/m	0,58			
	Geräteaufwand:				
	(6.656 DM/Mon. / 21 AT/Mon.) * 4 AT/105			12,07	
	Betriebsstoffe:				
	7,28 DM/h * 1/(3,33 m/h)		2,19		
	Sonstiges:				
	Leitungen: DN 100 + DN 200				
	(1,68 + 6,00) DM/Mon. * 3 Mon.			23,04	
Summe Pos 5		**0,58**	**2,19**	**35,11**	

Tabelle 4.9 Einheitspreisbildung

Einheitspreisbildung					
	Lohn [h] * 65,41[DM/h] + 40 % = 91,57 [DM/h]	Sonstige Kosten + 10 %	Geräte-kosten + 30 %	Fremd-leistung + 10 %	Einheits-preis
	[DM/E]	[DM/E]	[DM/E]	[DM/E]	[DM/E]
Position	①	②	③	④	∑ ①-④
Pos. 1 Baustelleneinrichtung 1 pauschal	12,78 * 91,57 = 1.170,26	1.929,00 *1,10 2.121,90	6.489,00 *1,30 8.435,70		11.727,86
Pos. 2 Pumpensumpf herstellen 2 Stk	7,75 * 91,57 = 709,67	280,63 *1,10 308,69	470,41 *1,30 611,53		1.629,89
Pos. 3 Sickergräben herstellen 90 m	0,58 * 91,57 = 53,11	28,63 *1,10 31,49	20,97 *1,30 27,26	12,50 *1,10 13,75	125,61
Pos. 4 Pumpen einbauen 2 Stk	103,20 * 91,57 = 9.450,02	1.792,8 *1,10 1972,08	3036,00 *1,30 3946,80		15.368,90
Pos. 5 Sammelleitung zum Vorflu-ter 105 m	0,58 * 91,57 = 53,11	2,19 *1,10 2,41	35,11 *1,30 45,64		101,16

5 Grundwasserabsenkung mit Brunnen

5.1 Anwendungsbereiche

Wenn eine offene Wasserhaltung, beispielsweise wegen des erforderlichen Absenkzieles, nicht mehr in Frage kommt, wird eine Grundwasserhaltung mit Brunnen vorgenommen. Bei einer Grundwasserabsenkung mit Brunnen werden vor Beginn des Baugrubenaushubs Brunnen eingerichtet, Rohrleitungen verlegt und Pumpen installiert. Danach wird das Grundwasser mit einem zeitlichen Vorlauf zum Erdaushub abgesenkt. Damit der Aushub und die späteren Arbeiten in der Baugrube nicht behindert werden, wird die Anlage bevorzugt außerhalb der Baugrube angeordnet.

Bei sehr großen Baumaßnahmen kann es erforderlich sein, die Brunnen innerhalb der Baugrube anzuordnen, um das gewünschte Absenkziel zu erreichen. In diesem Fall müssen bei der Abdichtung des Bauwerkes Zusatzmaßnahmen, wie z. B. dicht einbindende stählerne Brunnentöpfe, getroffen werden. Bei der Anordnung der Brunnen und bezüglich der Standsicherheit der Baugrubensicherung sind Zwischenzustände zu berücksichtigen.

Bei der Grundwasserabsenkung mit Brunnen wird die Größe des Zuflusses in den Brunnen wesentlich von dem Durchlässigkeitsbeiwert k des anstehenden Bodens bestimmt, welcher somit die Wahl des Absenkverfahrens maßgeblich prägt. Im Bild 5.1 werden Anhaltswerte für die Anwendungsgebiete der verschiedenen Absenkungsverfahren in Abhängigkeit von der Bodenart bzw. dem k-Wert und der Absenkungstiefe angegeben. Die Bereiche wurden aufgrund von praktischer Erfahrung ermittelt. Bei der Schwerkraft-, der Vakuum- und Osmoseentwässerung sind die jeweils günstigsten Bereiche besonders hervorgehoben.

In den folgenden Kapiteln werden die Wasserhaltungsverfahren der Schwerkraft- und der Vakuumentwässerung erläutert.

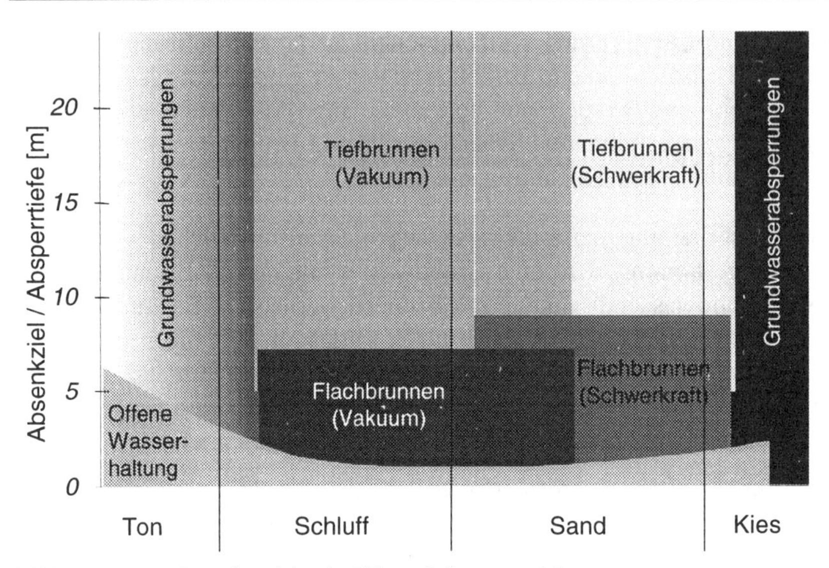

Bild 5.1 Anwendungsbereiche der Wasserhaltungsverfahren

5.2 Schwerkraftentwässerung

5.2.1 Technische Grundlagen

Bei der Schwerkraftentwässerung fließt das Wasser aufgrund seiner Schwerkraft dem Brunnen zu. Der Wasserspiegel im Brunnen wird durch Abpumpen niedrig gehalten.

Dieses Verfahren wird vorwiegend zur Grundwasserabsenkung in Sanden mit Durchlässigkeitsbeiwerten von $k = 10^{-2}$ bis 10^{-4} m/s angewandt. Bei Böden mit größerem Ton- oder Schluffanteil reicht die Schwerkraft häufig nicht zur Entwässerung des Bodens aus. Dagegen ist der Wasserzufluss in Grobsand oder Kies so groß, dass erhebliche Pump- und Wassereinleitungskosten entstehen und eine Absenkung nicht wirtschaftlich ist.

Der erforderliche Brunnendurchmesser richtet sich nach der Durchlässigkeit des Bodens und der Tiefe der Absenkung. Der Abstand der Brunnen untereinander hat keinen Einfluss auf die Gesamtfördermenge und wird gleich der halben bis einfachen Baugrubenbreite gewählt. Bei breiten Baugruben werden die Brunnen i. d. R. beidseitig und bei schmalen Baugruben häufig nur einseitig angeordnet.

Um eine trockene Baugrubensohle zu gewährleisten, soll die höchste Stelle des abgesenkten Grundwasserspiegels ca. 0,5 bis 1,0 m unterhalb der Baugrubensohle liegen. Damit reichen die Brunnen im Allgemeinen mehrere Meter bis unterhalb der Baugrubensohle. Die endgültige Ausbautiefe der Brunnen wird unter Berücksichtigung der erschlossenen wasserführenden Schichten vom Auftraggeber im Benehmen mit dem Auftragnehmer festgelegt.

Je nach Baugrundverhältnissen werden vollkommene oder unvollkommene Brunnen unterschieden (Bild 5.2). Vollkommene Brunnen binden in eine praktisch wasserundurchlässige Schicht ein und werden nur horizontal angeströmt. Unvollkommene Brunnen enden in einer wasserführenden Schicht. Bei diesen Brunnen muss zusätzlich der Wasserzufluss von unten berücksichtigt werden.

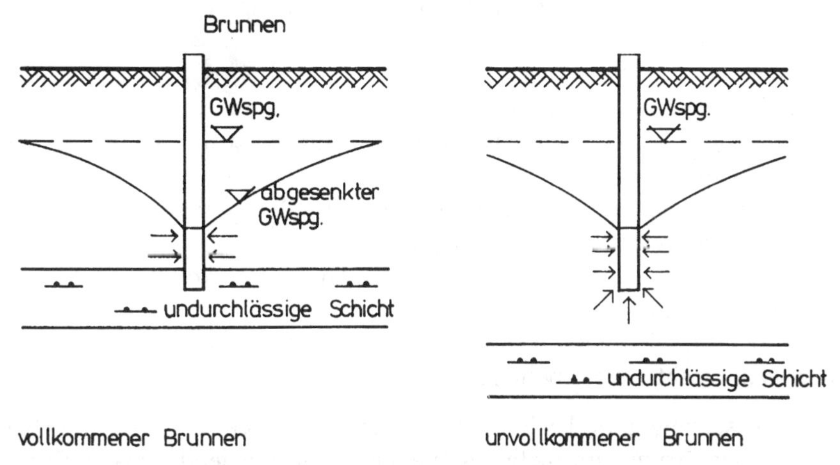

Bild 5.2 Wasserzufluss zu vollkommenen und unvollkommenen Brunnen

Bei langfristigen Absenkungen muss die chemische Zusammensetzung des Grundwassers bekannt sein, da eine Korrosions- und Verockerungsgefahr der Filterrohre besteht. Eine Verockerung der Filterrohre entsteht durch Ausfällungen von im Wasser gelösten Eisenverbindungen. Die Ausfällungen führen zur Krustenbildung in den Filteröffnungen. In Einzelfällen lassen sich Verkrustungen durch Rückspülen beseitigen. Bei zur Verockerung neigendem Grundwasser empfiehlt sich eine Überbemessung des Filters und ein langsamer Absenkvorgang.

Der Auftragnehmer ist für die vertragsmäßige Ausführung der Brunnen verantwortlich. Dagegen liegt die Ergiebigkeit der Brunnen, die Absenktiefe des Grundwasserspiegels und die chemische Zusammensetzung des Wassers nicht in seinem Verantwortungsbereich.

5.2.2 Nachweis und Dimensionierung

Die Dimensionierung einer Grundwasserabsenkung liefert die Festlegung der Brunnenanzahl, des –durchmessers und der –tiefe auf der Grundlage des ermittelten Zustromes bzw. des Absenkziels. Bei den Berechnungsansätzen wird in vollkommene und unvollkommene Einzel- oder Mehrbrunnenanlagen unterschieden.

Vollkommene Einzelbrunnen

Für die Dimensionierung von Einzelbrunnen können die Dupuit-Thiemschen Brunnenformeln unter folgenden Voraussetzungen angewandt werden:

- Die Sickerströmung bildet einen stationären Zustand „Beharrungszustand".
- Das strömende Wasser ist homogen und isotrop. Alle Bodenporen sind mit Wasser gefüllt, es befindet sich kein Gas im Boden.
- Die Wassermenge im Einzugsbereich ist konstant und wird weder durch Verdunstung noch durch oberirdische Zuflüsse verändert.
- Der Boden ist homogen. Die Durchlässigkeit des Bodens ist in lot- und waagerechter Richtung gleich groß.
- Die Brunnen erfassen die gesamte Mächtigkeit des Grundwasserleiters.
- Das lineare Strömungsgesetz von Darcy ist gültig.
- Der Grundwasserhorizont und die Mächtigkeit des Aquifers ist konstant.
- Der Kapillarraum bleibt unberücksichtigt.
- Das Wasser tritt in den Brunnen im Bereich der gesamten benetzten Filterfläche mit gleicher, waagerechter Geschwindigkeit ein.

Obwohl diese Voraussetzungen in der Natur nicht oder nur teilweise zutreffen, geben die Dupuit-Thiemschen Brunnenformeln für die Praxis ausreichend genaue Werte. Unter diesen Voraussetzungen fließt einem Einzelbrunnen das Grundwasser von allen Seiten gleichmäßig zu. Dabei bildet sich um den Brunnen ein parabelförmiger Absenktrichter. Der Trichter steigt vom abgesenkten Brunnenwasserspiegel zunächst steil und dann allmählich flacher an. In der Entfernung R (Reichweite des Brunnens) legt sich die Spiegellinie an den ungesenkten Wasserspiegel asymptotisch an.

Für die Berechnung des Wasserzuflusses zum Brunnen werden verschiedene Arten von Grundwasserleitern unterschieden (Bild 5.3).

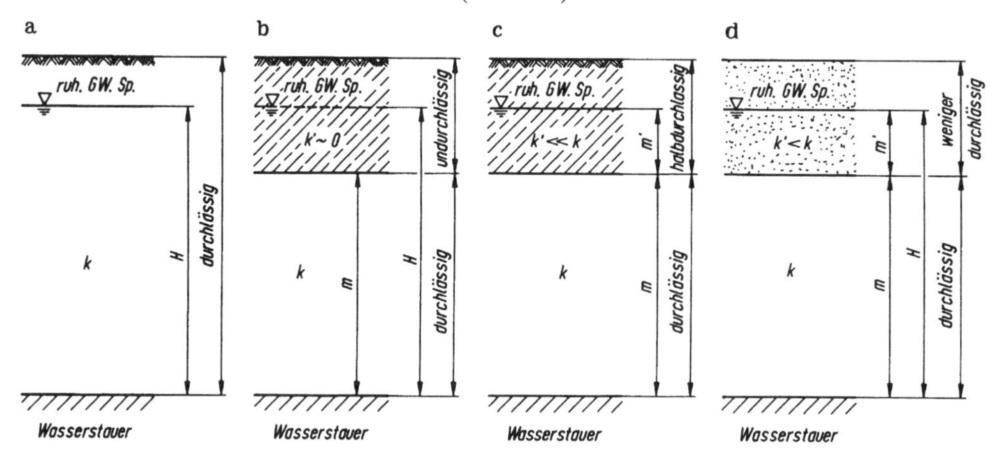

Bild 5.3 Verschiedene Arten von Grundwasserleitern[12]

[12] Herth, W., Arndts, E.: Theorie und Praxis der Grundwasserhaltung

a) Grundwasserleiter mit freier Oberfläche: Ein Grundwasserleiter mit freier Oberfläche ist eine wassergefüllte, durchlässige Bodenschicht, die über einer relativ undurchlässigen Sohlschicht (Wasserstauer) liegt.

b) Grundwasserleiter mit gespannter Oberfläche: Bei einem Grundwasserleiter mit gespannter Oberfläche ist eine wassergefüllte, durchlässige Bodenschicht ober- und unterhalb durch relativ undurchlässige Schichten begrenzt. Der Druck des Grundwassers liegt über dem atmosphärischen Druck.

c) Grundwasserleiter mit halbgespannter Oberfläche: Ein Grundwasserleiter mit halbgespannter Oberfläche ist eine Übergangsform zwischen einem Leiter mit freier und gespannter Oberfläche. Wenn die obere Begrenzungsschicht eines Grundwasserleiters mit gespannter Oberfläche halb durchlässig ist, entsteht eine senkrechte Fließbewegung nach unten zum Grundwasserleiter hin, sobald in diesem der Druck vermindert wird. Eine Druckminderung tritt auf, sobald dem Brunnen Wasser entnommen wird. Die Horizontalkomponente der Fließbewegung in der oberen Begrenzungsschicht kann wegen der geringen Durchlässigkeit vernachlässigt werden.

d) Grundwasserleiter mit halbfreier Oberfläche: Ein Grundwasserleiter mit halbfreier Oberfläche liegt vor, wenn die Durchlässigkeit der Begrenzungsschicht so groß ist, dass die Horizontalkomponente der Fließbewegung in der oberen Begrenzungsschicht nicht vernachlässigt werden kann.

Im Folgenden werden die klassischen Berechnungsansätze für freies und gespanntes Grundwasser von Dupuit und Thiem vorgestellt. Für die Formeln von Verruijt und Huismann zur Berechnung von Brunnen bei Grundwasserleitern mit halbgespannter bzw. halbfreier Oberfläche wird auf die weiterführende Literatur verwiesen.

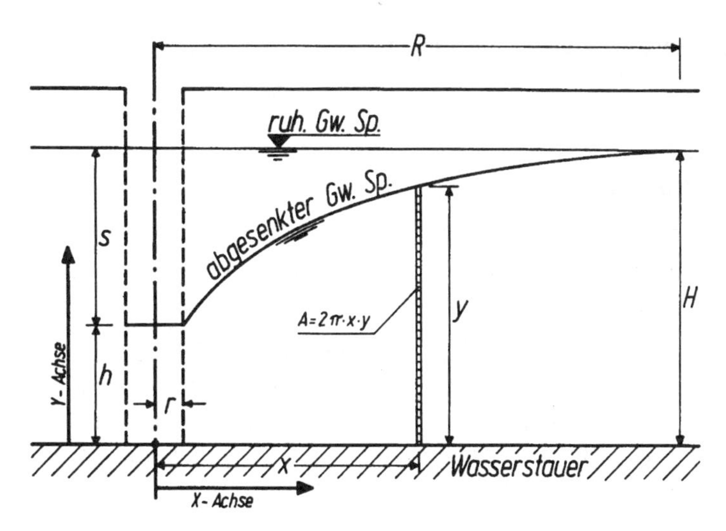

Bild 5.4 Wasserzufluss bei freiem Grundwasserspiegel[13]

[13] Herth, W., Arndts, E.: Theorie und Praxis der Grundwasserhaltung

Die Dupuit-Thiemsche Brunnenformel beschreibt die Spiegelfläche des Absenktrichters eines vollkommenen Brunnens mit freiem Wasserspiegel (Bild 5.4):

$$H^2 - h^2 = \frac{Q}{\pi * k} * (\ln R - \ln r)$$

mit H: Abstand zwischen dem abgesenkten Grundwasserspiegel und dem undurchlässigen Horizont [m]
h: Abstand zwischen dem Absenkziel und dem undurchlässigen Horizont [m]
Q: Wasserzufluss zum Brunnen [m³/s]
R: Reichweite des Brunnens [m]
r: Brunnenradius [m]
k: Durchlässigkeitsbeiwert des Bodens [m/s]

oder allgemein

$$y_1^2 - y_2^2 = \frac{Q}{\pi * k} * (\ln x_1 - \ln x_2)$$

mit $x_{1,2}$: Abstand zwischen der Brunnenachse und einer beliebigen Stelle der Spiegellinie [m]
$y_{1,2}$: Abstand zwischen dem abgesenkten Grundwasserspiegel und dem undurchlässigen Horizont an einer beliebigen Stelle der Spiegellinie [m]

Durch Umformung ergibt sich der Wasserzufluss zu einem vollkommenen Brunnen mit freiem Wasserspiegel zu:

$$Q = \frac{\pi * k * (H^2 - h^2)}{\ln R - \ln r}$$

Die Reichweite R des Brunnens beträgt überschlägig

$$R = 3000 * s * \sqrt{k}$$

mit s: Absenkziel [m]
k: Durchlässigkeitsbeiwert des Bodens [m/s]

Nach der Ermittlung des Wasserzuflusses Q muss überprüft werden, ob die zufließende Wassermenge vom Brunnen aufgenommen werden kann, d. h. ob das Fassungsvermögen des Brunnens ausreicht.

Sichardt definiert das Fassungsvermögen eines Brunnens als die Wassermenge, die der Brunnen je Zeiteinheit durch seine Filterfläche aufnehmen kann. Dabei gilt die Voraussetzung, dass am Brunnenmantel das im Boden größtmögliche Gefälle i auftritt. Durch Versuche ermittelte Sichardt folgenden Zusammenhang (nicht dimensionstreu) zwischen dem Grenzgefälle i und dem Durchlässigkeitsbeiwert k:

$$i = \frac{1}{15\sqrt{k}}$$

Damit ergibt sich für das Fassungsvermögens eines Einzelbrunnens:

$$Q' = A * v = (2\pi * r * h) * k * i = 2\pi * r * h * \frac{\sqrt{k}}{15}$$

mit Q': Fassungsvermögens eines Einzelbrunnens [m^3/s]
A: Filterfläche des Brunnens [m^2]
v: waagerechte Fließgeschwindigkeit zum Brunnen [m/s]
r: Brunnenradius [m]
h: Abstand zwischen dem Absenkziel und dem undurchlässigen Horizont [m]
k: Durchlässigkeitsbeiwert des Bodens [m/s]
i: hydraulisches Grenzgefälle [-]

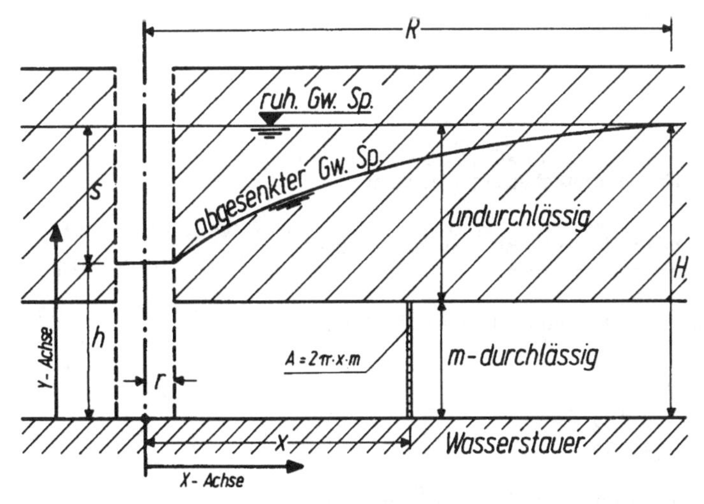

Bild 5.5 Wasserzufluss bei einem Grundwasserspiegel mit gespannter Oberfläche[14]

Die entsprechende Gleichung für die Spiegelfläche des Absenktrichters eines vollkommenen Brunnens mit gespanntem Grundwasserspiegel lautet (Bild 5.5):

$$H - h = \frac{Q}{2\pi * k * m} * (\ln R - \ln r)$$

mit m: Mächtigkeit des Grundwasserleiters [m]

oder allgemein

$$y_1 - y_2 = \frac{Q}{2\pi * k * m} * (\ln x_1 - \ln x_2)$$

Somit berechnet sich der Wasserzufluss zum Brunnen folgendermaßen:

$$Q = \frac{2\pi * k * m * (H - h)}{\ln R - \ln r}$$

[14] Herth, W., Arndts, E.: Theorie und Praxis der Grundwasserhaltung

Unvollkommene Einzelbrunnen

Bei der Herleitung der Dupuit-Thiemschen Brunnenformeln wurde vorausgesetzt, dass der Brunnen vollständig in den Aquifer eintaucht und die Brunnensohle auf einer undurchlässigen Schicht steht. Daher erhält der Brunnen keinen Zufluss von unten. Diese Voraussetzung trifft aber im Allgemeinen nicht zu.

Die in Deutschland üblichen Berechnungsverfahren für unvollkommene Brunnen berücksichtigen den Zustrom von unten mit einem Zuschlag von 10 bis 30 % auf die zuvor ermittelte Wassermenge des seitlichen Zuflusses (vollkommene Brunnen):

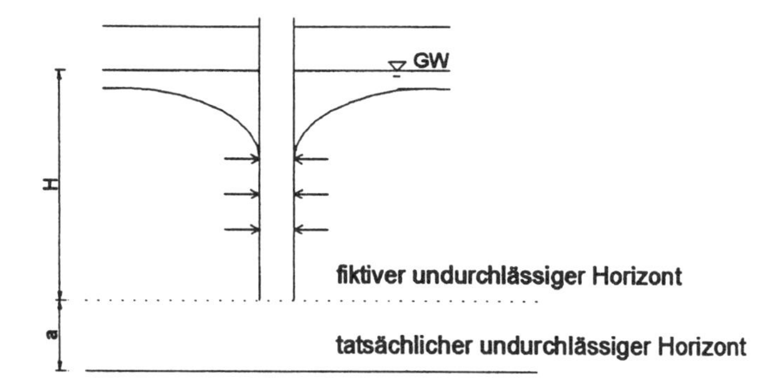

Bild 5.6 Erhöhung des Wasserzuflusses bei unvollkommenen Brunnen

$a < H$:	$Q_u = 1{,}1 * Q$
$H < a < 2H$:	$Q_u = 1{,}2 * Q$
$a > 2H$:	$Q_u = 1{,}3 * Q$

mit Q_u: Wasserzufluss bei einem unvollkommenen Brunnen
Q: Wasserzufluss bei einem vollkommenen Brunnen
H: Abstand zwischen dem nicht abgesenkten Grundwasserspiegel und einem fiktiven undurchlässigen Horizont
a: Abstand zwischen dem fiktiven Horizont und dem tatsächlich undurchlässigen Horizont

Mehrbrunnenanlagen

Bei einer Grundwasserabsenkung sind i. d. R. mehrere Brunnen notwendig. Die Forchheimersche Mehrbrunnenformel für die Berechnung der gleichzeitigen Absenkwirkung mehrerer Brunnen entspricht im Aufbau der eines Einzelbrunnens. Bei der Herleitung der Formel wurde vorausgesetzt, dass alle Brunnen die gleiche Tiefe haben und es sich um vollkommene Brunnen handelt. Bei gleicher Fördermenge Q der Einzelbrunnen überlagern sich zwar die Absenktrichter, aber die Reichweiten beeinflussen sich nicht gegenseitig. Damit ergibt sich die Gleichung für die Spiegelfläche (Absenktrichter) eines vollkommenen Brunnens bei freiem Grundwasserspiegel zu:

$$H^2 - y^2 = \frac{n*Q}{\pi * k} * \left(\ln R - \frac{1}{n} \Sigma \ln x_i \right)$$

mit H: Abstand zwischen dem abgesenkten Grundwasserspiegel und dem undurchlässigen Horizont [m]
y: Wasserstand in dem betrachteten Punkt [m]
x_i: Abstände der einzelnen Brunnen zu dem betrachteten Punkt [m]
R: Reichweite der Brunnen [m]
Q: Wasserzufluss zu einem Einzelbrunnen [m^3/s]
n: Anzahl der Brunnen
k: Durchlässigkeitsbeiwert des Bodens [m/s]

oder allgemein

$$y'^2 - y''^2 = \frac{n*q}{\pi * k} * \left(\frac{1}{n} \ln x' - \frac{1}{n} \Sigma \ln x'' \right)$$

Durch Umformung ergibt sich der Wasserzufluss zu:

$$Q = \frac{\pi * k * (H^2 - h^2)}{(\ln R - \ln A_{RE})}$$

A_{RE} kennzeichnet den Radius eines Ersatzbrunnens, der flächengleich zu der von den Brunnen umschlossenen Baugrube ist (Bild 5.7).

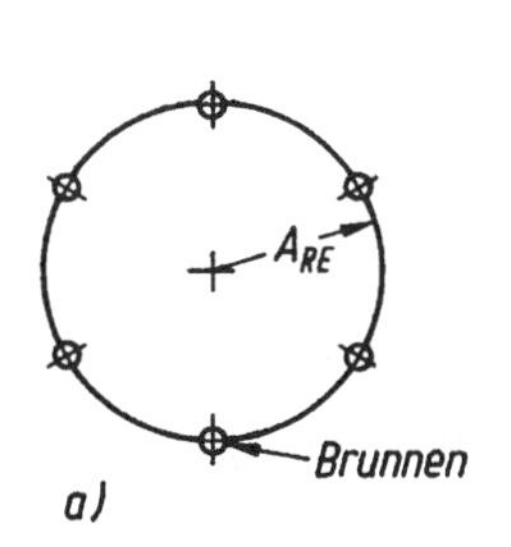

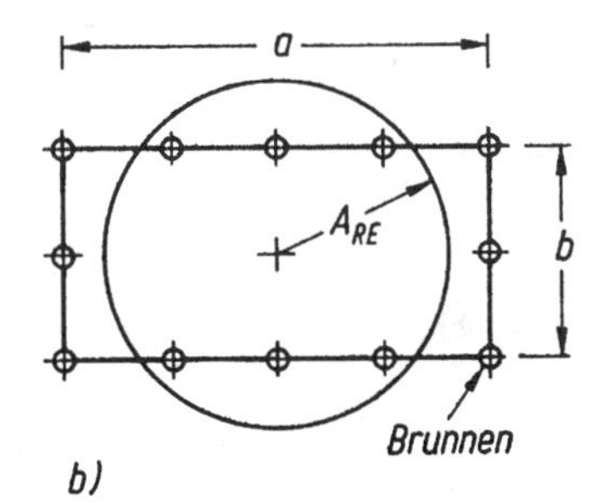

Bild 5.7 Mehrbrunnenanlage und Ersatzbrunnen, a) kreisförmige Baugrube, b) rechteckige Baugrube[15]

Für eine allseitig vom Brunnen umschlossene rechteckförmige Baugrube kann der Ersatzradius, wenn die Seitenlängen der Baugrube nicht zu sehr voneinander abweichen, nach folgender Gleichung berechnet werden:

$$A_{RE} = \sqrt{\frac{a*b}{\pi}}$$

mit A_{RE}: Radius eines Ersatzbrunnens [m]
a: längere Baugrubenseite [m]
b: kürzere Baugrubenseite [m]

[15] Smoltcyk, U.: Grundbau-Taschenbuch

Bei rechteckigen Baugruben mit voneinander abweichenden Seitenlängen kann nach Weber der Ersatzradius mit der Gleichung

$$A_{RE} = \eta * b$$

ermittelt werden. η wird in Abhängigkeit vom Seitenverhältnis m = a / b aus Bild 5.8 abgelesen.

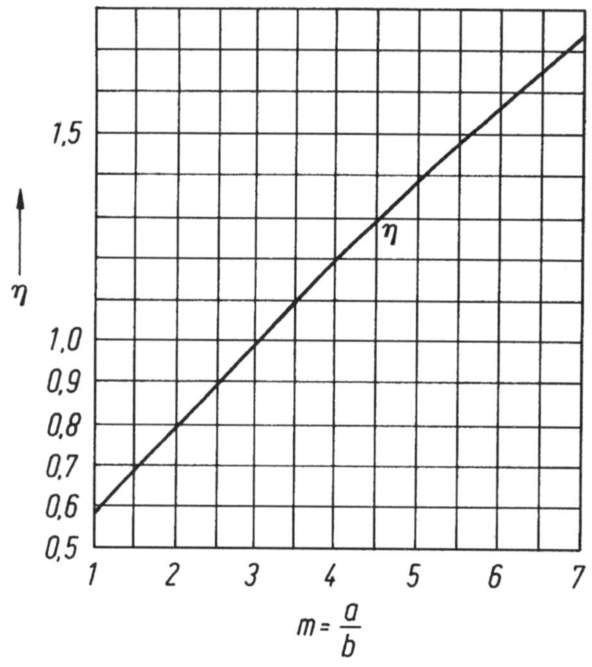

Bild 5.8 Ermittlung von A_{RE} bei rechteckigen Baugruben[16]

Die Gleichung für die Spiegelfläche für einen vollkommenen Brunnen mit gespanntem Grundwasserspiegel lautet:

$$H - y = \frac{n * q}{2\pi * k * m} * \left(\ln R - \frac{1}{n} \Sigma \ln x_i \right)$$

oder allgemein

$$y' - y'' = \frac{n * q}{2\pi * k * m} * \left(\frac{1}{n} \Sigma \ln x' - \frac{1}{n} \Sigma \ln x'' \right)$$

Durch Umformung ergibt sich der Wasserzufluss zu:

$$Q = \frac{\pi * 2m * k * (H^2 - h^2)}{(\ln R - \ln A_{RE})}$$

[16] Smoltcyk, U.: Grundbau-Taschenbuch

Die Vorgehensweise der Bemessung einer Mehrbrunnenanlage wird im Folgenden zusammengefasst:

- Festlegung der Absenktiefe unter Berücksichtigung eines Sicherheitszuschlages von 0,5 bis 1,0 m.
- Ermittlung des Ersatzradius ARE.
- Abschätzen der Reichweite R: $R = 3000 * s * \sqrt{k}$
- Abschätzen der Gesamtwassermenge Q: $Q = n * q$
- Wahl der Anzahl n, der Anordnung und der Durchmesser der Brunnen.
  In erster Näherung wird der Brunnenabstand entsprechend der Baugrubenbreite b gewählt. Bei großer Mächtigkeit des Aquifers ist die Brunnentiefe durch einen fiktiven undurchlässigen Horizont zu begrenzen.
- Nachweis, dass die Spiegellinie auf das gewünschte Maß abgesenkt werden kann. Der Nachweis ist in Baugrubenmitte gemäß des Absenkzieles, an ggf. ungünstigen Stellen, die im Vergleich zum Ersatzbrunnen exponiert liegen (z. B. Ecken einer trockenzuhaltenden Baugrube) und an einem Brunnenrand zur überschlägigen Überprüfung der gewählten Brunnengröße zu führen.

5.2.3 Verfahrenstechnik

5.2.3.1 Verfahrensbeschreibung

Bei der Schwerkraftentwässerung wird zwischen Flach- bzw. Punktbrunnenanlagen und Tiefbrunnenanlagen unterschieden.

Flachbrunnenanlage

Die Wasserförderung aus Flachbrunnen erfolgt durch selbstsaugende Kreiselpumpen (vgl. Kapitel 4.3.2), die an der Geländeoberfläche aufgestellt werden. Die Pumpen erzeugen in den Saugrohren einen Unterdruck, durch den das Grundwasser angesaugt wird. Danach wird das Wasser durch die Pumpen der einzelnen Brunnen zu Stich- und Sammelleitungen, die zum Vorfluter führen, befördert.

Gebohrte Flachbrunnen haben je nach Bodenart und zu fördernder Wassermenge einen Bohrdurchmesser von ca. 200 bis 400 mm. In die Bohrlöcher wird ein Filterrohr mit einem Durchmesser von 150 bis 300 mm eingestellt. Das Saugrohr wird zentrisch in die Filterrohre eingehängt und endet etwa 2 m oberhalb des Filterrohres (Bild 5.9).

Danach wird der Ringraum zwischen dem Filterrohr und dem Bohrrohr mit Filterkies ausgefüllt und die Verrohrung gezogen. Um Undichtigkeiten zu vermeiden, sollen die Saugrohre aus einem Stück bestehen. Am unteren Ende haben diese Rohre eine Rückschlagklappe, um ein Leerlaufen der Saugleitung und der Kreiselpumpe zu vermeiden.

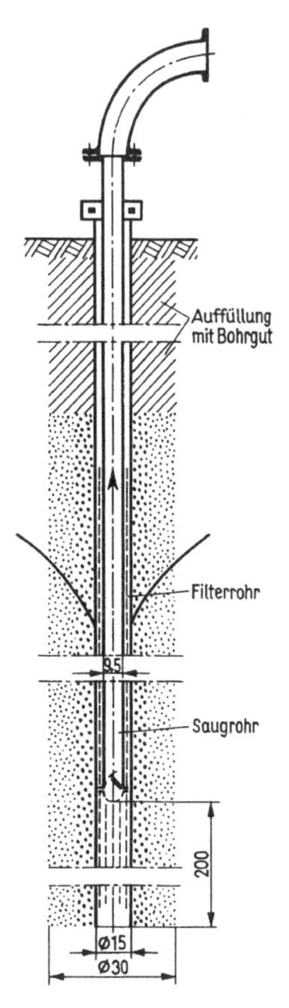

Bild 5.9 Bohrbrunnen mit zweistufigem Kiesfilter[17]

Die Saughöhe einer Kreiselpumpe ist aus physikalischen Gründen auf ca. 8 m und baupraktisch auf ca. 7 m begrenzt. Da der Wasserspiegel im Brunnen tiefer liegt als im Bereich der Baugrubensohle, kann mit Flachbrunnen eine Absenktiefe von maximal 4 m erreicht werden.

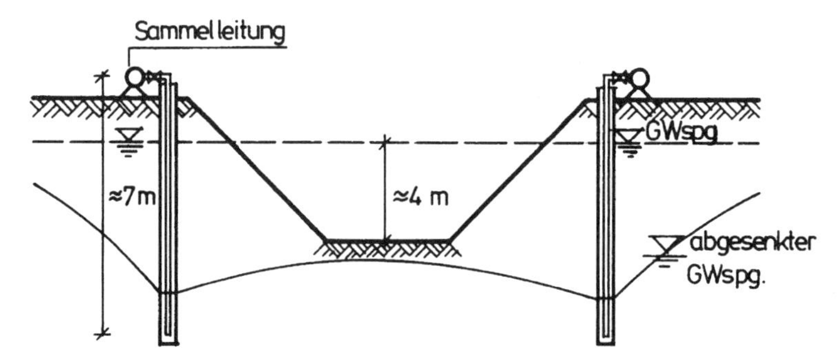

Bild 5.10 Absenktiefe bei Kreiselpumpen

[17] Simmer, K.: Grundbau

Bei tieferen Absenkungen muss die Brunnenanlage gestaffelt werden (Bild 5.11). Mit n Staffeln lässt sich eine durchschnittliche Absenktiefe von n * 4 m erzielen.

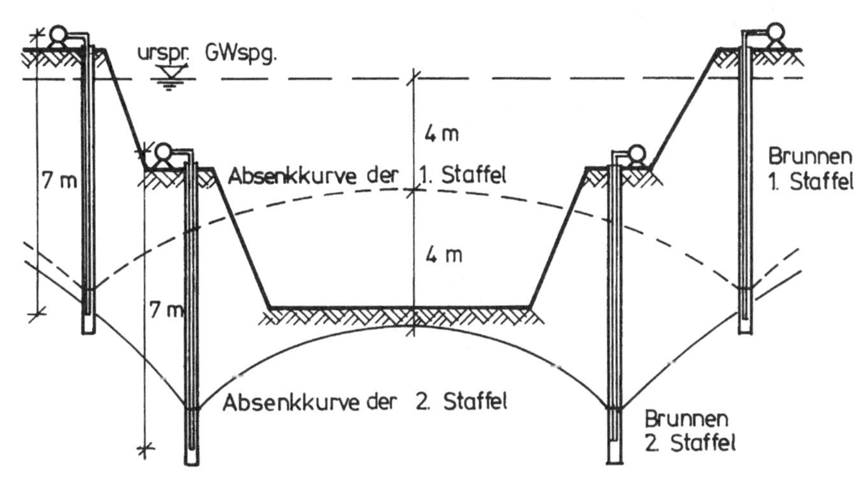

Bild 5.11 Zweistaffelige Absenkungsanlage mit Flachbrunnen

Bei einer gestaffelten Anlage wird die Baugrube im Schutz der Grundwasserabsenkung der ersten Brunnenstaffel bis ca. 50 cm über den Scheitel der Absenkkurve ausgehoben. In dieser Tiefe wird die zweite Staffel hergestellt und in Betrieb genommen, so dass ca. weitere 4 m ausgehoben werden können. Nach Inbetriebnahme der zweiten Staffel kann die erste Brunnenstaffel i. d. R. abgeschaltet werden, da dieser das Wasser ganz oder teilweise entzogen wird. Wenn eine größere Aushubtiefe erforderlich ist, können weitere Staffeln angeordnet werden. Die Einrichtung einer mehrstaffeligen Anlage bringt jedoch für den Bauablauf große Nachteile mit sich:

- Die Bauzeit verlängert sich aufgrund der Herstellung und in Betriebnahme der zweiten Brunnenstaffel.
- Der Platzbedarf und die Aushubmasse der Baugrube vergrößert sich durch die für das Aufstellen der Pumpen und Saugleitungen erforderlichen Bermen.
- Die nachfolgende Brunnenstaffel entzieht der vorhergehenden das Wasser. Daher muss jede Staffel für die gesamte Wassermenge der jeweiligen Tiefe ausgelegt werden.
- Die engmaschige und umfangreiche Absenkungsanlage behindert den Baubetrieb.

Punktbrunnenanlage (Wellpoint-Anlage)

Neben gebohrten Flachbrunnen werden immer häufiger Spülfilteranlagen (Wellpoint-Anlagen) konzipiert. Wellpoint-Anlagen (Punktbrunnen) sind Absenkungsvorrichtungen, bei denen das Filterrohr gleichzeitig als Saugrohr dient und direkt mit der Saugleitung verbunden ist. Bei den Punktbrunnen werden Brunnenrohre mit einem Durchmesser von 2 bis 4 Zoll verwendet.

Das untere Ende der Rohre ist auf einer Länge von 1 bis 2 m als Filterstrecke ausgebildet. Für die Brunnenherstellung ist kein Bohrloch erforderlich, da die Rohre mit einem entsprechend langen Aufsatzrohr unmittelbar in den Boden eingespült werden. Bei dem Einspülvorgang wird Wasser (10 bis 100 m³/h) unter einem Druck von 3 bis 30 bar in das Brunnenrohr gepresst. Durch den Spülstrom sinkt das Rohr schnell auf die gewünschte Tiefe ab (Bild 5.12). Das Einbringen einer Kiesschüttung ist für diese Anlage nicht erforderlich.

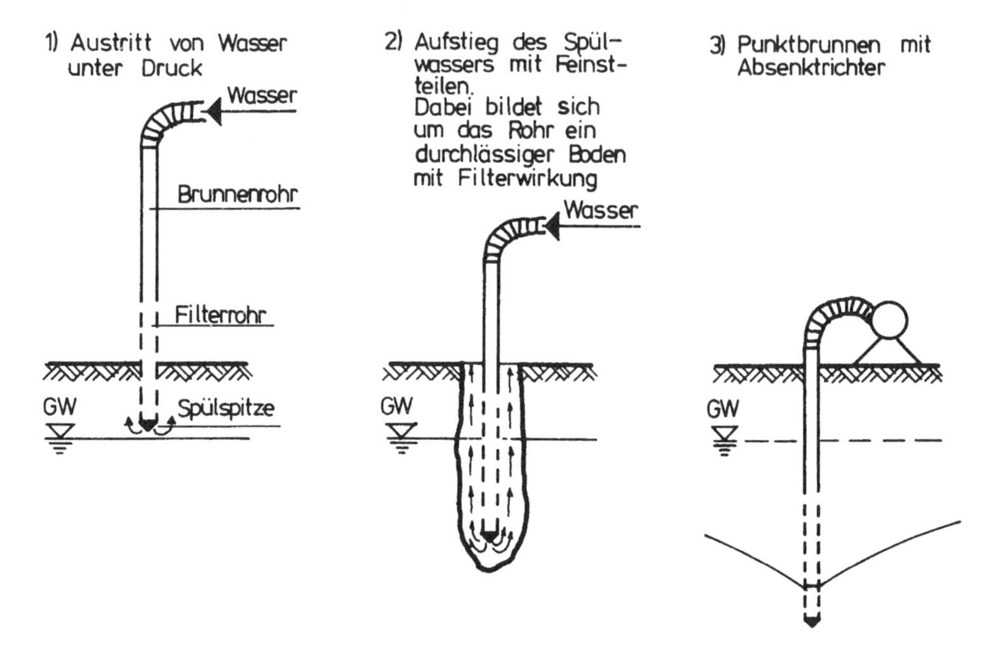

Bild 5.12 Einbau einer Wellpoint-Anlage (Punktbrunnen)

Beim Einspülvorgang der Rohre muss der anstehende Boden übersättigt sein. Zusätzlich muss soviel Wasser eingespült werden, dass das Wasser entlang dem Aufsatzrohr aufsteigt und an der Geländeoberfläche austritt. Durch diesen Effekt werden Feinteile nach oben befördert und ausgespült. Dadurch bildet sich um das Rohr ein natürlicher Filter aus. Zusätzlich wirkt das aufsteigende Wasser als Gleitschicht für das Brunnen- bzw. Aufsatzrohr.

Für das Einspülen der Rohre wird in Abhängigkeit von der Bodenart eines der folgenden Verfahren verwendet (Bild 5.13):

a) Das Einspülen erfolgt über das Aufsatzrohr durch eine Innenlanze
b) Bei wasseraufnahmefähigen Böden reicht die Wassermenge, die durch das Aufsatzrohr eingespült wird, häufig nicht aus. In diesem Fall kann zusätzliches Wasser über eine seitlich angeordnete Lanze eingebracht werden. Über eine weitere Lanze lässt sich ggf. Druckluft als Einbringhilfe zugeben.

c) Bei feinkörnigen Böden oder eingeschlossenen feinkörnigen Schichten muss eine Sandschüttung mit einem Schutzrohr eingebracht werden. Das Schutzrohr wird nach dem Einbringen wieder gezogen.
d) In grobkörnigen Böden wird durch zusätzliches Einrütteln oder leichte Rammschläge das Einspülen unterstützt.
e) In schweren Böden kann es notwendig sein, den Brunnen in vorgebohrte Bohrungen mit kleinerem Durchmesser einzubauen.
f) Bei mehrschichtigen Böden und hohem Wasserandrang werden Spüllanzen verwendet, bei denen die Filterstrecke nicht nur auf den unteren 1 bis 2 m angeordnet ist, sondern die durchgängig als Filter ausgebildet sind. Diese Filter haben eine 10 mal größere Durchlässigkeit als übliche Spüllanzen.

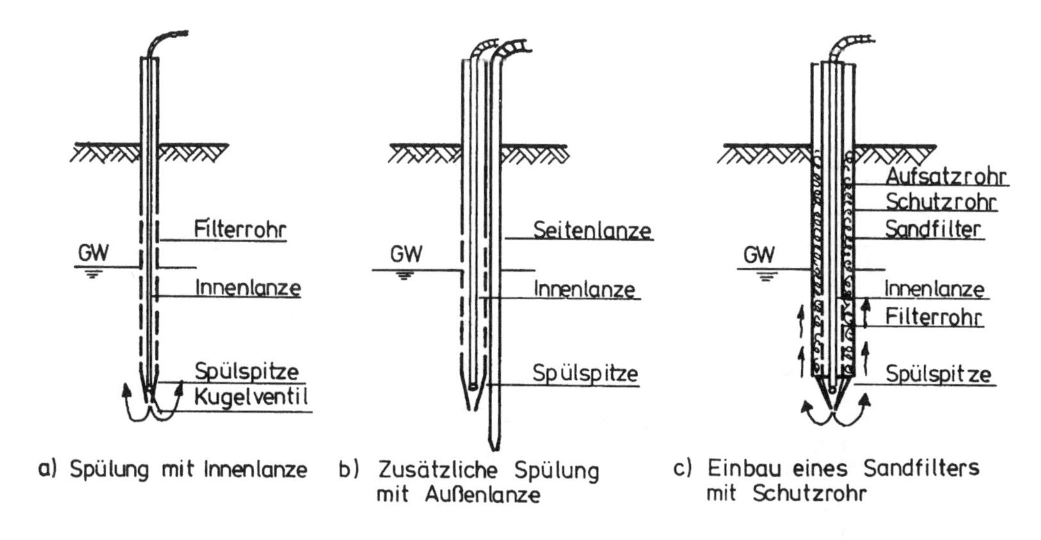

Bild 5.13 Einbauverfahren für Spülfilter

Der Absenkerfolg einer Wellpoint-Anlage hängt im Wesentlichen vom richtigen Einspülen der Filter ab. Die nachfolgende Tabelle gibt einen Überblick über die erforderlichen Wassermengen und Drücke der Spülpumpen bei verschiedenen Böden.

Wegen der kleinen Brunnenabmessung ist das Fassungsvermögen begrenzt, was selbst für kleine Anlagen eine große Anzahl von Brunnen erforderlich macht. Die Filterbrunnen werden gruppenweise an einem Strang zusammengeschlossen. Im Bild 5.14 wird beispielhaft die Anordnung von Punktbrunnen an einer langgestreckten Baugrube dargestellt.

Tabelle 5.1 Übersicht der Wassermengen und Drücke von Spülpumpen[18]

	Erforderliche Wassermenge zum Einspülen [m³/h]									
	Hauptbestandteil des Bodens									
Nebenbestandteil	Ton	Schluff			Sand			Kies		
		fein	mittel	grob	fein	mittel	grob	fein	mittel	grob
fast gleichbleibende Korngröße	4	4	5	6	12	25	50	140	-	-
Feinsand	4	4	5	8	-	19	32	65	120	180
Mittelsand	5	6	7	12	17	-	40	95	130	180
Grobsand	7	9	12	20	30	35	-	120	150	180
Feinkies	15	18	25	30	40	50	80	-	180	-
Mittelkies	30	30	30	30	45	60	90	150	-	-
Grobkies	50	50	50	50	50	80	120	180	-	-
Brocken	50	50	50	50	80	80	120	-	-	-
	Erforderlicher Druck zum Einspülen [bar]									
feste Konsistenz	35	20	18	15	-	-	-	-	-	-
weiche Konsistenz	20	15	10	7	-	-	-	-	-	-
dicht gelagert	-	-	-	-	15	12	8	8	6	5
locker gelagert	-	-	-	-	3,5	3,5	3,5	3	2,5	2,5

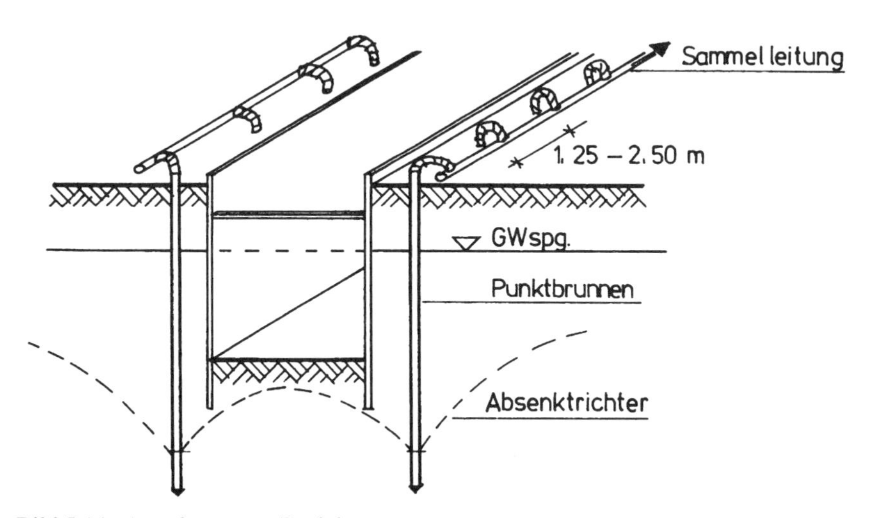

Bild 5.14 Anordnung von Punktbrunnen

Mit Wellpoint-Anlagen können Absenktiefen von 4 bis 6 m erreicht werden. Wenn eine größere Absenkung erforderlich ist, müssen entsprechend zu den Flachbrunnenanlagen, mehrstaffelige Anlagen eingebaut werden.

[18] in Anlehnung an: Fa. Hüdig: Firmenprospekt Absenkanlagen

Tiefbrunnenanlage

Bei Tiefbrunnenanlagen wird in jedem Brunnen eine Tauchpumpe (Unterwasserpumpe) eingebaut, die das Wasser hochdrückt (Bild 5.15). Die Förderhöhe der Tauchpumpe ist praktisch unbegrenzt. Damit ist bei einer Tiefbrunnenanlage ohne Tiefenstaffelung eine größere Absenktiefe als bei Flachbrunnenanlagen erreichbar.

Tiefbrunnen werden als Kiesschüttungsbrunnen mit Bohrdurchmessern von 400 bis 1500 mm und Filterdurchmessern von 200 bis 1250 mm ausgebaut. Der größere Bohrdurchmesser gegenüber Flachbrunnen ist u. a. durch die Größe der Tauchpumpe, die in das Filterrohr eingehängt wird, bedingt.

Die Herstellung des Brunnenloches erfolgt i. d. R. mit einem Bohrgerät. Bei nicht standfesten Böden ist das Bohrloch gegen einfallenden Boden zu schützen.

Bei gut durchlässigen Böden genügt es, den unteren Teil des Brunnens als Filter mit einem nach unten abschließenden Sumpfrohr auszubilden. Das Sumpfrohr dient als Sandfang und sollte mindestens eine Länge von 1 m aufweisen. Die Filterkiespackung ist jedoch über die gesamte Brunnentiefe erforderlich (Bild 5.15). Bei Tiefbrunnenanlagen werden nur Druckleitungen verwendet, so dass das Leitungssystem kaum anfällig gegen Undichtigkeiten ist. Beim Ausfall einer Pumpe fällt nur ein Brunnen aus und nicht die gesamte Anlage.

Ein weiterer Vorteil besteht darin, dass in die Anlage nachträglich beliebig viele Brunnen ergänzt werden können, falls sich herausstellt, dass mit den zunächst installierten Brunnen das Absenkziel nicht erreicht wird.

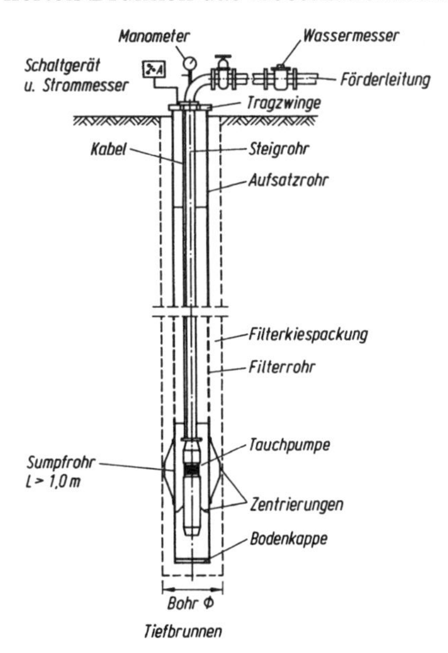

Bild 5.15 Tiefbrunnen mit eingehängter Tauchpumpe[19]

[19] Smoltcyk, U.: Grundbau-Taschenbuch

Im Allgemeinen wird der Ringraum zwischen dem Bohrrohr und dem Filterrohr mit Filterkies aufgefüllt. Bei feinsandigen Böden muss um das Brunnenfassungsrohr ein 7 bis 8 cm dicker Filter aus feinem Kies eingebaut werden. Dagegen ist bei feinstsandigem Boden ein ca. 12 cm dicker Filter aus grobem Sand erforderlich.

Bei Brunnenanlagen ohne Kiesschüttungsfilter werden die Brunnenfassungsrohre zur Verhinderung des Sandeintritts mit einem metallischen Gewebe (Tressengewebe aus verzinktem Kupfer oder Messing) umspannt. Unter dem Tressengewebe befindet sich ein grobes meist quadratmaschiges Drahtgewebe (Untertresse). Dadurch kann das Wasser auf der ganzen Fläche durch die Filtertresse in den Filter eintreten. Filter aus Tresse haben allerdings im Vergleich zu Kiesschüttungsfiltern Nachteile bezüglich elektrolytischer Prozesse (Kontaktkorrosion) und der Gefahr des Zusetzens bei fein- bis feinstsandigen Böden.

Brunnen sind vor der Inbetriebnahme gründlich zu entsanden. Hierfür stehen die Verfahren des Klarpumpens und Schockens zur Verfügung. Beim Klarpumpen wird der Brunnen mit einem Fünftel der vorgesehenen Entnahmeleistung angefahren. Danach wird die Wassermenge solange um ein fünftel bis zum 1,5-fachen der späteren Entnahmeleistung gesteigert bis das Wasser klar erscheint. Beim Schocken wird die Entsandungspumpe in Zeitintervallen von ca. 10 Min. ausgeschaltet. Durch das schockartige Leeren und Auffüllen des Absenktrichters wird ein sehr gründliches Auswaschen erreicht.

In der Tabelle 5.2 wird ein Überblick über die Vor- und Nachteile einer Flach- bzw. Tiefbrunnenanlage gegeben.

Tabelle 5.2 Vor- und Nachteil einer Flach- bzw. Tiefbrunnenanlage

	Vorteil	Nachteil
Flachbrunnen-anlage	- schneller Aufbau und Arbeitsbeginn möglich (geringer Durchmesser, geringe Tiefe, Normung aller Anlagenteile) - hohe Anpassungsfähigkeit bei Projektänderung oder unvorhergesehenen Bodenverhältnissen - Wirtschaftlichkeit	- begrenzte Absenktiefe - empfindliche Saugleitung, was bei Beschädigung oder Undichtigkeiten zum Ausfall der gesamten Anlage führen kann
Tiefbrunnen-anlage	- geringe Anfälligkeit gegen Undichtigkeiten im Leitungssystem - nachträgliche Erhöhung der Brunnenanzahl möglich	- zeitaufwendiger Aufbau (großer Durchmesser, große Tiefe)

Abschließend wird in der Tabelle 5.3 und Tabelle 5.4 ein Überblick über die einzelnen Arbeitsprozesse zur Herstellung einer Schwerkraftentwässerung gegeben. Jedem Arbeitsprozess sind die Teilprozesse einschließlich der dafür erforderlichen Geräte zugeordnet.

Tabelle 5.3 Prozesse zu gebohrten Flach- bzw. Tiefbrunnenanlagen

Prozess	**Teilprozess**	**Gerät**
Bohren der Absenkbrunnen	Brunnen bohren (inkl. Verrohrung), Bohraushub beseitigen	Drehbohrgeräte Hydraulikbagger
Ausbau der Absenkbrunnen	Brunnenrohr aus Sumpf-, Filter- und Aufsatzrohr einbringen Verfüllen des Ringraums Ziehen der Verrohrung	Verrohrungsmaschine Radlader
Einbringen der Pumpen	Aufstellen und Anschließen der Kreisel- bzw. Tauchpumpen	Hydraulikbagger mit Lasthaken
Verlegen der Leitungen	Verlegen und Anschließen der Stich- und Sammelleitungen an die Pumpen Verlegen der Abflussleitung zum Vorfluter	Hydraulikbagger mit Lasthaken
Rückbau der Anlage	Rückbau der Stich- und Sammelleitungen Ausbau der Pumpen Beseitigen der Absenkbrunnen	Hydraulikbagger mit Lasthaken

Tabelle 5.4 Prozesse zu Spülfilteranlagen (Wellpoint-Anlagen)

Prozess	**Teilprozess**	**Gerät**
Aufbau der Pumpen	Aufbau der Wasserpumpen Anschluss der Pumpe an einen Stromerzeuger	Hydraulikbagger mit Lasthaken
Einspülen des Spülfilters	Herstellen der Absenkbrunnen durch Spülbohren, Aushub seitlich lagern Spülfilter an Sammelleitung anschließen	selbstspülende Filterrohre
Verlegen der Leitungen	Verlegen und Anschließen der Stich- und Sammelleitungen an die Pumpen Verlegen der Abflussleitung zum Vorfluter	Hydraulikbagger mit Lasthaken
Rückbau der Anlage	Rückbau der Stich- und Sammelleitungen Ausbau der Pumpen Beseitigen der Absenkbrunnen	Hydraulikbagger mit Lasthaken

5.2.3.2 Gerätebeschreibung

Bei der Beschreibung der verfahrensspezifischen Geräte der Schwerkraftentwässerung wird zwischen den Geräten, die bei der Flach- bzw. Tiefbrunnenanlage zum Einsatz kommen, und den Geräten der Punktbrunnenanlage unterschieden.

• Geräte für Flach- bzw. Tiefbrunnenanlagen

Drehbohrgerät

Bei der Herstellung einer Flach- bzw. einer Tiefbrunnenanlage werden zunächst die Absenkbrunnen gebohrt. Je nach Abteuftiefe und Brunnenrohrdurchmesser werden verschiedene Bohrverfahren eingesetzt. Dabei kommen z. B. Trockendreh-, Rotary- oder Saugbohrverfahren zum Einsatz.

Bei Abteuftiefen bis 30 m werden im Regelfall Drehbohrgeräte eingesetzt. Die Bohrgeräte bestehen aus einem Trägergerät, meistens ein Raupenseilbagger, und einem Anbaubohrgerät. In Abhängigkeit von den Bodenverhältnissen wird mit oder ohne Verrohrung gearbeitet. Das gewählte Verfahren bestimmt den erforderlichen Zubehör für das Bohrgerät (z. B. Verrohrung, Bohrgreifer etc.).

In der Regel werden verrohrte Bohrungen abgeteuft. Die Verrohrung wird maschinell ausgeführt. Um zu verhindern, dass der Boden am Fuß des Rohres einbricht, muss das Bohrrohr vorauseilen. Nach Abschluss der Bohrung wird das Filterrohr in die Bohrung eingebracht und der Ringraum zwischen Bohrrohr und Filterrohr mit Filterkies verfüllt. Danach wird das Bohrrohr wieder gezogen. Falls das Bohrrohr im Boden verbleibt, kommen Stahlfilterrohre mit Schlitzbrückenlochung zur Anwendung.

Das Bild 5.16 gibt einen Überblick über verschiedene Bohrverfahren.

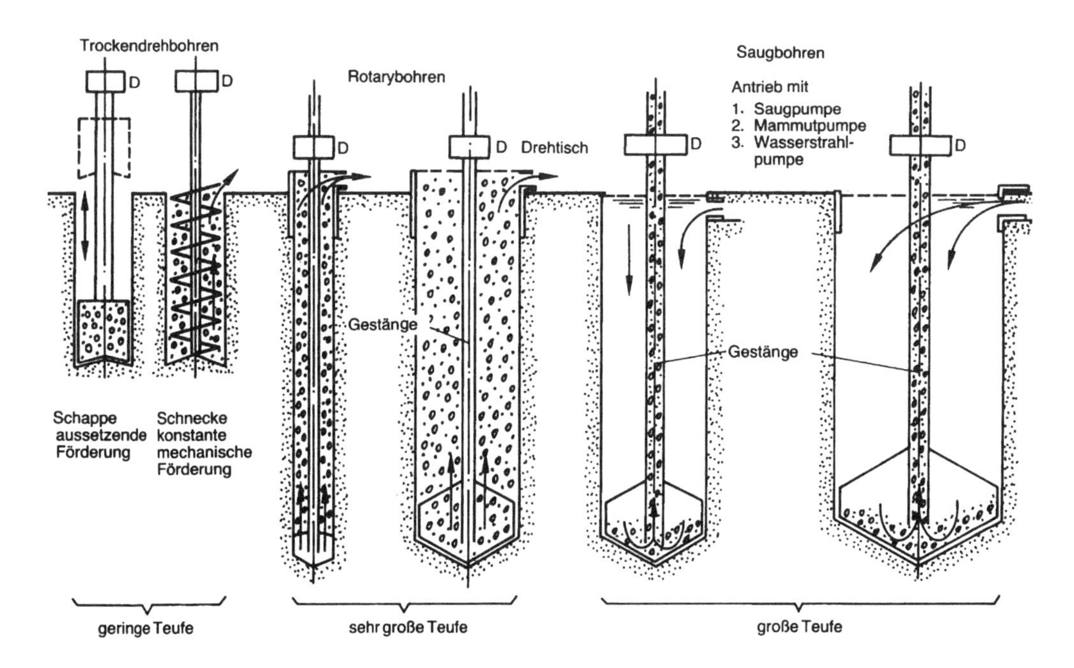

Bild 5.16 Drehbohrverfahren[20]

[20] Kühn, G.: Handbuch Baubetrieb

Nähere gerätespezifische Angaben zu den Bohrgeräten werden im Kapitel 6.4 „Bohrpfahlwand“ gegeben.

Pumpen

Für Flachbrunnenanlagen werden Kreiselpumpen oder Membranpumpen verwendet. Häufig werden Kreiselpumpen mit horizontaler Welle verwendet. Bei Tiefbrunnenanlagen kommen im Allgemeinen Tauch- bzw. Unterwasserpumpen zum Einsatz. Die Pumpen bestehen aus einer Kreiselpumpe mit vertikaler Welle und einem Elektromotor. Die Funktionsweisen der Pumpen werden im Kapitel 4.2.3 erläutert.

Rohrleitungen

Bei Flachbrunnenanlagen werden für die Stich und Sammelleitungen Saugleitungen verwendet. Im Allgemein ist die Verwendung von Schnellkupplungsrohren oder Rohren mit Losflanschen üblich. Die Rohre sollten leicht, einfach zu verlegen und dicht sein. Um die vom Wasser mitgeführte Luft abzuleiten, steigt die Saugleitung zur Pumpe leicht an. Es ist vorteilhaft, die Leitung als Ringleitung zu verlegen, um bei örtlichen Schäden den Betrieb aufrecht erhalten zu können. Hierzu werden in Abständen Schieber eingebaut, die das beschädigte Teilstück vorübergehend absperren.

Leitungen führen das anfallende Wasser von den Pumpen zum Vorfluter. Für die Druck- und Saugleitungen werden Rohre gleichen Typs verwendet. Bei Tiefbrunnenanlagen werden im gesamten System Druckleitungen eingesetzt. Aus diesem Grund ist das Leitungssystem weniger anfällig gegen Undichtigkeiten als Vakuumanlagen.

- **Geräte der Punktbrunnenanlage**

Filterrohre

Die Filterrohre (∅ 2 bis 4 Zoll) werden mit einem entsprechend langen Aufsatzrohr durch eine Spülpumpe mittels Druckwasser bis auf die gewünschte Tiefe eingespült. Im Allgemeinen werden Kunststoff- oder Stahlrohrfilter mit einer Schlitzlochung von 0,3 bis 0,5 mm verwendet. Bei den meisten Ausführungen ist keine Spüllanze erforderlich. In der Praxis haben sich selbstspülende Filter durchgesetzt (Bild 5.17).

Benennung:	Kunststoff-Filter	Universal-Filter		Universal-Filter	
Ummantelung aus:	Kunststoff oder Stahl	Kunststoff oder Stahl		Stahl	
Länge:	1 m	1 m		2 m	
Schlitzung:	0,3 mm	0,3 mm		0,5 mm	
Spitze mit Ventil, Öffnung:	4 mm	30 mm		60 mm	
Größe:	2 "	2 "	2 1/2 "	3 "	4 "
Der Filter im Schnitt					
Zumutbare Absaugleistung bei einem Widerstand von maximal 1 m WS	max. 10 m³/h	max. 6 m³/h	max. 12 m³/h	max. 20 m³/h	max. 30 m³/h
Geeignet für:	Feinböden und lockere Sandböden	Feinböden, alle Sandböden, auch mit Schichten und kieseigen Anteilen			

Bild 5.17 Spülfilterausführungen (Selbstspülend)[21]

Pumpen

Für Punktbrunnenanlagen werden bei Saughöhen von etwa 5 bis 7 m selbstsaugende Kreiselpumpen eingesetzt. Bei größeren Saughöhen (maximal 7 bis 9 m) kann eine Verwendung von Vakuumanlagen vorteilhaft sein[22]. Die genauen Funktionsweisen der Pumpen werden im Kapitel 4.2.3 beschrieben.

Rohrleitungen

Das Rohrleitungssystem einer Punktbrunnenanlage setzt sich entsprechend der Flachbrunnenanlage aus Saug- und Druckleitungen zusammen. Als Sammelrohre dienen Schnellkupplungsrohre mit Abzweigstutzen zum Anschluss an die Punktbrunnen.

[21] Smoltczyk, U.: Grundbau-Taschenbuch
[22] Simmer, K.: Grundbau

5.2.3.3 Informationen zur Leistungsberechnung

Die Berechnung der Leistung und Kosten erfolgt getrennt nach Herstellung (bzw. Rückbau) und Unterhaltung der Brunnenanlage.

Bei der Herstellung der Anlage wird vorwiegend ein Raupenseilbagger eingesetzt. In den einzelnen Bauabschnitten ergeben sich für den Bagger folgende Leistungswerte:

- Herstellen der Brunnen: 1,0 m/h – 2,0 m/h
- Ein- und Ausbau der Pumpen: (hier Tauchpumpen) 4,0 h/Stk – 6,0 h/Stk
- Verlegen der Sammelleitungen: 0,30 h/m – 0,60 h/m
- Rückbau der Sammelleitungen: 0,15 h/m – 0,30 h/m
- Auf- und Abbau des Notstromerzeugers: 3,0 h/Stk – 4,0 h/Stk

Für den Auf- und Abbau der zentralen Schaltstation, in der alle Pumpen und Leitungen überwacht und gesteuert werden, werden bei Großanlagen ca. 200 bis 250 h benötigt.

Die Pumpenleistung ist für die auftretende Fördermenge während des Absenkvorganges zu berechnen. Aus Sicherheitsgründen muss eine Reservevorhaltung für Pumpen und die Energieversorgung vorhanden sein.

Die Vorhaltekosten ergeben sich aus den Gerätemieten der Pumpen, Leitungen etc. und aus den Betriebskosten für Strom und Wartung der Anlage durch einen Maschinisten.

5.2.3.4 Anmerkungen zur Leistungsbeschreibung

Vor Beginn der Baumaßnahme sollte ein Bodengutachten sowie Angaben über benachbarte Gewässer und Gründungen angrenzender Gebäude bekannt sein, da diese Faktoren die Art und Anzahl der Absenkbrunnen beeinflussen. Wenn kein Bodengutachten vorliegt, ist eine Bodenuntersuchung durchzuführen.

Dabei sollten folgende geologische, bodenmechanische und hydraulische Verhältnisse erfasst sein:

- Schichtung des Baugrundes
- Grundwasserverhältnisse (freies bzw. gespanntes Wasser)
- Wasserdurchlässigkeit (k-Wert) des anstehenden Bodens
- Chemische Zusammensetzung des Grundwassers

Nachfolgend werden die zu beachtenden DIN-Normen sowie sonstige Bedingungen zum Herstellen und Betreiben einer Schwerkraftentwässerungsanlage aufgeführt.

DIN-Normen

- DIN 18 300 „Erdarbeiten“ für Oberflächen- und Erdarbeiten
- DIN 18 301 „Bohrarbeiten“
- DIN 18 302 „Brunnenbauarbeiten“
- DIN 18 305 „Wasserhaltungsarbeiten“

Spezielle Technische Bedingungen

Spezielle Technische Bedingungen für Bohr-, Bohrpfahl- und Bohrpfahlwandarbeiten (STB-BP)[23] können als Ergänzung zur DIN 18 301 herangezogen werden.

Weiterhin gelten die Speziellen Technischen Bedingungen für Wasserhaltungsarbeiten (STB-WH) (vgl. Kapitel 4.3.3). In diesen Bedingungen werden vor allem die wasserrechtlichen Grundlagen, wie z. B. Aufmaß und Abrechnung der Leistung, Einholen einer Genehmigung und Erstellen eines wasserrechtlichen Antrags, angegeben.

5.2.4 Qualitätssicherung

Für einen reibungslosen Ablauf einer Schwerkraftentwässerung sind vor, während und nach der Baumaßnahme die im Kapitel 7.2 genannten Untersuchungen bzw. Kontrollen erforderlich. Insbesondere die Gewährleistung der Betriebssicherheit und die Kontrolle der Auswirkungen der Grundwasserhaltung sind von entscheidender Bedeutung.

Unmittelbar nach dem Rückbau der Anlage sollen alle Pumpen und Leitungen auf Dichtigkeit überprüft und für den nächsten Einsatz gewartet werden.

[23] Englert, Grauvogel, Maurer: Handbuch des Baugrund- und Tiefbaurechts

5.3 Vakuumentwässerung

5.3.1 Technische Grundlagen

Bei Bodenarten, bei denen die Schwerkraft nicht ausreicht, um das Wasser dem Brunnen zufließen zu lassen, ist für eine Grundwasserabsenkung der Aufbau eines Vakuums im Boden erforderlich, durch das das Wasser angesaugt wird. Bei einer Vakuumanlage wird der Unterdruck im Brunnen auf den zu entwässernden Boden übertragen. Dabei ist zu beachten, dass nur der Teil des Vakuums im Boden wirksam werden kann, der nicht zur Hebung des Wassers im Brunnen dient.

Die Vakuumentwässerung wird bei Feinsanden und Schluffen mit Durchlässigkeitsbeiwerten von $k = 10^{-4}$ bis 10^{-7} m/s angewandt. Die Schwerkraftentwässerung allein kann nicht zur Grundwasserabsenkung herangezogen werden. Um das Wasser aus dem Boden zu fördern, muss ein Vakuum erzeugt werden. Durch die Sogwirkung dieses Vakuums wird das Wasser in den Spülbrunnen gesogen. Da Böschungen beim Ausfall des Soges, z. B. durch den Defekt einer Pumpe, bereits nach kurzer Zeit ausfließen können, sind bei der Anwendung des Vakuumverfahrens Ersatzpumpen zwingend erforderlich.

5.3.2 Nachweis und Dimensionierung

Vakuumanlagen werden i. d. R. auf der Grundlage von Erfahrungswerten dimensioniert. Dabei wird zwischen Flachbrunnen- und Tiefbrunnenanlagen unterschieden:

Flachbrunnenanlage

Die Dimensionierung einer Vakuumflachbrunnenanlage erfolgt in der Praxis mit Hilfe von empirisch entwickelten Tabellen und Diagrammen.

Der Wasserzufluss zum Brunnen kann in Abhängigkeit von der Bodenart und der Absenktiefe nach Tabelle 5.5 abgeschätzt werden.

Mit Hilfe des Diagramms im Bild 5.18 wird der erforderliche Filterabstand in Abhängigkeit vom Durchlässigkeitsbeiwert bestimmt.

Tabelle 5.5 Wasserzufluss [m^3/h] in Abhängigkeit von der Durchlässigkeit und der Absenktiefe[24]

Bodenarten		Ton	Schluff			Sand		
			fein	mittel	grob	fein	mittel	grob
Korngröße [mm]		unter 0,002	0,002 bis 0,006	0,006 bis 0,02	0,02 bis 0,06	0,06 bis 0,2	0,2 bis 0,6	0,6 bis 2,0
Durchlässigkeitsbeiwert k [m/s]		10^{-11} bis 10^{-8}	10^{-7}	10^{-6}	10^{-5}	10^{-4}	10^{-3}	10^{-2}
Wasseranfall je lfd. m Absenktiefe im Kanalbau, bei Baugruben * 0,75	Tiefe [m]							
	1	0,01	0,3	0,4	0,7	1,4	2,7	5,0
	2		0,3	0,45	1,0	1,7	3,3	5,8
	3		0,4	0,5	1,2	2,1	4,1	6,7
	4		0,4	0,55	1,4	2,6	5,0	7,8
	5	bis	0,4	0,6	1,6	3,2	6,1	8,1
	6		0,4	0,6	1,75	3,9	7,3	9,7
	7		0,4	0,6	1,9	4,7	8,7	10,7
	8		0,4	0,6	2,0	5,6	10,4	14,3
	9	0,2	0,4	0,6	2,1	6,6	12,5	17,7

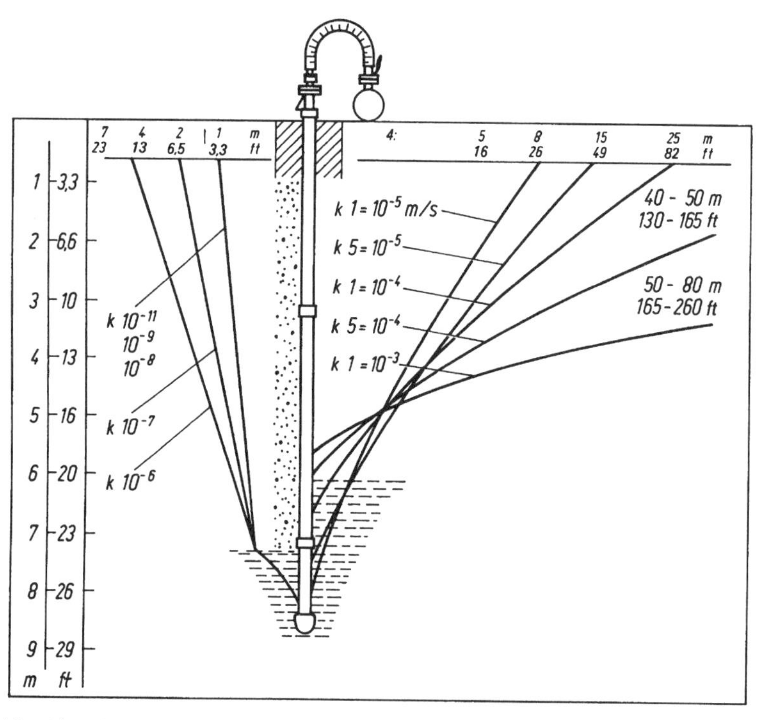

Bild 5.18 Absenkkurven in Abhängigkeit von verschiedenen Durchlässigkeitsbeiwerten[25]

[24] Smoltczyk, U.: Grundbau-Taschenbuch
[25] Smoltczyk, U.: Grundbau-Taschenbuch

Die Kurven im Bild 5.18 sind für einen Filterdurchmesser von 2 Zoll und einer -länge von 1 m gültig. Wenn der Filterabstand für einen Filter mit anderen Dimensionen ermittelt werden soll, sind entsprechende Korrekturen vorzunehmen.

Die erforderliche Filterüberdeckung wird nach Tabelle 5.6 in Abhängigkeit des Durchlässigkeitsbeiwertes oder der Zuflussmenge zum Brunnen bestimmt.

Tabelle 5.6 Ermittlung der erforderlichen Filterüberdeckung[26]

Höhe des abzusenkenden Wasserspiegels	k [m/s]		Wasseranfall [m³/h]		
	$10^{-11} - 10^{-6}$	10^{-5}	2	2 - 4	> 4
1 m	1,2 m	1,5 m	1,5 m	1,4 m	1,2 m
1 bis 2 m	1,0 m	1,2 m	1,2 m	1,2 m	1,0 m
2 bis 3 m	0,8 m	1,0 m	1,0 m	1,0 m	0,8 m
> 3m	0,6 m	0,6 m	1,0 m	0,8 m	0,7 m

Tiefbrunnenanlage

Für die Berechnung des Wasserzuflusses bei Tiefbrunnenanlagen wird im Allgemeinen die empirisch ermittelte Formel von Kovacz angewandt:

$$Q = \frac{\pi * k * \left(H^2 - h^2\right)}{\ln R - \ln A_{RE}} * \frac{s + m_D}{s}$$

mit $m_D = \dfrac{p_0 - p}{\gamma_w}$

$$s = H - h$$

Q: Wasserzufluss zum Brunnen [m³/s]
H: Abstand zwischen dem abgesenkten Grundwasserspiegel und dem undurchlässigen Horizont [m]
h: Abstand zwischen dem Absenkziel und dem undurchlässigen Horizont [m]
k: Durchlässigkeitsbeiwert des Bodens [m/s]
R: Reichweite des Brunnens [m]
A_{RE}: Radius eines Ersatzbrunnens [m] (vgl. Kapitel 5.2.2)
m_D: Luftdruckunterschied [bar]
p_0: atmosphärische Luftdruck [bar]
p: Vakuumdruck [bar]
γ_w: Wichte des Wassers [kN/m³]
s: Absenkziel [m]

Die Formel wurde von der Dupuit-Thiemschen Brunnenformel abgeleitet (vgl. Kapitel 5.2.2). Für den Einfluss des Vakuums wird der Korrekturfaktor $(s+m_D)/s$ eingeführt. Für Absenktiefen von 4 bis 5 m liefert die Formel gute Ergebnisse. Bei geringeren Absenktiefen liegen die errechneten Werte jedoch deutlich über und bei größeren Absenkungen erheblich unter den tatsächlichen Werten.

[26] Smoltczyk, U.: Grundbau-Taschenbuch

Ferner muss die dem Brunnen zufließende Wassermenge Q mit dem Fassungsvermögen Q' des Brunnens verglichen werden (vgl. Kapitel 5.2.2). Bei einem Vakuumbrunnen setzt sich das hydraulische Gefälle aus zwei Komponenten zusammen. Neben dem hydraulischen Gefälle der Absenkkurve, das durch die Schwerkraft entsteht, muss das Gefälle aus der jeweiligen Druckhöhe berücksichtigt werden. Hierfür wird von Kramer der folgende empirische Ansatz vorgeschlagen:

$$Q'_v = Q' + Q' * p * \frac{\vartheta}{u}$$

mit Q'_v: Fassungsvermögen eines Vakuumbrunnens [m^3/s]
Q': Fassungsvermögen eines Schwerkraftbrunnens [m^3/s]
p: Vakuumdruck [bar]
ϑ: empirisch ermittelter Einflussfaktor, $\vartheta \approx 15$
u: d_{60} / d_{10}

5.3.3 Verfahrenstechnik

5.3.3.1 Verfahrensbeschreibung

Im Gegensatz zur Schwerkraftentwässerung ist beim Vakuumverfahren der Unterdruck über drei Viertel der gesamten Höhe der zu entwässernden Schicht auf den Boden zu übertragen. Dafür werden die Brunnen entweder mit Filterschüttungen oder anderen konstruktiven Maßnahmen (z. B. Doppelwandfilter, Tressengewebehülle etc.) ausgerüstet, die die Unterdruckausbreitung entlang der Brunnenwandung gewährleisten. Zusätzlich wird dadurch ermöglicht, dass bei zwischengeschalteten undurchlässigen Trennschichten verschiedene Grundwasserleiter wirksam entwässert werden können.

Flachbrunnenanlage (Spülfilteranlage)

Spülfilteranlagen sind die einfachste Form der Unterdruckentwässerung. Die Anlagen gleichen im Aufbau und der Ausstattung im Wesentlichen den Wellpoint-Anlagen der Schwerkraftentwässerung. Der Unterschied liegt darin, dass infolge der geringen Durchlässigkeit des anstehenden Bodens auch außerhalb des Brunnens ein Unterdruck auf den Boden wirkt. Die Absenkhöhe der Vakuumflachbrunnenanlagen ist auf 4 bis 6 m beschränkt.

Um größere Absenkhöhen zu erreichen, muss die Anlage gestaffelt werden (vgl. Kapitel 5.2.3.1). Bei gestaffelten Anlagen ist zu beachten, dass im Gegensatz zum Schwerkraftverfahren die oberen Staffeln nicht mit fortschreitendem Baugrubenaushub abgeschaltet werden können.

Als Vakuumbrunnen dienen Rohre mit 40 bis 50 mm Durchmesser, an deren unteren Ende eine Spülspitze angeordnet ist. Beim Absenken des Brunnenrohres tritt durch die Spülspitze Wasser unter hohem Druck in den Untergrund aus. Dadurch wird der Boden um den Brunnen herum aufgelockert und durch den Spülstrom außen am Brunnenrohr nach oben gefördert. Durch diesen Vorgang werden die Brunnenrohre auf die gewünschte Tiefe abgeteuft. Das Rohr sollte nicht mit Gewalt abgeteuft werden, da dies zur Verdichtung des anstehenden Boden führt und dadurch ein freier Wasserzufluss zum Brunnen verhindert wird.

Nach dem Erreichen der gewünschten Absenktiefe sollte der Spülvorgang noch einige Sekunden weiterlaufen. Dies bewirkt, dass die schweren Bodenpartikel zurückfallen und ein Kornbett bilden, während die Feinteile weiter auftreiben. Der dadurch entstandene Hohlraum zwischen dem Rohr- und der Lochwandung muss mit Feinsand aufgefüllt werden. Hierfür bestehen verschiedene Möglichkeiten:

- Verwendung von Filterrohren mit aufgebrachter Feinsandummantelung.
- Einbringen von Filtersand zwischen Rohr und Boden während des Einspülens (Korndurchmesser 0,20 bis 0,30 mm).
- Einspülen eines äußeren Mantelrohres zusammen mit dem Brunnenrohr. Nach dem Verfüllen des Hohlraumes zwischen den beiden Rohren wird das Mantelrohr wieder gezogen.
- Ausspülung eines Loches von ca. 150 mm Durchmesser. Nach dem Verfüllen des Loches mit Füllsand wird das Brunnenrohr in den Feinsand eingespült.

Danach müssen die Brunnenrohre von oben gegen eintretende Luft verschlossen werden. Diese Abdichtung besteht im Allgemeinen aus einem Ton- oder Lehmpfropfen, der ungefähr auf der Höhe des nicht abgesenkten Grundwasserspiegels liegen sollte. Im Böschungsbereich wird durch Kunststofffolie oder Spritzbeton verhindert, dass Luft seitlich in die Anlage eindringen kann (Bild 5.19).

Nach dem Aufbau und der Inbetriebnahme der Anlage wird der Unterdruck nur langsam aufgebaut, um zu verhindern, dass die Feinteile im Boden sofort zum Brunnen hinwandern und die Filterschlitze verschließen. Diese Regulierung erfolgt über ein am Vakuumaggregat befindliches Belüftungsventil. Der Unterdruck wird üblicherweise im Halbstundentakt um etwa 0,1 bar erhöht.

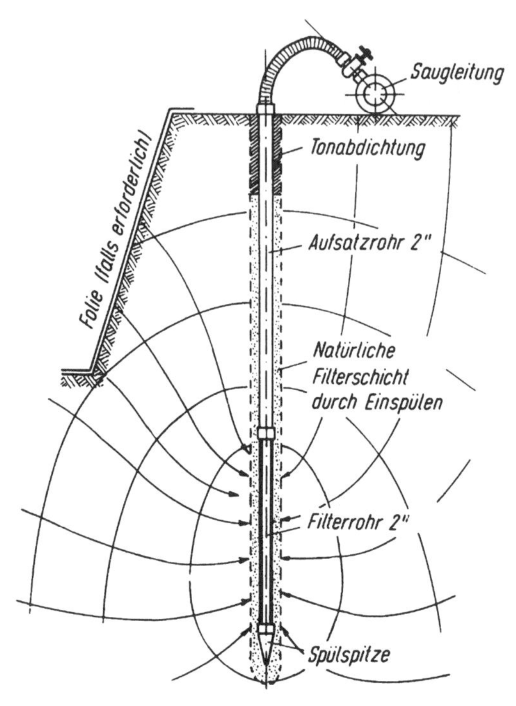

Bild 5.19 Spülfilteranlage mit Strömungs- und Druckverhältnissen[27]

Das aus dem Brunnen geförderte Wasser wird über Stich- und Sammelleitungen zum Vakuumaggregat (Bild 5.22) gesaugt. Am Ende jeder Sammelleitung wird ein Vakuummeter angeschlossen. Um das Vakuum auf den Boden zu übertragen, muss der Druck am Vakuummeter 1 bis 2 m höher sein als die geodätische Saughöhe (von der Filterspitze bis zur Sammelleitung).

In dem Vakuumaggregat wird die mitgeführte Luft vom Wasser getrennt. Die Luft wird am Aggregat abgesaugt und das Wasser über eine Sammelleitung zum Vorfluter weitergeleitet. In den Leitungen zum Vorfluter wird das Wasser durch Druck gefördert. Lediglich das Rohrsystem zwischen dem Brunnen und dem Vakuumaggregat steht unter Unterdruck.

Aufgrund der geringen Reichweite der Vakuumbrunnen können die Abstände zwischen den einzelnen Brunnen nicht mehr als 1,0 bis 1,5 m betragen. Die Brunnen werden zu Strängen von ca. 50 m Länge zusammengefasst. An jedem Strang sorgt ein separates Vakuumaggregat für den erforderlichen Unterdruck.

Bei Vakuumanlagen ist es trotz der geringen anfallenden Wassermenge Vorschrift, dass jeder einzelne Brunnen eingeregelt und abgestellt werden kann. Das Absperrventil wird zwischen den Stich- und der Sammelleitung angeordnet.

---

[27] Smoltczyk, U.: Grundbau-Taschenbuch

Die Stichleitungen bestehen aus einem durchsichtigen Kunststoffschlauch, um kontrollieren zu können, ob Sandpartikel im Wasser mitgeführt werden. Dies kann zu Verstopfungen und zum Ausfall der gesamten Anlage führen, wenn der entsprechende Brunnen nicht abgestellt wird. Zusätzlich sind in den horizontalen Saugleitungen (Durchmesser 4 bis 5 Zoll) alle 25 m Schieber vorzusehen.

Der Betrieb und die Überwachung der Anlage erfordert geschultes Personal, das u. a. darauf achten muss, dass Durchbrüche der Außenluft durch den Kapillarsaum und durch den wassergesättigten Boden zum Filter vermieden werden.

Tiefbrunnenanlage

Vakuumtiefbrunnen sind Kiesschüttungsbrunnen mit einem Bohrdurchmesser von 400 bis 1500 mm und einem Filterdurchmesser von 200 bis 1250 mm. Die Herstellung der Brunnen erfolgt entsprechend der Tiefbrunnenherstellung bei der Schwerkraftentwässerung (vgl. Kapitel 5.2).

Bei Vakuumtiefbrunnen ist besonders auf gut abgedichtete Brunnenrohre und auf einen dichten Anschluss der Saugleitungen an den Brunnenkopf zu achten (Bild 5.20).

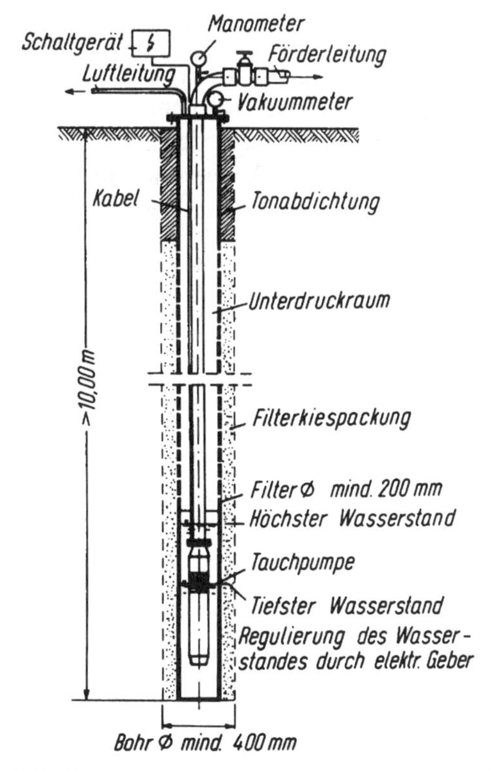

Bild 5.20 Darstellung eines Vakuumtiefbrunnens[28]

[28] Smoltczyk, U.: Grundbau-Taschenbuch

Das dem Brunnen zufließende Wasser wird in einer Kammer unterhalb des Unterdruckraumes gesammelt und mit einer separaten Tauchpumpe nach oben gedrückt. Der von der Luftpumpe erzeugte Unterdruck zum Ansaugen des Wassers kann somit vollständig auf den Boden übertragen werden. Die Effektivität der Vakuumtiefbrunnen bezüglich der Absenktiefe und der Reichweite ist dadurch wesentlich größer als die der Flachbrunnen. Da bei Vakuumbrunnen ein möglicher Sandeintrieb schwer feststellbar ist, müssen die Filterkonstruktion besonders sorgfältig ausgeführt und die Filtermaterialien optimal auf den zu entwässernden Boden abgestimmt werden. In der Praxis haben sich Filter mit Tresse, Kunststofffilter und Filter mit fabrikmäßig aufgebrachtem Feinsand bewährt. Der geschlitzte Filterteil sollte möglichst den gesamten zu entwässernden Bereich erfassen. Im oberen Bereich des Filters befindet sich ein vollwandiges Filteraufsatzrohr, das nach oben luftdicht abgeschlossen ist. Damit in die Filterkiespackung, die um das Filterrohr herum angeordnet ist, keine Luft eintreten kann, wird zwischen dem Bohrloch und dem Aufsatzrohr ein eingestampfter Tonpfropfen eingebracht. Luftdurchlässige Oberflächen und Böschungsabschnitte müssen durch Aufspritzen von Zementmilch oder durch eine Abdeckung mit Kunststofffolie gegen Lufteintritt abgedichtet werden.

Die Unterwasserpumpen im Brunnen werden ca. 1 m oberhalb des Pumpensumpfes montiert, um einen vorzeitigen Verschleiß durch Sandförderung zu vermeiden.

Für die Abführung des Wassers aus mehreren Grundwasser-Stockwerken sind sogenannte Kombibrunnen (Bild 5.21) besonders geeignet. Dieser Brunnen ermöglicht eine voneinander unabhängige Grundwasserentnahme aus verschiedenen Stockwerken. Zum Beispiel können durchlässige Bodenschichten durch Schwerkraft und weniger durchlässige Schichten mit Hilfe des Vakuumverfahrens entwässert werden.

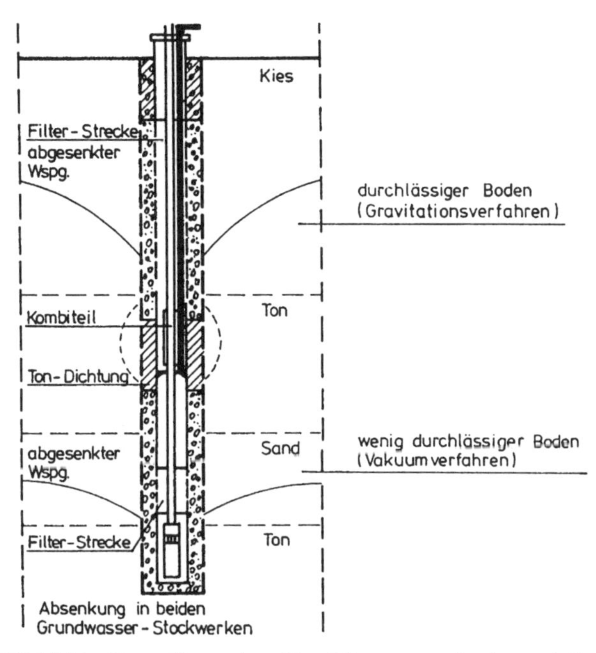

Bild 5.21 Darstellung eines Kombibrunnens, der in zwei Grundwasserstockwerke einschneidet

Die Tabelle 5.7 zeigt die einzelnen Arbeitsprozesse einer Tiefbrunnenanlage der Vakuumentwässerung. Jedem Arbeitsprozess sind Teilprozesse sowie die dafür erforderlichen Geräte zugeordnet. Die Arbeitsprozesse der Flachbrunnenanlage werden im Kapitel 5.2.3.1 erläutert und hier nicht näher aufgeführt.

Tabelle 5.7 Prozesse zu Vakuumtiefbrunnenanlagen

Prozess	**Teilprozess**	**Gerät**
Bohren der Tiefbrunnen	- Bohren der Brunnen, einschl. Abtransport des Aushubs	Drehbohrgerät
Ausbau der Tiefbrunnen	- Einbringen der Brunnenrohre - Verfüllen des Ringraumes zwischen Filter- und Bohrrohr mit Filterkies - Einbau des Tonpfropfens	Verrohrungsmaschine
Einbau der Pumpen	- Einbringen der Tauchpumpen - Aufstellen der Aggregate	
Verlegen der Leitungen	- Verlegen und Anschließen der Sammelleitungen - Anschließen der Brunnen an die Sammelleitungen	Hydraulikbagger mit Lasthaken
Rückbau der Anlage	- Abbau der Leitungen, Vakuumaggregate und Pumpen - Verfüllen der Tiefbrunnen	Hydraulikbagger mit Lasthaken

5.3.3.2 Gerätebeschreibung

Im Folgenden erfolgt eine kurze Beschreibung der Geräte, die zur Herstellung einer Vakuumentwässerungsanlage mit Flach- bzw. Tiefbrunnen benötigt werden.

- **Geräte der Flachbrunnenanlage (Spülfilteranlage)**

Das Verfahren der Flachbrunnenanlage entspricht weitgehend der Punktbrunnenanlage der Schwerkraftentwässerung. Für beide Verfahren werden fast die gleichen Geräte verwendet, so dass an dieser Stelle nur eine kurze Beschreibung erfolgt.

Spülfilter

Der Durchmesser der Spülfilter beträgt 2,0 bis 2,5 Zoll. Die Filter werden mit einer Hochdruckpumpe (Spülpumpe) in das Erdreich bis zu der gewünschten Tiefe eingespült. Als Aufsatzrohre auf das Filterrohr dienen verzinkte Gussrohre, die am unteren Ende mit dem Filter verschraubt werden. Die Länge der Aufsatzrohre richtet sich nach der Baugrubentiefe. Die Stichleitungen, die die Brunnen mit der Sammelleitung verbinden, bestehen aus 1,0 bis 1,5 m langen Vakuumschläuchen aus Gummi oder durchsichtigem Kunststoff.

Spülpumpe

Die Spülpumpe ist eine mehrstufige Hochdruck-Wasserpumpe. Die Pumpe ist auf einem Einachsfahrgestell aufgebaut und wird durch einen Dieselmotor angetrieben. Die Leistungen und Druckgrößen liegen zwischen:

- Förderleistung 27 - 65 m³/h
- Förderdruck 6,0 - 17,0 bar
- Motorleistung 5,0 - 27,0 kW

Vakuumaggregat

Das Vakuumaggregat (Bild 5.22) erzeugt im gesamten Filter- und Rohrsystem einen Unterdruck, durch den das Wasser aus dem Boden in den Brunnen gesogen wird.

Bild 5.22 Vakuumaggregat der Firma Hüdig[29]

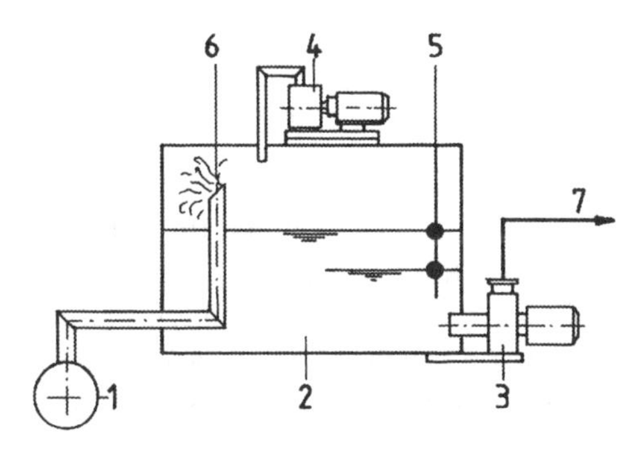

1. Sammelleitung
2. Vakuumkessel
3. Wasserpumpe
4. Luftpumpe
5. Schwimmerschalter
6. Austritt Luft-Wassergemisch
7. Wasserablauf

Bild 5.23 Funktionsprinzip eines Vakuumaggregates[30]

Danach gelangt das Luft-Wasser-Gemisch in die Sammelleitung (1) und das Vakuumaggregat saugt das Wasser an (Bild 5.23). Beim Eintritt in den Vakuumkessel (2) wird die Luft vom Wasser getrennt, da die Wasserteilchen nach unten fallen und die Luft nach oben steigt. Die Wasserpumpe (3) pumpt das Wasser aus dem unteren Teil des Kessels ab, während die Luft durch die Luftpumpe (4) an der Kesseloberseite abgeführt wird. Mit einem Schwimmerschalter (5) schaltet sich die Wasserpumpe je nach Wasseranfall automatisch ein und aus.

Die Förder- und Antriebsleistungen der Pumpen liegen in einer Größenordnung von:

- Förderleistung: 100 bis 500 m^3/h
- Antriebsleistung: 10 bis 30 kW

[29] Fa. Hüdig: Firmenprospekt
[30] König, H.: Maschinen im Baubetrieb

Die Pumpen des Vakuumaggregates können durch einen Elektro- bzw. einen Dieselmotor angetrieben werden. Die Arbeitsweise des Elektromotors ist allerdings gegenüber dem Dieselmotor wirtschaftlicher, da der Pumpenbetrieb entsprechend der anfallenden Luft- bzw. Wassermenge reguliert werden kann. Beim Dieselmotor arbeiten die Pumpen unabhängig vom Luft- bzw. Wasseranfall kontinuierlich.

- **Geräte der Tiefbrunnenanlage**

Bohrgeräte

Die Brunnen der Vakuum-Tiefbrunnenanlage werden gebohrt. Das Bohrverfahren und die -geräte entsprechen denen bei der Herstellung einer Tiefbrunnenanlage der Schwerkraftentwässerung (Drehbohrgerät, Verrohrung, Bohrgreifer etc.).

Pumpen

Bei den Tiefbrunnen der Vakuumanlagen werden entsprechend zur Schwerkraftentwässerung Tauch- bzw. Unterwasserpumpen verwendet (vgl. Kapitel 4.3.2 und 5.2.3.2).

Zusätzlich ist zu beachten, dass sich die Betriebsdaten der Tauchpumpe im Vakuumbrunnen je nach Höhe des Unterdruckes verändern. Die Förderleistung sinkt einerseits, da die Pumpe zusätzlich zur geodätischen Förderhöhe und dem Reibungsverlust den Unterdruck überwinden muss. Andererseits kann ein hoher Unterdruck zur Verdampfung des Wassers im Pumpenlaufrad und damit zu einem starken Leistungsabfall und zum Ausfall der Pumpe führen.

5.3.3.3 Informationen zur Leistungsberechnung

Für die Herstellung bzw. den Rückbau der Vakuumbrunnenanlage wird ein Raupenseilbagger eingesetzt. Die Leistungswerte werden im Kapitel 4.2.3.3 angegeben.

Die Leistung der Spülpumpe muss so ausgelegt sein, dass die Spüllanze ohne Schwierigkeiten in das Erdreich eingebracht werden kann. Dabei ist zu beachten, dass die Druckleistung der Spülpumpe zum größten Teil durch die Reibungswiderstände in den verhältnismäßig engen Zuleitungen vermindert wird.

Für die Auslegung der Spülpumpe gelten folgende Überlegungen:

- je feiner der Boden ist, desto größer ist der Druck und desto geringer die Wassermenge
- je gröber der Boden ist, desto geringer ist der Druck und desto größer die Wassermenge

Im Allgemeinen wird in der Praxis eine Pumpe gewählt, die für möglichst viele Bodenarten geeignet ist, um diese bei verschiedenen Bauvorhaben einsetzen zu können.

Die zum Betreiben der Vakuumanlage erforderlichen Pumpenaggregate richten sich nach der ermittelten Grundwassermenge und dem Druckverlust in der Sammelleitung. Die Anlage wird im Allgemeinen größer bemessen als es für das spezielle Bauverfahren erforderlich ist, um das Gerät auf anderen Baustellen wieder verwenden zu können. Aus Sicherheitsgründen sollte eine Reservevorhaltung für Pumpen und die Energieversorgung vorhanden sein.

Die Vorhaltekosten setzen sich aus der Gerätemiete für die Pumpen, Leitungen etc. und den Betriebskosten für Strom und Warten der Anlage durch einen Maschinisten zusammen.

5.3.3.4 Anmerkungen zur Leistungsbeschreibung

Für die Ausführung der Vakuumentwässerung gelten die Anmerkungen für die Schwerkraftentwässerung, die im Kapitel 5.2.3.4 beschrieben werden.

5.3.4 Qualitätssicherung

Die Qualitätssicherung für Vakuumanlagen ist praktisch identisch mit der der Schwerkraftanlagen. Zudem ist bei Vakuumanlagen jedoch die Dichtigkeit der zahlreichen Saugleitungen regelmäßig zu prüfen und der Schutz dieser Anlagen in den betrieblichen Abläufen besonders vorzusehen. Weitere baubegleitende Maßnahmen zur Qualitätssicherung sind im Kapitel 7.2 zusammengefasst.

Im Folgenden werden mögliche Störungen bei Vakuumanlagen beschrieben und Vorgehensweisen zu deren Beseitigung erläutert:

Wenn kein Vakuum aufgebaut wird:

- Trennen der Pumpe vom Sammelsystem, Verschließen des Systems mit einem Endpfropfen und Wiederinbetriebnahme der Pumpe
- Überprüfung aller Verbindungselemente und Gummidichtungen, ggf. Austausch der Dichtungsringe

Wenn die Baugrube nicht trocken wird:

- Kontrolle der Wasserpumpen/Wasserförderung (Schalten bei automatischen Vakuumpumpen die Wasserpumpen nicht aus, so ist die Pumpenkapazität zu klein)
- ggf. Erhöhung der Filtermenge der einzelnen Brunnen
- Einbau von Zwischenbrunnen mit Schiebern in die Sammelleitung

5.3.5 Beispiel

Situationsbeschreibung

Das im Kapitel 3.3 angegebene Beispiel dient als Grundlage für die weiteren Berechnungen. Die Baugrubenabmessungen sowie die Bodenkennwerte werden als bekannt vorausgesetzt.

Um die geforderte Absenktiefe von H = 2,0 m zu erreichen, müssen die Vakuumlanzen ca. 7 m in den Boden eingespült werden. Bei einem Durchlässigkeitsbeiwert von $k = 10^{-5}$ m/s ergibt sich eine anfallende Wassermenge von 0,006 l/s pro Meter. Daraus wird ein Brunnenabstand von ca. 2 m ermittelt. Die erforderliche Betriebsdauer der Vakuumanlage, einschließlich dem Auf- und Abbau der Geräte, wird mit 3 Monate (90 Tage) geschätzt.

Das anfallende Wasser wird über Sammelleitungen den Vakuumaggregaten zugeführt, und von dort über Druckleitungen in einen ca. 40 m entfernten Vorfluter geleitet. Eine Abdeckung der Baugrubenböschung ist in diesem Beispiel nicht erforderlich. Zudem wird auf den Einbau eines Flächenfilters verzichtet. Der Strom zum Betreiben der Anlage wird vom Auftraggeber kostenfrei zur Verfügung gestellt.

Leistungsverzeichnis

Tabelle 5.8 Leistungsverzeichnis der Vakuumentwässerung

Leistungsverzeichnis				
Pos. Nr.	**Bezeichnung**	**Menge**	**EP [DM]**	**GP [DM]**
1	Einrichten und Räumen der Baustelle Vorhalten der Baustelleneinrichtung für 90 Tage für sämtliche in der Leistungsbeschreibung aufgeführten Leistungen Sanitäre Einrichtungen, Wohnunterkünfte, Wasser und Strom werden gestellt	1 psch	11.233,84	11.233,84
2	Herstellen und Beseitigen der Brunnen als Vakuumfilter durch Spülbohren, Brunnenrohre aus PVC-U, DN 50 Brunnentiefe: 7,0 m ab Geländeoberkante Seitliche Lagerung des anfallenden Aushubs	60,00 Stk	145,84	8.750,40
3	Herstellen und Betreiben der Vakuumanlage aus Vakuumerzeuger und Wasserpumpe mit Elektromotor einschl. aller Form- und Passstücke Ein-, Ausbauen, Vorhalten und Wartung der Anlage inkl. der zentralen Schalt- u. Überwachungsstation und des Notstromaggregates für 90 Tage erf. Fördermenge der Wasserpumpe: 30 m³/h geodätische Förderhöhe: 7,5 m	2,00 Stk	26.935,38	53.870,76
4	Ein- und Ausbau der Saugrohrleitung aus Stahl (DN 100) einschl. aller Anschlüsse und Passstücke Anschluss an die Vakuumanlage	120,00 m	64,29	7.714,80
5	Ein- und Ausbau der Druckrohrleitung als Abflussleitung zum Vorfluter nach Wahl des AN (DN 150) einschl. aller Anschlüsse und Passstücke Anschluss an die Vakuumanlage	40,00 m	83,36	3.334,40
Titel	Vakuumentwässerung	Summe Netto		84.904,20 DM
		16 % MwSt.		13.584,67 DM
		Angebotssumme		98.488,87 DM

Massenermittlung zur Leistungsbeschreibung

Pos 2: Die Vakuumfilter werden im Abstand von ca. 1 m zur Böschungsoberkante außerhalb der Baugrube eingespült. Die Länge der Saugrohrleitung beträgt: 118 m
Die Vakuumlanzen haben untereinander einen Abstand von 2 m, daraus ergibt sich die folgende Brunnenanzahl: 118 / 2 = 60,0 Stk
Pos 3: Berechnung der Wassermenge: 0,006 l/s * 118 m *3600 s / 1000 l/m³ = 2,55 m³/h

An ein Vakuumaggregat werden 25-50 Spülfilter angeschlossen, somit ergeben sich für 60 Brunnen zwei Stränge. Damit beträgt die Anzahl der Aggregate: 2,0 Stk

Pos 4: Die Gesamtlänge der Saugleitungen beträgt 118 m (siehe Pos 2) gewählt:

120,0 m

Pos 5: Der Vorfluter ist 40 m von der Baustelle entfernt. Daraus ergibt sich die Länge der Druckleitung zu 40,0 m

Bauverfahren und zugehörige Leistungswerte

Um die Baugrube im Trockenen auszuheben muss das Grundwasser vor Beginn der Erdarbeiten abgesenkt werden. Hierfür werden die Spüllanzen mit Hilfe einer Spülpumpe eingebracht. Danach werden die Vakuumlanzen an die Sammelleitung angeschlossen, und die Vakuumaggregate aufgestellt. Alle Anschlüsse und Armaturen einschließlich aller Form- und Passstücke werden angeschlossen.

Darauf wird die Druckleitung vom Vakuumaggregat zum Vorfluter verlegt. Nach Beendigung der Baumaßnahme erfolgt der Rückbau der Anlage. Der Rückbau setzt sich im Einzelnen aus dem Ziehen der Vakuumlanzen, dem Rückbau der Saug- und Druckleitungen und dem Abbau der Vakuumaggregate zusammen.

Geräteauswahl: Für die Vakuumentwässerung werden folgende Geräte gewählt:

- Mobilseilbagger
- Spülpumpe zum Einbringen der Vakuumlanzen
- Vakuumaggregat zur Förderung des Grundwassers
- zentrale Schalt- und Überwachungsstation

Zeit- und Leistungsangaben: Das Einspülen der Vakuumlanzen erfolgt mit Hilfe eines Mobilseilbaggers und einer Spülpumpe. Zum Ziehen der Vakuumlanzen wird ebenfalls ein Mobilseilbagger benötigt. Die erforderliche Kolonnenstärke beträgt 2 AK. Der Lohnaufwand je Absenkbrunnen beträgt:

- Herstellen des Absenkbrunnens: = 0,40 h (2 AK)
- Rückbau des Absenkbrunnens: = 0,20 h (2 AK)

Betriebszeit für den Seilbagger:

$$\frac{0{,}40\,h}{2\,AK} + \frac{0{,}20\,h}{2\,AK} = \underline{0{,}30\text{ h}}$$

Der Zeitaufwand für den Aufbau der Spülpumpe wurde in einer Vorberechnung auf 0,25 h je Brunnen ermittelt.

Die Vorhaltezeit der Geräte beträgt 0,30 h, gewählt einschließlich Nebenzeiten ca.

0,1 AT

Für das betriebsfertige Anschließen und Abbauen eines Vakuumaggregates wird eine Kolonne von 2 AK benötigt.

Aufwandswerte:

- Aufstellen und Anschließen des Aggregates: = 15,0 h (2 AK)
- Abbau des Aggregates = 10,0 h (2 AK)

Das Auf- und Abbauen der zentralen Schaltstation wird von einer Kolonne mit 2 AK ausgeführt.

Lohnaufwandswerte bei Großanlagen:

- Aufbau der Schaltstation: = 30 h (2 AK)
- Abbau der Schaltstation: = 15 h (2 AK)

Da der Mobilbagger nur zum Entladen und Aufstellen benötigt wird, wird eine pauschale Betriebszeit von 3,0 h veranschlagt (ca. 0,5 AT).

Die Saugrohrleitung (DN 100) wird wegen ihres geringen Gewichtes von Hand verlegt. Die Kolonnenstärke beträgt 2 AK.
Aufwandswerte:

- Verlegen (einschl. aller Anschlüsse) = 0,42 h/m (2 AK)
- Rückbau = 0,21 h/m (2 AK)

Die Druckrohrleitung zum Vorfluter (DN 150) wird ebenfalls von Hand verlegt. Die Kolonnenstärke beträgt 2 AK.

- Verlegen (einschl. aller Anschlüsse) = 0,55 h/m (2 AK)
- Rückbau = 0,28 h/m (2 AK)

Sonstige Kosten: Der Aufbau einer Spülpumpe dauert 0,25 h pro Brunnen. Bei einem Spülwasserbedarf von 5,0 m^3/h beträgt die Spülwassermenge für jeden Brunnen:

$5{,}0\ m^3/h * 0{,}25\ h/Stk = 1{,}25\ m^3/Stk$

Daraus ergeben sich die Wasserkosten je Brunnen zu:

$1{,}25\ m^3 * 1{,}75\ DM/m^3 =$ 2,19 DM

In diesem Beispiel fällt eine Gesamtwassermenge von:

$2{,}55\ m^3/h * 24\ h/Tag * 90\ Tage = 5.508\ m^3$

Damit betragen die Einleitungsgebühren:

$5.508\ m^3 * 1{,}75\ DM/m^3 =$ 9.639,00 DM

Kosten- und Preisermittlung

Tabelle 5.9 Zusammenstellung der Tonnagen und monatl. Vorhalte- und Betriebsstoffkosten je Pos.

Pos. Nr.	Bezeichnung		Geräte		Leis- tung	An- zahl	Auslas- tung	Betriebs- stoffe	Geräte- kosten
			klein	groß					
		BGL-Nr.	t	t	kW	Stk	%	DM/h	DM/Mon.
1	Materialcon- tainer	9415-0030		1,40	-	1	-		163,00
	Kleingerät	-	0,50		-	1	-		2.000,00
Summe Pos. 1			**0,50**	**1,40**					**2.163,00**
2	Mobilseil- bagger	3111-0040		10,00	40	1	70	6,90	9.160,00
	Hakenflansch	3114-0081	0,08		-	1	-		94,50
	Spülpumpe		0,30		7	1	30	1,27	448,00
	Spülfilter und Aufsatzrohr		0,02			1			
Summe Pos. 2			**0,40**	**10,00**				**8,17**	**9.702,50**
3	Vakuum- anlage		0,40		7	2	60	2,54	1306,00
	Stromaggre- gat	7301-0012	0,51		11	1	20		684,00
	Zentrale Schalt- und Überwa- chungsstation	-	0,50		-	1	-		1.100,00
Summe Pos. 3			**1,41**					**2,54**	**3.090,00**
4	Sammelrohr aus Stahl DN 100		0,72		-	1	-		-
Summe Pos. 4			**0,72**						
5	Ableitungs- rohr zum Vorfluter DN 150		0,34		-	1	-		-
Summe Pos 5			**0,34**						
Summe der gesamten Tonnage:			**3,37**	**11,40**					

Tabelle 5.10 Einzelkosten der Teilleistungen

Einzelkosten der Teilleistungen					
Pos. Nr.	Teilleistungen und Kostenentwicklung	Kosten je Einheit			
		Lohn [Std.]	Sonstige Kosten [DM]	Geräte-kosten [DM]	Fremd-leistung [DM]
1	**1psch Baustelleneinrichtung**				
	Lohnaufwand:				
	Container aufstellen: 2,0 h	2,00			
	Transporte: 2 * (3,37 t+11,40 t) * 35 DM/t		1.033,90		
	Laden auf der Baustelle:				
	2 * 3,37 t * 1 h/t + 2 * 11,4 t * 0,15 h/t	10,16			
	Laden auf dem Bauhof:				
	2 * 3,37 t * 40 DM/t + 2 * 11,4 t * 10 DM/t		497,60		
	Gerätevorhaltung:				
	(2.163 DM/Mon. / 30 AT/Mon.) * 90 AT			6.489,00	
Summe Pos 1		**12,16**	**1.531,50**	**6489,00**	
2	**60 Stk Absenkbrunnen herstellen**				
	Lohnaufwand:				
	0,40 h + 0,20 h	0,60			
	Geräteaufwand:				
	(9.702,5 DM/Mon. / 21 AT/Mon.) * 0,1 AT			46,20	
	Betriebsstoffe:				
	8,17 DM/h * 1/(3,33 Stk/h)		2,45		
	Sonstiges:				
	Miete Spülfilter: 7,8 DM/Mon. * 3 Mon.		23,40		
	Spülwasser		2,19		
Summe Pos 2		**0,60**	**28,04**	**46,20**	
3	**2 Stk Vakuumanlagen auf- und abbauen**				
	Lohnaufwand:				
	15,0 h + 10,0 h + (30,0 h + 15,0 h)/2	47,50			
	Geräteaufwand:				
	(3.090 DM/Mon. / 30 AT/Mon.) * 90 AT / 2 Stk			4.635,00	
	Betriebsstoffe:				
	2,54 DM/h * 24 h/d * 90 d/ 2 Stk		2.743,2		
	Sonstiges:				
	Wartung der Anlage 1,0 h/d * 90 d	90,00			
	Einleitungsgebühr: 9.639 DM /2 Stk		4.819,5		
Summe Pos 3		**137,50**	**7.562,70**	**4.635,00**	

Fortsetzung Tabelle 5.10 Einzelkosten der Teilleistungen

Einzelkosten der Teilleistungen					
Pos. Nr.	Teilleistungen und Kostenentwicklung	Kosten je Einheit			
		Lohn [Std.]	Sonstige Kosten [DM]	Geräte-kosten [DM]	Fremd-leistung [DM]
4	**120 m Sammelleitung**				
	Lohnaufwand:				
	(0,42 h + 0,21 h)/m	0,63			
	Sonstiges:				
	Miete Leitung DN 100				
	2,00 DM / (Mon. * m) * 3 Mon.		6,00		
Summe Pos 4		**0,63**	**6,00**		
5	**40 m Sammelleitung zum Vorfluter**				
	Lohnaufwand:				
	(0,55 h + 0,28 h)/m	0,83			
	Miete Leitung DN 100				
	2,23 DM/(Mon. * m) * 3 Mon.		6,69		
Summe Pos 5		**0,83**	**6,69**		

Tabelle 5.11 Einheitspreisbildung

Einheitspreisbildung					
	Lohn [h] * 65,41[DM/h] + 40 % =91,5[DM/h]	Sonstige Kosten + 10 %	Geräte-kosten +30 %	Fremd-leistung +10 %	Einheitspreis
	[DM/E]	[DM/E]	[DM/E]	[DM/E]	[DM/E]
Position	①	②	③	④	∑ ①-④
Pos. 1 Baustelleneinrichtung 1 pauschal	12,16 * 91,57 = 1.113,49	1.531,50 *1,1 = 1.684,65	6.489,- *1,3 = 8.435,70		11.233,84
Pos. 2 Absenkbrunnen herstellen 60 Stk	0,60 * 91,57 = 54,94	28,04 *1,1 = 30,84	46,20 *1,3 = 60,06		145,84
Pos. 3 Vakuumanlage einbauen 2 Stk	137,5 * 91,57 = 12.590,88	7.562,7 *1,1 = 8.319,-	4.635,- *1,3 = 6.025,5		26.935,38
Pos. 4 Sammelleitung zur Anlage 120 m	0,63 * 91,57 = 57,69	6,00 *1,1 = 6,60			64,29
Pos. 5 Druckleitung zum Vorfluter 40 m	0,83 * 91,57 = 76,00	6,69 *1,1 = 7,36			83,36

6 Grundwasserabsperrung

6.1 Anwendungsbereiche

Zur Vermeidung einer Grundwasserabsenkung werden Baugruben im Schutz einer vertikalen und ggf. einer zusätzlichen horizontalen Grundwasserabsperrung hergestellt. Dies ist der Fall, wenn z. B. wasserrechtlichen Vorbehalte gegen eine Absenkung vorliegen oder eine Setzungsgefahr für die Nachbarbebauung besteht. Zudem ist bei sehr durchlässigen Böden (z. B. Kies) eine Absenkung oft unwirtschaftlich.

Um die der Baugrube von unten zufließende Wassermenge gering zu halten, muss dort entweder eine natürliche, sehr gering durchlässige Bodenschicht vorhanden sein, in die die vertikale Absperrung (Verbauwand) einbindet, oder die Durchlässigkeit des anstehenden Bodens muss, beispielsweise durch Injektionen, verringert werden. Des Weiteren kann eine Düsenstrahlsohle oder die Unterwasserbeton-Bauweise vorgesehen werden.

Abgesehen von kurzzeitigen, geringfügigen Absenkungen mittels Brunnen oder offener Wasserhaltung ohne Schadenspotenzial für das Baugrubenumfeld sollten Grundwasserabsperrungen grundsätzlich in Erwägung gezogen werden. Unbeschadet des anfänglich höheren Aufwandes sind Absperrungen erfahrungsgemäß technisch und wirtschaftlich vorteilhaft, weil u. a. die geotechnischen und geohydraulischen Unwägbarkeiten einer Wasserhaltung reduziert, der Baugrubenaushub minimiert und letztendlich die Ausführungssicherheit der Baumaßnahme gesteigert werden. Ferner können Verbauwände ggf. in das spätere Bauwerk integriert werden. Bei tiefen Baugruben im Grundwasser neben vorhandenen Bauwerken müssen Baugrubensicherungen generell als Grundwasserabsperrungen ausgebildet werden.

Die Grundwasserabsperrung kann mit verschiedenen Verfahren erreicht werden:

- Verringerung der Durchlässigkeit des anstehenden Bodens durch Verminderung oder Füllung des Porenanteils
- Verdrängung des anstehenden Bodens und Einbau eines Dichtungsmaterials
- Aushub des anstehenden Bodens und Einbau eines Dichtungsmaterials

Zur Grundwasserabsperrung werden im Allgemeinen durchgängige, flächenhafte Bauteile mit dem Ziel einer hinreichend (technisch) dichten, d. h. sehr gering durchlässigen, Wand bzw. Sohle hergestellt. Da bereits sehr wenige Fehlstellen die Durchlässigkeit der vorgesehenen Absperrung wesentlich erhöhen und zusätzlich die Baugrubensicherung, beispielsweise durch hydraulische Grundbrüche, gefährden können, muss die Ausführung sehr sorgfältig erfolgen. Zudem sind die Fehlstellen später nur mit großem Aufwand detektierbar und nachbearbeitbar. Diesbezüglich wird auf die jeweiligen Anmerkungen zur Qualitätssicherung explizit hingewiesen. In der Tabelle 6.1 sind verschiedene Verfahren zur Herstellung von vertikalen Grundwasserabsperrungen zusammengestellt.

Tabelle 6.1 Überblick über Verfahren zur Herstellung von vertikalen Grundwasserabsperrungen

Prinzip	Verringerung der Durchlässigkeit des anstehenden Bodens	Verdrängung des anstehenden Bodens und Einbau eines Dichtungsmaterials	Aushub des anstehenden Bodens und Einbau eines Dichtungsmaterials
Verfahren	Verdichtungswand Injektionswand Gefrierwand	Spundwand Schmalwand Düsenstrahlwand	Bohrpfahlwand Schlitzwand

Die Tabelle 6.2 bis 6.4 geben zwecks Beurteilung der Verwendbarkeit einen Überblick über die Herstellung und Anwendung der einzelnen Verfahren (Systeme) zur Grundwasserabsperrung.

Tabelle 6.2 Verfahren zur Verringerung der Durchlässigkeit des anstehenden Bodens

System	**Herstellungsverfahren**	**Dichtungsmaterial**	**übliche Bodenarten**	**übliche Abmessungen**	
				Dicke [m]	**Tiefe [m]**
Verdichtungswand	Säulenweise Verdichtung des anstehenden Bodens z. B. mit Tiefenrüttlern unter Zugabe von Fremdmaterial	konditionierte Sande/Kiese	Sand, Kies, Geröll	0,5 – 2	10 – 20
Injektionswand	Einbau von Injektionslanzen, Auspressen des Porenraumes im Boden mit Injektionsmittel, wobei sich um die Injektionslanzen überschneidende Injektionskörper bilden	Zement- oder Ton-Zement-Suspension, Wasserglas, Kunstharz	Sand, Kies	0,6 – 1,5	10 – 50
Gefrierwand	Abteufen von Bohrungen, Einstellen von Gefrierrohren, Gefrieren des Porenwassers durch Kälte (z. B. Stickstoffvereisung), die durch die Rohre zugeführt wird	gefrorenes Porenwasser	alle Böden mit Wassergehalten größer 6 bis 8 %	1 – 2	< 30
Düsenstrahlwand (Hochdruckinjektionswand)	Abteufen von Bohrungen, Einpresser einer Suspension mit hohem Druck zwecks Vermischung mit dem anstehenden Boden unter gleichzeitigem Ziehen des Bohrgestänges, wodurch überschnittene Säulen/Wände entstehen	Zement-Suspension, evtl. mit Füllstoffen	alle Böden	0,5 – 1,5	< 30

Tabelle 6.3 Verfahren mit Verdrängung des Bodens und Einbau eines Dichtungsmaterials

System	Herstellungsverfahren	Dichtungs-material	übliche Boden-arten	übliche Abmessungen	
				Dicke [m]	Tiefe [m]
Spundwand	Einrammen oder Einrütteln, evtl. Einhängen in Schlitze mit Bentonit-Zement-Susps.	Stahl	alle Böden, ggf. mit Rammhilfen	0,01 – 0,02	< 20
Schmal-wand	Einrütteln von Stahlträ-gern/Spundbohlen und Aus-pressen des Verdrängungs-raumes mit Dichtungsmaterial beim Ziehen	Bentonit-Zement-Suspension	locker bis mitteldicht gelagerte grobkörnige Böden	0,05 – 0,2	< 30

Tabelle 6.4 Verfahren mit Aushub des anstehenden Bodens und Einbau eines Dichtungsmaterials

System	Herstellungsverfahren	Dichtungs-material	geeignete Boden-arten	übliche Abmessungen	
				Dicke [m]	Tiefe [m]
Bohrpfahl-wand (über-schnitten)	Aushub des Bodens im Schutz einer Verrohrung, Einbau von Beton	Beton	alle	0,8 – 1,5	< 30
Schlitzwand	Aushub von Lamellen im Schutz einer Bentonit-Suspension, Einbau von Be-ton im Kontraktorverfahren	Beton	alle	0,6 – 1,5	< 50
Dichtwand - Einpha-senverfah-ren	Aushub von Lamellen im Schutz einer Bentonit-(Zement)-Suspension, die im Schlitz verbleibt	Bentonit-(Zement)-Suspension	alle	0,4 – 1,5	< 30
Dichtwand - Zweipha-senverfah-ren	Aushub von Lamellen im Schutz einer Bentonit-Suspension, Austausch der Stützflüssigkeit durch spez. Dichtungsmaterial	Bentonit-Zement-Suspension, Zusatzstoffe	alle	0,4 – 1,5	20 – 50

Für eine zuverlässige, wirtschaftliche Dimensionierung und eine planmäßige Ausführung von Grundwasserabsperrungen sind neben verfahrensspezifischen geotechnischen Voruntersuchungen hydrogeologische Untersuchungen und Nachweise unabdingbar (vgl. Kapitel 1).

Unabhängig von möglichen Fehlstellen ist auch bei technisch dichten Grundwasserabsperrungen Restwasser nach Niederschlägen und infolge von Wasserzutritten durch Fugen (z. B. bei Schlitz- und Bohrpfahlwänden) oder durch Schlösser (bei Spundwänden) unvermeidlich. Dieses Restwasser wird i. d. R. durch eine offene Wasserhaltung, ggf. unterstützt durch flache Brunnen, gefasst und abgeleitet. Die Restwasserhaltung ist bei der Kalkulation und bei der Planung des Bauablaufes, hier für den Betrieb der Wasserhaltung bei dem aufgehenden Bauwerk, zu berücksichtigen.

Die folgenden Kapitel behandeln detailliert häufig angewandte Bauverfahren für Baugrubensicherungen, die eine dichtende und eine statische Funktion erfüllen.

6.2 Schlitzwand

6.2.1 Technische Grundlagen

Schlitzwände werden bei Grundwasserhaltungen als Dichtwände ohne statische Aufgabe und als Schlitz- bzw. Ortbetonschlitzwände mit hydraulischer und statischer Aufgabe ausgeführt. Diese Bauweise ist besonders vorteilhaft, da die Schlitzwand zugleich als Baugrubensicherung und als späteres Bauwerkselement dienen kann. Dementsprechend werden die Voruntersuchungen konzipiert, die Baustoffe und Verfahren gewählt sowie nach Erfordernis Bewehrung oder Bauteile eingestellt. Die Bewehrung wird als Bewehrungskorb bzw. bei kombinierten Schlitzwänden als Spundwand in den suspensionsgefüllten Schlitz eingehängt. Ferner können Betonfertigteile oder Kunststoffdichtungsbahnen in den Schlitz eingehängt werden. Schlitzwände im Aquifer binden i. d. R. in gering durchlässige Schichten ein oder schließen an eine Sohlensicherung an.

Schlitzwände sind i. d. R. vertikale, über die Tiefe gleichmäßig breite und im Grundriss durchgehende Wände. Die Herstellung erfolgt abschnittsweise in Erdschlitzen (Lamellen) mittels einer stützenden Flüssigkeit zur Aushubsicherung. Zunächst wird der Boden mit Seil- oder Hydraulikgreifern (übliche Tiefe 30 bis 50 m, Wandfläche bis 5.000 m^2), Tieflöffeln (bis 12 m) oder Fräsen (bis 100 bzw. 150 m, Vertikalität bis 0,5 %) ausgehoben. Während des Aushubes wird die Flüssigkeit sukzessiv gegen den Boden ausgetauscht und gewährleistet dadurch die Standsicherheit des Schlitzes bzw. eine ausreichende Stützung der Wandung. Die Stützwirkung der Flüssigkeit entsteht entweder durch eine membranartige Druckübertragung (Filterkuchenbildung) oder durch reine Eindringung (Übertragung durch Schubspannungen in den Probenraum) bzw. durch eine Kombination beider Mechanismen.

Als stützende Flüssigkeit kommen bei Schlitzwänden Ton- oder Ton-Zement-Suspensionen, ggf. mit speziellen Additiven, zum Einsatz. Üblicherweise wird für die Suspension eine trockene Fertigmischung geliefert. Während der Aufbereitung der Suspension wird in einer mobilen Mischanlage Anmachwasser dosiert zugegeben. Von der Mischanlage wird die Flüssigkeit durch Schlauchleitungen/Rohre in den offenen Schlitz gepumpt. Bei Einphasen-Schlitzwänden verbleibt die Flüssigkeit (Ton-Zement-Suspenionen) im Schlitz und erhärtet dort. Bei Zweiphasen-Schlitzwänden wird die Flüssigkeit (Ton- oder Polymer-Suspension) im Kontraktorverfahren gegen Beton ausgetauscht, wobei nach Erfordernis vorher eine Bewehrung eingestellt wird.

Üblicherweise liegt die Dichte der Suspension unter $\rho_F \leq 1{,}26$ t/m^3. Der Suspensionsmehrverbrauch durch Greiferverluste, Filtration etc. wird mit 10 bis 40 % der planmäßigen Kubatur veranschlagt.

Eine besondere Eigenschaft der Suspensionen ist das thixotrope Verhalten. Während des Aufmischens und des Einbringens in den Schlitz befindet sich die Suspension in der flüssigen Phase. Nach einer Ruhezeit geht die Stützflüssigkeit in eine plastisch-feste Phase über.

Die Thixotropie sowie das Erstarrungsverhalten einer Suspension sind beim Bauablauf verfahrenstechnisch zu berücksichtigen und bezüglich des Bauablaufes detailliert zu planen. Dies gilt insbesondere für Stahlbetonschlitzwände. Zusätzlich ist für die stützende Flüssigkeit hinsichtlich der Standsicherheit und der baubetrieblichen Bedingungen ein qualifizierter Eignungsnachweis erforderlich.

Die Durchlässigkeit der Schlitzwandbaustoffe beträgt $k = 10^{-7}$ bis 10^{-11} m/s. Bautechnisch relevant ist jedoch die Systemdurchlässigkeit, welche maßgeblich durch die Geometrie der Lamellen bzw. durch die Anzahl und die konstruktive Ausbildung der Fugen bestimmt wird. Die Festigkeit von Einphasen-Schlitzwänden beträgt etwa 1,5 MN/m^2 und von Zweiphasen-Schlitzwänden 5 MN/m^2. Die Betonqualität bei Zweiphasen-Schlitzwänden genügt den Anforderungen eines C 25/30 (B 25).

Bei unsachgemäßer Dimensionierung bzw. Ausführung der Schlitzwand können Fehlstellen durch Kiesnester oder Bodeneinschlüsse entstehen, die die Wirkung der Grundwasserbarriere selbst bei wenigen Fehlstellen stark beeinträchtigen. Deshalb sind Anschlüsse an andere Bauteile (ggf. mit planmäßiger Nachdichtung), Fugen und Einbindungen in gering durchlässige Schichten sehr sorgfältig auszuführen. Schlitzwände sind bauartbedingt geringer durchlässig als Schmal- bzw. Bohrpfahlwände. Planmäßig können Restwassermengen bis 2,5 l/(s*m^2) angenommen werden.

Nach Möglichkeit wird die überschüssige Stützflüssigkeit zur Wiederverwendung aufbereitet, um die Entsorgungskosten zu minimieren. Die Stützflüssigkeit wird durch Zyklone und/oder Siebe entsandet und nicht verwendbare Stützflüssigkeit wird entwässert. Der Anteil an aushubbedingten Verunreinigungen soll 150 l/m^3 Suspension nicht übersteigen, um die Eigenschaften der Suspension nicht nachteilig zu beeinflussen. Die Einhaltung dieses Grenzwertes ist insbesondere bei der Herstellung einer Schlitzwand im Zweiphasen-Verfahren notwendig.

Wesentliche Merkmale von Schlitzwänden sind:

- geräusch- und erschütterungsarme Bauweise
- Herstellmöglichkeit bei Aushubhindernissen (Findlinge, Bauwerksreste)
- Herstellmöglichkeit in stark durchlässigen Schichten mit Zusatzmaßnahmen
- kontrollierte Ausführung (Herstellprotokoll, Aufmaß)
- linienhafter Baugrundaufschluss (Aushubkontrolle)
- geringe bis mäßige Baugrunddeformation
- eingeschränkte Ausführung bei sehr beengten Platzverhältnissen (Arbeitsbereich, Baustelleneinrichtung)
- flexible Anpassung der Aushubtiefe (üblich bis etwa 40 m, möglich bis 150 m)
- variable planmäßige Schlitzbreiten (0,4 bis maximal 3 m) und Schlitzlängen (2,4 bis ca. 8 m bzw. „endlos“)
- sehr geringe Durchlässigkeit
- Entsorgungsmöglichkeiten verbrauchter bzw. überschüssiger Suspensionen

Die Ausführungsplanung obliegt den Bauausführenden. In der Planung muss die Aushubfolge der Lamellen und die zum Erreichen der Mindestfestigkeit der Baustoffe erforderliche Standzeit festgelegt werden. Dies muss unter Berücksichtigung der durchschnittlichen Aushubleistung erfolgen. Des Weiteren müssen bereits in der Planungsphase Maßnahmen erörtert werden, die z. B. bei möglichen Aushubhindernissen, plötzlichen Suspensionsverlusten oder außerplanmäßigen Arbeitsunterbrechungen zu treffen sind.

Schlitzwände können prinzipiell unmittelbar vor einer baulichen Anlage erstellt werden. Der Arbeitsraum muss eine Breite von ca. 3 m und mindestens eine Höhe von 4 m aufweisen. Das erforderliche Gewicht der Aushubgeräte wird u. a. durch die Schlitzgeometrie und die Bauweise bestimmt. Bei Vorplanungen kann ein Gewicht von 70 t angesetzt werden. Die erforderliche Baustelleneinrichtungsfläche kann bis zu 500 m^2 betragen. Der Flächenbedarf ist u. a. von der gewählten Regeneration der Suspension bzw. dem Entsorgungskonzept abhängig.

Zur Gewährleistung der Lagesicherheit der Schlitzwandelemente und der oberflächennahen Standsicherheit des Schlitzes werden i. d. R. vorab 0,7 bis 1,5 m tiefe Leitwände - als Fertigbauteile oder (seltener) in Ortbeton - hergestellt. Die Länge der flüssigkeitsgestützten Schlitze wird, neben konstruktiven und baubetrieblichen Bedingungen, durch die Aushubwerkzeuge und die Standsicherheit bestimmt. Zur Gewährleistung der Dichtigkeit der Schlitzwand sollen die einzelnen Lamellen bei Einphasen-Schlitzwänden etwa 0,5 m übergreifen. Bei Arbeitsabschnitten und bei Zweiphasen-Schlitzwänden müssen Fugenelemente eingestellt werden. Häufig werden suspensionsgefüllte Fugenrohre verwendet. Die Rohre werden während des Erhärtens des Wandbaustoffes sukzessiv gezogen, um den Ausziehwiderstand gering zu halten.

Für die Ausführung von Schlitzwänden sind folgende Unterlagen erforderlich:

- Baugrundgutachten: Baugrundprofil; Korngrößenverteilung, insbesondere der grobkörnigen Schichten und der maßgebenden Korngröße d_{10}; Porenvolumen, Dichte bzw. Konsistenz sowie Festigkeit und Steifigkeit der Bodenschichten; Grundwasserverhältnisse; betonangreifendes Verhalten des Bodens und des Grundwassers; Hohlräume und Hindernisse im Bereich der Wände
- Bestandsdokumentation (Beweissicherung): Lage, Art und Gründung der benachbarten Bebauung; Aufnahme baulicher Anlagen
- Standsicherheitsnachweise für den Bau- und Endzustand
- Eignungsnachweis der stützenden Flüssigkeit
- Ausführungsunterlagen: Ausführungspläne mit Wandtiefe und Lamellenlänge sowie Aushubfolge und Qualitätssicherungsplan

Neben den einschlägigen Regelwerken sind verfahrensspezifisch bei Schlitzwänden die DIN 4126 „Ortbetonschlitzwände, Konstruktion und Ausführung", DIN 4127 „Erd- und Grundbau, Schlitzwandtone für stützende Flüssigkeiten" und DIN EN 1538 „Ausführung spezieller geotechnischer Arbeiten – Schlitzwände" sowie DIN 18 313 „Schlitzwandarbeiten mit stützenden Flüssigkeiten" (Vertragsnorm) zu beachten.

6.2.2 Nachweis und Dimensionierung

Bei der Planung von Schlitzwänden sind zusätzlich zu den Nachweisen der erhärteten Wand als Baugrubensicherung/Bauwerkselement nach den Regelungen der EAB Nachweise zur Dimensionierung des mit Flüssigkeit gestützten Schlitzes zu führen:

- Sicherheit gegen den Zutritt von Grundwasser in den Schlitz

Die Sicherheit ist nachgewiesen, wenn der hydrostatische Druck der Suspension jederzeit in jeder Tiefe mindestens dem 1,05-fachen Wasserdruck entspricht.

- Sicherheit gegen Abgleiten von Einzelkörnern oder Korngruppen

Die Standsicherheit wird mit folgender Bedingung nachgewiesen:

$$\tau_F \geq \frac{d_{10} \cdot \gamma''}{\tan cal\ \varphi'}$$

mit τ_F: Scherspannung, bei der die stützende Flüssigkeit zu fließen beginnt (Mindestfließgrenze) [N/m^2]

d_{10}: Korngröße des Bodens bei 10 % Siebdurchgang (maßgebende Korngröße) [mm]

γ'': Wichte des Bodens unter dem Auftrieb der stützenden Flüssigkeit [kN/m^3]

$\gamma'' = (1-n)(\gamma_s - \gamma_F)$; n: Porenanteil des Bodens [-]

γ_s: Wichte des Bodens [kN/m^3]

γ_F: Wichte der stützenden Flüssigkeit [kN/m^3]

Die Mindestfließgrenze τ_F liegt beispielsweise für Mittelsand ($d_{10} \leq 0{,}6$ mm) bei $\tau_F = 10$ N/m^2 und für sandigen Kies ($d_{10} \leq 2$ mm) bei $\tau_F = 30$ N/m^2.

In der Berechnung darf näherungsweise für γ'' die Wichte γ' des Bodens unter dem Auftrieb von Wasser angesetzt werden. Bodenschichten mit einer Mächtigkeit unter 0,5 m dürfen unberücksichtigt bleiben, wenn sich darüber mindestens dreimal so mächtige Schichten mit einer ausreichenden Sicherheit befinden. Um die Standsicherheit bei Kies- und Steinschichten zu gewährleisten, sind Sondermaßnahmen, wie z. B. eine vorlaufende Zementmörtelverpressung oder ein Zusatz von speziellen Additiven, notwendig.

Alternativ kann der Nachweis näherungsweise durch einen nachweisbar erfolgreichen, repräsentativen Versuchsschlitz erbracht werden. Dabei muss jedoch die ermittelte Fließgrenze bei der Bauausführung um das 1,5-fache erhöht werden. Ferner kann auf den Standsicherheitsnachweis verzichtet werden, wenn zuvor mindestens 20 Lamellen erfolgreich in gleichen oder ungünstigeren Böden ausgeführt wurden und die Arbeitsweise und die Baustoffe unverändert übernommen werden können.

- Sicherheit gegen Unterschreiten des statisch erforderlichen Suspensionsspiegels

Der Suspensionsspiegel kann durch einen Verlust von Stützflüssigkeit unter die statisch erforderliche Höhe sinken. Mögliche Verluste können z. B. durch den Bodenaushub oder eine Penetration in den Baugrund auftreten. Insbesondere beim Anschneiden von Kies- oder Steinlagen ist mit hohen Verlusten zu rechnen. Daher ist es zweckmäßig Hohlräume vorher zu schließen.

Durch betriebliche Vorkehrungen (Arbeitsablauf, Suspensionsbevorratung, Schlitzwache) ist sicherzustellen, dass der statisch erforderliche Suspensionsspiegel nicht unterschritten wird. Der Verlust an stützender Flüssigkeit kann überschlägig aus dem Porenvolumen des Bodens ($n = 0{,}1$ bis $0{,}4$), der Schichtmächtigkeit sowie der Eindringtiefe s_F der Suspension bestimmt werden:

$$s_F = \frac{(p_F - p_W) \cdot d_{10}}{2 \cdot \tau_F}$$

mit s_F: Eindringtiefe der Suspension [m]
p_F Flüssigkeitsdruck [kN/m^2]
p_W Wasserdruck [kN/m^2]
d_{10} maßgebende Korngröße [mm]
τ_F Fließgrenze [N/m^2]

- Sicherheit gegen gefährdende Gleitflächen im Boden

Zusätzlich zu den zuvor beschriebenen Nachweisen der „inneren Standsicherheit" ist die „äußere Standsicherheit" rechnerisch oder durch einen repräsentativen Probeschlitz nachzuweisen. Die äußere Standsicherheit ist die Sicherheit gegen das Auftreten der im Bruchzustand zu erwartenden Gleitflächen im umgebenden Boden.

Die Grenzzustände der Stützwirkung sind im Bild 6.1 skizziert. Dabei ist das Druckgefälle f_{s0} bei der im Porenraum zum Stillstand gekommenen Flüssigkeit das Verhältnis des abgegebenen Druckes zur Eindringtiefe s_F:

$$f_{s0} = \frac{S - W}{s_F}$$

mit f_{s0}: Druckgefälle [kN/m^2]
s_F: Eindringtiefe der Suspension [m]
S Stützkraft (hydrostatischer Suspensionsdruck) [kN/m^2]
W Wasserdruckkraft [kN/m^2]

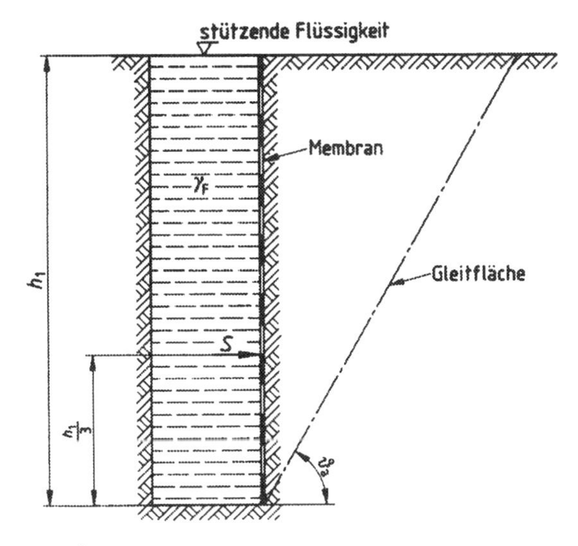

a) $f_{s0} \to \infty$

$S = S_H$ (Membranwirkung)

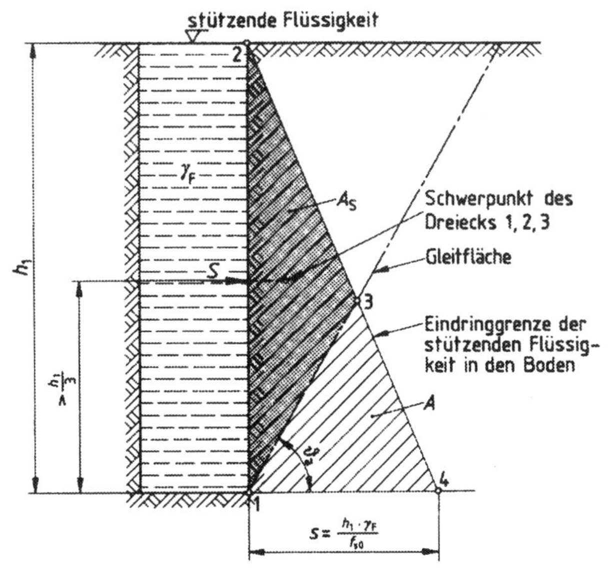

b) $0 < f_{s0} < \infty$

$S = S_H \cdot \frac{A_S}{A}$ (Strömungskraft im Gleitkörper am Ende des Strömungsvorgangs) mit

A_S Fläche des Dreiecks 1, 2, 3

A Fläche des Dreiecks 1, 2, 4

Bild 6.1 Grenzfälle der Stützwirkung [DIN 4126: 1986-08]

Das vorhandene Druckgefälle (für den Nachweis gegen das Abgleiten von Körnern) muss eine 2-fache Sicherheit gegenüber dem erforderlichen Druckgefälle haben:

$$\text{vorh } f_{s0} = \frac{2 \cdot \tau_F}{d_{10}} \geq \frac{2 \cdot \gamma''}{\tan \text{cal } \varphi'}$$

mit f_{s0}: vorhandenes Druckgefälle [kN/m²]
τ_F Fließgrenze [N/m²]
d_{10} maßgebende Korngröße [mm]
γ'': Wichte des Bodens unter dem Auftrieb der stützenden Flüssigkeit [kN/m³]
φ': Reibungswinkel des drainierten Bodens [°]

Im Bruchzustand gleitet der Boden im Allgemeinen als muschelförmiger Monolith in den Schlitz. Der Nachweis der Standsicherheit wird deshalb auf der Grundlage der sogenannten Monolith-Theorie geführt, wobei die Kräfte am freigeschnittenen Gleitkörper betrachtet werden. Die wirksame Stützkraft S der stützenden Flüssigkeit und die im Grenzzustand wirksame, räumliche Erddruckkraft E werden verglichen. Der räumliche Erddruck ist durch die Verringerung des Bodenvolumens und durch Spannungsumlagerung um den Schlitz (Gewölbewirkung) kleiner als der ebene Erddruck nach Coulomb. In der Regel wird der Monolith vereinfachend als Erdkeil angenommen. Die Standsicherheit ist als das Verhältnis der um die Druckkraft W des Grundwassers reduzierten Stützkraft S zur Erddruckkraft definiert:

$$\eta_K = \frac{S - W}{E}$$

Die Sicherheit ist für jede Aushubtiefe rechnerisch oder durch einen Probeschlitz nachzuweisen. Die Nachweise im Grenzzustand der Tragfähigkeit erlauben keine zuverlässige Prognose der Deformation des umgebenden Baugrundes im Gebrauchszustand. Überschlägig können Setzungen bis zu 2 cm an dem durch den Gleitkeil begrenzten Gelände auftreten. Für genauere Prognosen, insbesondere bei baulichen Einrichtungen, sind numerische Berechnungen erforderlich.

Der erforderliche Sicherheitsbeiwert ist bei einem Ansatz von Lasten aus baulichen Anlagen im kritischen Bereich $\eta_K \geq 1{,}3$ und ohne diese Lasten $\eta_K \geq 1{,}1$.

Das Druckgefälle darf vereinfachend nach folgender Formel ermittelt werden:

$$f_{s0} = \frac{2 \cdot \tau_F}{d_{10}}$$

Die Abminderung des Druckgefälles infolge des Eindringens der Suspension in den Boden darf vernachlässigt werden, wenn der Stützkraftverlust geringer als 5 % oder das Druckgefälle überall größer als 200 kN/m² ist. Bei einem Druckgefälle kleiner als 200 kN/m² kann anstatt einer Abminderung der Sicherheitsbeiwert erhöht werden:

$f_{s0} \leq 50$ kN/m²	$1{,}5\ \eta_K$
50 kN/m² $\leq f_{s0} \leq 100$ kN/m²	$0{,}3\ \eta_K$
100 kN/m² $\leq f_{s0} \leq 200$ kN/m²	$0{,}2\ \eta_K$

Der Flüssigkeitsspiegel darf maximal 0,2 m unter der Leitwandoberkante angenommen werden.

Bei der Ermittlung der Erddruckkraft dürfen Lasten aus baulichen Anlagen mit einem verminderten Lastansatz entsprechend DIN 1053 berücksichtigt werden, wenn nach baumechanischer Beurteilung der Bausubstanz dort Lastumlagerungen auf durchgehenden Gründungen erwartet werden können. Für die Ermittlung des Erddruckes bzw. der minimalen Sicherheit ist der Gleitflächenwinkel ϑ_a zu variieren. Stützende Schubspannungen aus Reibung und Kohäsion an den Flanken des Gleitkörpers dürfen berücksichtigt werden (Bild 6.2).

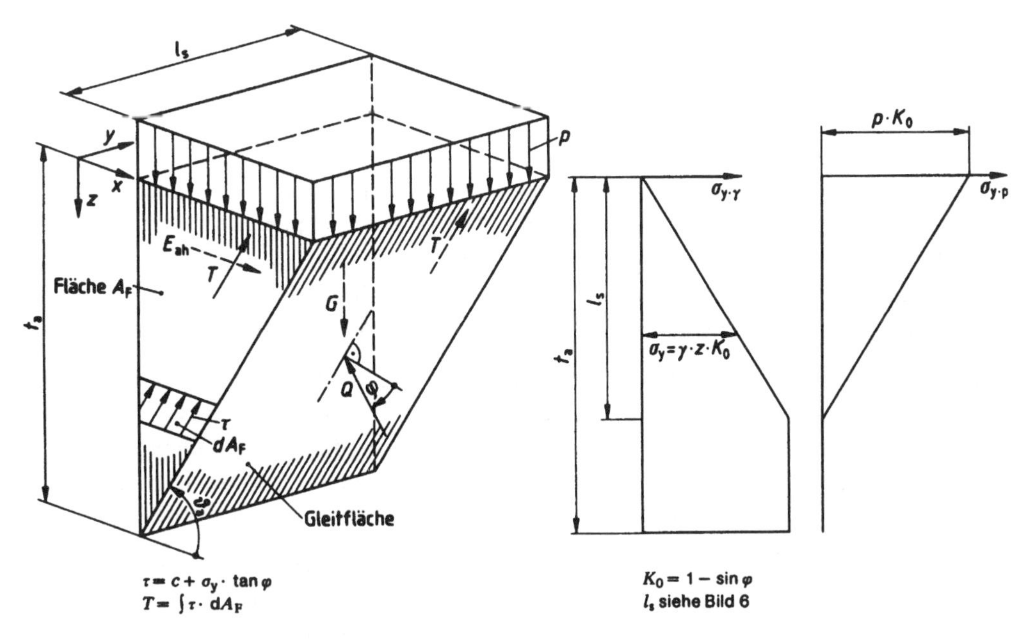

Bild 6.2 Näherung für den Bruchkörper und Ansatz der Kräfte [DIN 4126: 1986-08]

Auf den Nachweis der äußeren Standsicherheit darf bei Schlitzlängen $l_S \leq 3{,}5$ m (auch unmittelbar vor Gebäuden) unter folgenden Voraussetzungen verzichtet werden:

- Druckgefälle $f_{s0} \geq 200$ kN/m^2
- Stützkraftverlust < 5 %
- Abstand der flüssigkeitsgestützten Schlitze $\geq 2\ l_S$
- Nachbarbebauung: maximal 5 Geschosse, statisch einwandfreier Zustand
- Flüssigkeitsspiegel maximal 0,3 m unter GOK
- Wasserspiegel mindestens 3,5 m unter GOK
- lotrechte Wandlasten ≤ 10 kN/m^2
- Einbindetiefe der Fundamente $\geq 0{,}5$ m
- Schlitztiefe ≤ 20 m

In Anbetracht des Schadenspotentials bei Schlitzwandarbeiten unmittelbar vor Gebäuden und des vergleichsweise geringen Berechnungsaufwandes sind Standsicherheitsnachweise und Verformungsprognosen empfehlenswert.

Die Standsicherheitsnachweise der erhärteten Wand als Baugrubensicherung einschließlich der Beton- und Stahlbetonbemessung werden nach den einschlägigen Vorschriften behandelt. Für die Betonqualität soll maximal ein C 25/30 (B 25) angenommen werden. Bei einer Schlitzwand als Grundwasserabsperrung und unmittelbare Baugrubenumschließung sind die Spannungs- und Verformungszustände der einzelnen Bauteile der unterschiedlichen Bauzustände zu beachten.

6.2.3 Verfahrenstechnik

6.2.3.1. Verfahrensbeschreibung

Das Verfahren zur Herstellung von Schlitzwänden besteht im Wesentlichen aus den Prozessen „Schaffung eines Hohlraumes“ und „Einbau von Stoffen in den geschaffenen Hohlraum“. Bei Zweiphasen-Schlitzwänden kommt die „Aufbereitung und Entsorgung der Stützflüssigkeit“ hinzu. Das typische Verfahren zur Herstellung einer gefrästen Stahlbeton-Schlitzwand im Pilgerschrittverfahren ist im Bild 6.3 skizziert.

Bild 1: Oberhalb des Grundwasserspiegels erfolgt, ggf. nach einem Oberbodenabtrag, ein Voraushub zur Erstellung der Leitwände bis in eine Tiefe von ca. 1,5 m. Die Leitwände dienen zur Führung der Schlitzwerkzeuge, zur Gewährleistung der Standsicherheit und zur Haltung des Flüssigkeitsspiegels. Die Leitwände können in Ortbetonbauweise oder als Fertigelemente erstellt werden.

Bild 2: In der durch die Leitwände vorgegebenen Achse beginnt der Bodenaushub, hier mittels einer kontinuierlich, erschütterungsfrei arbeitenden Fräse. Der ausgefräste bzw. geförderte Boden wird sukzessiv durch eine stützende Flüssigkeit (Suspension) ersetzt und von dem Transportmedium separiert.

Bild 3: Die zulässige Lamellenlänge wird durch die Ausführung mehrerer Stiche realisiert. Die Stichbreite und -länge ist durch das Aushubwerkzeug vorgegeben. Die Stiche werden nacheinander nach Erreichen der jeweiligen Endteufe ausgeführt. Die Arbeitsfolge wird wesentlich durch die Standsicherheit des Schlitzes und die Eigenschaften der stützenden Flüssigkeit bestimmt.

Bild 4: Nach vollständigem Aushub wird in dem sogenannten Primärschlitz der Bewehrungskorb eingehängt. Um die seitliche Betonabdeckung zu gewährleisten, werden großflächige Abstandhalter oder langgestreckte Profilstähle an den Korb angebunden. Bei großen Tiefen kann es erforderlich werden, den Bewehrungskorb in mehreren Abschnitten (Schüssen) einzubauen.

Bild 5: Die Stützflüssigkeit wird gegen den Beton im Kontraktorverfahren ausgetauscht (Zweiphasen-Verfahren). Die vom Beton verdrängte Stützflüssigkeit wird abgepumpt, zur Wiederverwendung aufbereitet oder zur Deponierung abgefahren. Beim Einphasen-Verfahren verbleibt die Stützflüssigkeit im Schlitz und erhärtet. Zur Gewährleistung der Ausführungssicherheit wird eine langsam abbindende Rezeptur gewählt.

Bild 6: Nachdem die Primärschlitze abschnittsweise hergestellt sind und die Mindestfestigkeit des Betons erreicht ist, werden die dazwischen liegenden Sekundärschlitze ausgehoben und an die gesäuberten Fugen betoniert.

Bild 7: Die Bewehrung wird in die Sekundärschlitze eingehängt.

Bild 8: Die Sekundärschlitze werden im Kontraktorverfahren betoniert.

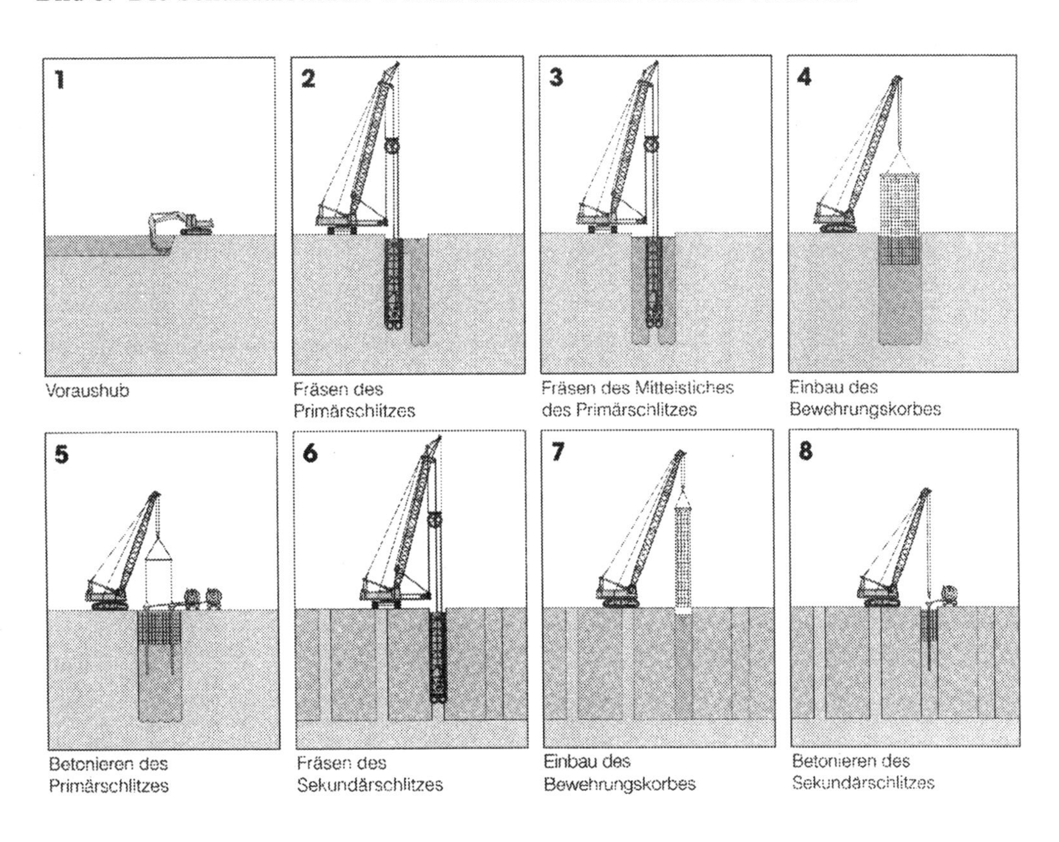

Bild 6.3 Phasen einer Schlitzwandherstellung[31]

[31] Fa. Bauer: Firmenprospekt

Die Reihenfolge der zu erstellenden Schlitze kann entweder im beschriebenen Pilgerschrittverfahren oder kontinuierlich erfolgen (Bild 6.4). In Abhängigkeit von der eingesetzten Dichtwandmasse können die Primärschlitze nach ca. 1 bis 2 Tagen angeschnitten werden.

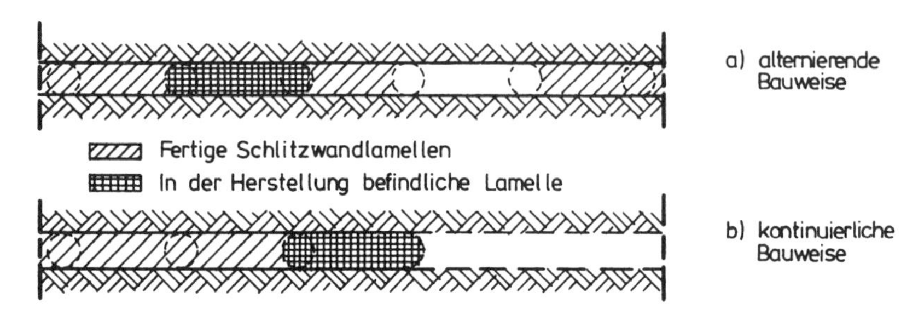

Bild 6.4 Arbeitsfolgen zur Herstellung einer Schlitzwand[32]

Die Arbeitsprozesse für das Bauverfahren „Schlitzwandherstellung“ sind in der Tabelle 6.5 im Überblick dargestellt. Die vorbereitende ingenieurtechnische Ausführungsplanung, die Eignungsnachweise für die vorgesehenen Baustoffe, die Qualitätssicherung und Prüfung (z. B. Nachweis der Barriere) werden nicht aufgeführt.

[32] Schnell, W.: Verfahrenstechnik zur Sicherung von Baugruben

Tabelle 6.5 Prozesse der Schlitzwandherstellung (Zweiphasen-Verfahren)

Prozess	Teilprozess	Gerät
Vorbereiten Trasse/Arbeitsfläche	- Räumen der Fläche, evtl. Erstellen des Arbeitsplanums - Transport und Lagerung des Materials	Bagger/Radlader/Raupe Lkw
Herstellen der Leitwand	- Voraushub: Ausheben, Laden, Abtransportieren oder Zwischenlagern - Ortbeton: Schalen, Bewehren, Betonieren - Alternativleistung Fertigteile: evtl. Erstellen und Einsetzen eines Mörtelbettes	Hydraulikbagger Lkw/Radlader Bagger Kleinwerkzeug Bagger, Kleinwerkzeug
Aushub des flüssigkeitsgestützten Schlitzes	- Antransport und Lagerung der Komponenten für die Stützflüssigkeit - Aufbereiten und Transportieren der Stützflüssigkeit - Aushub des Schlitzes - Eventualleistung Beseitigen von Hindernissen beim Aushub - Eventualleistung Ersatz des Verlustes an Stützflüssigkeit - Abtransport des Aushubes - Separierung/Aufbereitung der Stützflüssigkeit - Transport und Deponierung überschüssiger Suspension	Lkw, Silos Mischanlage, Pumpen, Schläuche/Rohre Trägergerät mit Greifer (oder Tieflöffel/Fräse) Greifer oder Meißel Mischanlage, Pumpen, Schläuche/Rohre (s. o.) Lkw Siebe, Zyklone, Pumpen, Absetzbecken Lkw
Fugenausbildung	- Abstellrohre: Einsetzen, Ziehen - Eventualleistung Fugenbänder: Einbauen	Bagger, Pressen Bagger
Herstellen der Schlitzwand	- Einhängen und Positionieren der Bewehrung in den Schlitz - Betonieren (Kontraktorverfahren)	Bagger/Kran Lkw (Transportbeton), Betonpumpe, Betonierrohre, Bagger

6.2.3.2. Gerätebeschreibung

Nachfolgend werden die verfahrensspezifischen Geräte und Werkzeuge zur Herstellung einer Schlitzwand beschrieben.

Zum Lösen des Bodens werden Seilgreifer, Hydraulikgreifer (geführt oder am Seil hängend), Tieflöffel und Fräsen verwendet:

Greifer

Die häufigsten Aushubwerkzeuge sind Schlitzwandgreifer, die in mechanische und hydraulische Greifer unterteilt werden. Die mechanischen Greifer bestehen aus einem Grundkörper, auswechselbaren Schaufeln und einem Rollensystem, über das hohe Schließkräfte erzeugt werden können. Diese Schlitzwandgreifer werden für Aushubtiefen bis zu 50 m vorgesehen. Geführte Hydraulikgreifer können dagegen nur bis zu einer Tiefe von 30 m eingesetzt werden.

In der Regel werden Zweiseilgreifer eingesetzt. Mit denen bei geringen Kosten und einer hohen Flexibilität eine vergleichsweise einfache Beseitigung von Hindernissen möglich ist. Wenn die Schließkräfte des Greifers zum Lösen des Bodens/Hindernisses nicht ausreichen, kann je nach Schaufelausführung optional ein Meißel installiert werden. Bei Seilgreifern kann eine Grabunterstützung nur durch das Eigengewicht des Gerätes erfolgen. Um zusätzliche Druckkräfte zu mobilisieren, werden an Stangen geführte Greifer (Kellygreifer) eingesetzt.

Gegebenenfalls kann der Greifer mit Neigungsmessern und Steuerklappen ausgerüstet werden, so dass eine Richtungskorrektur möglich ist. Die üblichen Gewichte von Schlitzwandgreifern liegen zwischen 10 und 15 t, falls erforderlich sind Greifergewichte bis zu 24 t einsetzbar. Die Aushubleistung beträgt in grobkörnigen Böden etwa 180 m²/d. Hydraulische Greifer benötigen zusätzliche Schlauchaufrollsysteme. Dies bedeutet jedoch eine Einschränkung der Wendigkeit und eine Erhöhung der Anschaffungs- und Betriebskosten.

Im Bild 6.5 ist ein mechanischer Schlitzwand-Greifer der Firma Bauer dargestellt:

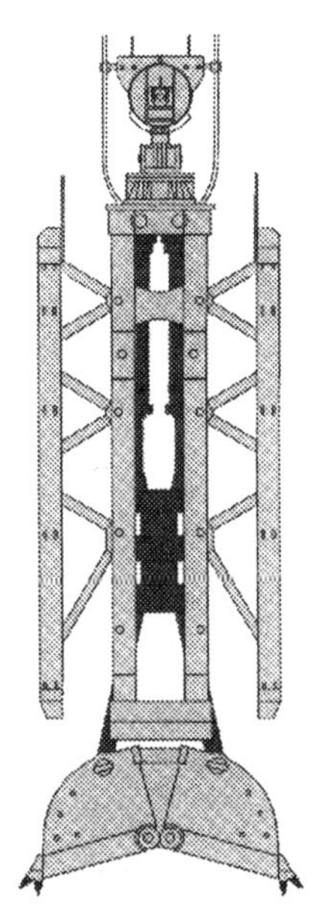

Bild 6.5 Mechanischer Schlitzwand-Greifer (Bauer DHG HD)[33]

Tieflöffel

Tieflöffelbagger können beim Schlitzwandaushub bis in Tiefen von 12 m eine hohe Leistungen erbringen. Diese Geräte sind Hydraulikbagger, die mit einem Tieflöffel an einem besonders langen Greifarm ausgestattet sind. Tieflöffelbagger werden eingesetzt, wenn die Standfestigkeit des flüssigkeitsgestützten Schlitzes den Aushub von ausreichend langen Lamellen ermöglicht.

Fräsen

Bei Schlitzfräsen werden zwei Funktionsweisen unterschieden. Entweder wird der Boden durch horizontal oder vertikal angeordnete, elektrisch oder hydraulisch angetriebene Fräsräder (Hersteller BAUER und Casagrande) gelöst oder das Lösen erfolgt durch Fräsketten (Hersteller Wirth). Im Bild 6.6 sind Fotos der verschiedenen Fräsesysteme zusammengestellt.

[33] Fa. Bauer: Firmenprospekt

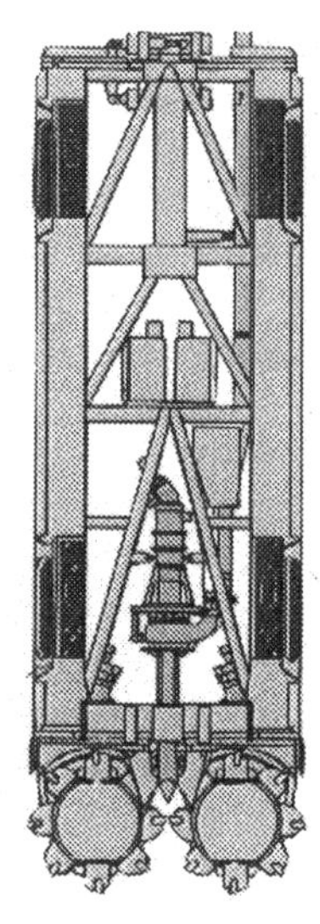

Bild 6.6 Frässystem Bauer BC 25 und Wirth SFG-LW 120[34]

Das Prinzip der Fräsräder wird im Bild 6.7 dargestellt. An den Fräsrädern befinden sich zum Lösen des Bodens Zähne oder Schaufeln, die bei einem Felsuntergrund durch Rollenmeißel ersetzt werden. Durch die beiden gegenläufig drehenden Fräsräder wird der Boden gelöst und zwischen den Rädern nach oben transportiert. Die Suspension übernimmt neben der stützenden Wirkung des Schlitzes die Aufgabe eines Transportmediums, durch das der Boden nach oben gefördert wird. An der Geländeoberfläche muss die Stützflüssigkeit aufbereitet werden, d. h. die Suspension wird vom Boden getrennt.

Wenn die Gefahr besteht, dass die Geräte durch ein plötzliches Antreffen von Bauwerksresten oder Findlingen im Baugrund beschädigt werden können, sind die Fräsen mit einer entsprechenden Ausrüstung zu versehen.

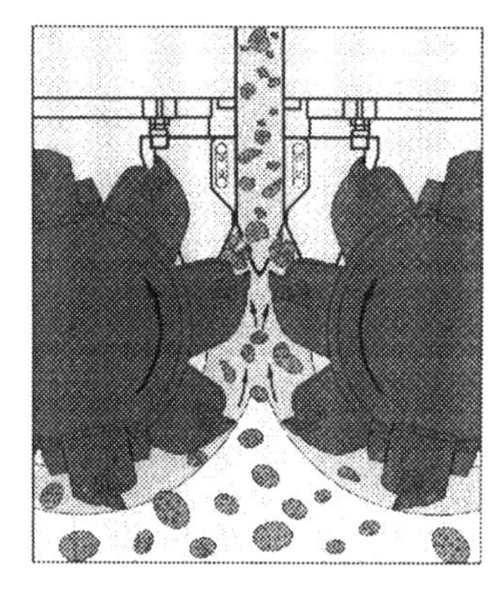

Bild 6.7 Schlitzwandfräse nach dem Prinzip Fräsräder (System BAUER)[35]

[34] Fa. Bauer: Firmenprospekt, Fa. Wirth: Firmenprospekt
[35] Fa. Bauer: Firmenprospekt

Die Fräsketten setzen sich aus Ketten, an denen Zähne bzw. bei Fels Rollenmeißel befestigt sind, Rollen und Führungsschienen zusammen. Durch die Zähne bzw. Rollenmeißel wird der Boden gelöst und über die Ketten in eine darüber liegende Fördereinrichtung transportiert.

Die Tabelle 6.6 gibt einen Überblick über die Einsatzbereiche sowie die Vor- und Nachteile der zuvor beschriebenen Aushubwerkzeuge.

Tabelle 6.6 Einsatzbereiche und Merkmale von Schlitzwandgeräten

	Seilgreifer	**Hydraulikgreifer (Kellystange)**	**Tieflöffel (Hydraulikbagger)**	**Fräsen**
Breite	0,4 - 1,2 m	0,5 - 2,0 m		500 - 3200 mm
Länge	2,4 - 4,3 m	2,0 - 4,2 m	"endlos"	2,2 - 5,0 m
Böden	Sande, Kiese, Geröllblöcke, feinkörnige Böden	Sande, Kiese, Geröllblöcke, feinkörnige Böden	Sande, Kiese, Geröllblöcke, feinkörnige Böden	Sande, Kiese, Fels
Tiefe	bis 50 m	bis 30 m	bis 12 m	bis 150 m
Merkmale	geringe bis mäßige Aushubleistung	mäßige Aushubleistung	hohe Aushubleistung	hohe Aushubleistung
	flexible Tiefenanpassung	Tiefenanpassung bedingt möglich	Tiefenanpassung kaum möglich	Tiefenanpassung bedingt möglich
	geringe Erschütterung	geringe Erschütterung	kaum Erschütterung	keine Erschütterung
	geringe Kosten	geringe Kosten	geringe Kosten	hohe Kosten
	keine Greiferführung, vergleichsweise geringe Lagegenauigkeit	steife Führung, mittlere bis hohe Lagegenauigkeit, Lageaufmaß	gute Tieflöffelführung, vergleichsweise mäßige Lagegenauigkeit	aktive Greifersteuerung, sehr hohe Lagegenauigkeit, Lageaufmaß
	gute Hindernisbeseitigung, schneller Wechsel auf Meißel	gute Hindernisbeseitigung, hohe Lösekraft, schneller Wechsel auf Meißel	mäßige Hindernisbeseitigung, geringe Lösekraft	Hindernisbeseitigung durch 2 Geräte erforderlich, potent. Geräteschäden
	kleine Arbeitsräume möglich	große Arbeitsräume notwendig	große Arbeitsräume notwendig	kleine Arbeitsräume möglich
			wenig Fugen	Anschnitt von Primär-Lamellen

Geräteträger

Als Geräteträger kommen i. d. R. Bagger auf Raupenfahrwerken mit einem Gewicht von 50 bis 150 t zum Einsatz. An diese Grundgeräte werden die Aushubwerkzeuge angebaut oder angehängt. Im Allgemeinen wird die komplette Aushubausrüstung bei den Systemlieferanten einschließlich der dazugehörigen Geräteträger mit sämtlichen aufeinander abgestimmten Komponenten bezogen.

Mischanlage

In der Mischanlage werden die Komponenten der Stützflüssigkeit Ton (Bentonit) und Wasser bzw. beim Einphasen-Verfahren Ton, Wasser und Zement nach der Rezeptur der Eignungsprüfung aufbereitet. Das Mischen erfolgt mit Chargenmischern oder kontinuierlichen Durchlaufmischern. Die Standardrezepturen bei Einphasen-Verfahren bestehen aus:

- 25 - 40 kg Bentonit
- 170 - 300 kg Zement
- 890 - 910 kg Wasser

Die üblichen Fertigmischungen, denen vor Ort lediglich Wasser zugegeben wird, setzen sich aus folgenden Bestandteilen zusammen:

- 180 - 300 kg Trockenmischung
- 890 - 940 kg Wasser

Der Beton, der beim Zweiphasen-Verfahren als Wandbaustoff dient, wird geliefert oder vor Ort in einer separaten Anlage hergestellt. Weitere Bestandteile der Aufbereitungsanlage sind Vorratsbehälter (Silos) für die Zwischenlagerung der Komponenten sowie der aufbereiteten Suspension, Waagen und Pumpen. Das Baustellenlabor für die produktionsbegleitende Qualitätssicherung (Eingangskontrolle, Prüfung der Baustoffparameter) und die Suspensionsleitungen (Rohre, Schläuche) können der Aufbereitungsanlage zugerechnet werden.

Die Mischanlage wird nach dem geplanten Arbeitsablauf unter Berücksichtigung der Suspensionsverluste und der Zuliefersituation hinsichtlich der Durchsatzleistung und Bevorratung dimensioniert. Übliche Größenordnungen sind Leistungen von über 50 m^3/h bzw. die 2,5-fache Tagesleistung und Vorratsbehältergrößen von 10 bis 12 m^3.

Aufbereitungsanlage

Die Aufbereitungsanlage zur Wiederverwendung gebrauchter Suspension ist neben den Grabwerkzeugen die wichtigste Komponente der Schlitzwandbauweise. In der Anlage werden die in der Suspension enthaltenden Feststoffe (Boden) separiert. Dieses Trennung wird beim Zweiphasen-Verfahren und insbesondere beim Einsatz von Schlitzfräsen, bei denen die Stützflüssigkeit als Transportmedium für den gelösten Boden verwendet wird, eingesetzt.

Die Effektivität der Anlage bestimmt den Erfolg der Baustelle. Eine Aufbereitungsanlage setzt sich aus Separiereinrichtungen (Rüttelsiebe, Zyklone für Kies- und Sandkornfraktionen, Zyklonsätze und Zentrifugen für Schluffkornfraktionen), Pumpen und Waagen zusammen. Die Durchsatzleistung der Aufbereitungsanlage sollte die Förderleistung um mindestens 10 bis 20 % übersteigen.

6.2.3.3. Informationen zur Leistungsberechnung

Nachfolgend werden verfahrensspezifische Merkmale zur Leistungsberechnung bei der Schlitzwandherstellung beschrieben.

- Herstellen der Leitwände

Nach der Vorbereitung der Trasse (Erdbau- und ggf. Abbruchleistungen sowie oberflächennahe Hindernisbeseitigungen, Leitungsumlegungen etc.) werden die Leitwände hergestellt. Als Tagesleistung können 20 m/AT für Ortbetonleitwände und 30 m/AT für Fertigteilleitwände angenommen werden. In der Regel werden Fertigteilleitwände bevorzugt eingesetzt.

- Lösen des Bodens und Aushub des Schlitzes mittels Fräsen

Einige Anhaltswerte für das Lösen des Bodens mittels einer Fräse sind im Bild 6.8 enthalten. Die Nettofräsleistung wird für verschiedene Fräsen in Abhängigkeit vom Boden (fein- bzw. grobkörnig) bzw. Fels (einaxsiale Druckfestigkeit) angegeben.

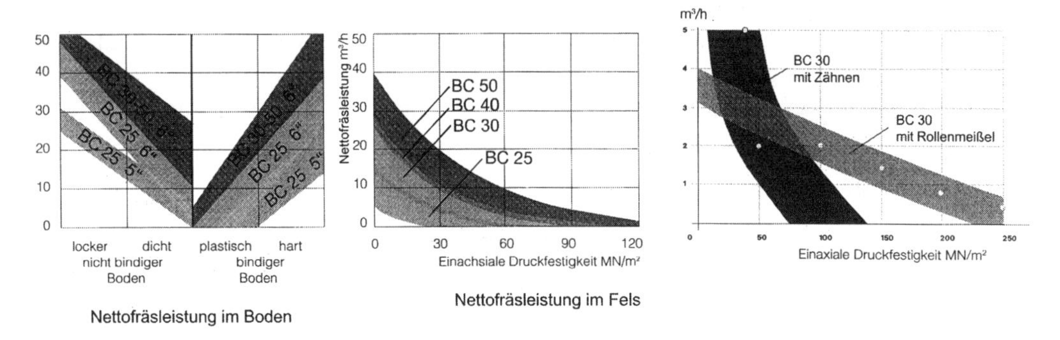

Bild 6.8 Fräsleistung verschiedener Geräte in Böden und Fels[36]

- Lösen des Bodens und Aushub des Schlitzes mittels Greifer

In Sanden und Kiesen ist mit Greifern bei Wandtiefen bis 20 m und Wandflächen von ca. 3.000 bis 5.000 m² eine wirtschaftliche Schlitzwandherstellung möglich. Tagesleistungen von mindestens 80 bis 100 m²/Gerät bis zu 200 m²/Gerät sind üblich.

[36] Fa. Bauer: Firmenprospekt

Unter günstigen Voraussetzungen (geringe Tiefe, leicht lösbarer Boden, große Schlitzlänge, großzügiger Arbeitsraum) sind Tagesleistungen zwischen 500 und 600 m^2/Gerät möglich. Mit Greifern können Felsblöcke bis zu 1 m Durchmesser geborgen werden. Wenn Hindernisse (Felsblöcke/Findlinge), die größer als 1 m sind, zerkleinert werden müssen (Meißelarbeiten), kann die Aushubleistung auf unter 3 m^2/h sinken.

6.2.3.4. Anmerkungen zur Leistungsbeschreibung

Die Verteilung der einzelnen Teilleistungen auf die Positionen des LV's sollten sich an den Teilprozessen bzw. mit diesen im Zusammenhang stehenden Teilleistungen orientieren.

In der VOB/C werden durch die DIN 18 313 „Schlitzwandarbeiten mit stützenden Flüssigkeiten" Hinweise für die Leistungsbeschreibung gegeben. Neben dem Beschreibungsumfang der Umwelt- bzw. Umgebungsbedingungen und der zu erwartenden Erschwernisse ist die Beschreibung der anstehenden Bodenarten geregelt. Die Bodeneinteilung erfolgt nach DIN 18 300 „Erdarbeiten". Diese Einteilung ist für die Wahl des Ausführungssystems und die Preisfindung von Bedeutung, da die Parameter in erheblichem Maße von der Bodenbeschaffenheit abhängen.

Ferner sollte eine genaue Beschreibung der im Boden vorhandenen chemischen Stoffe vorliegen, um Maßnahmen zur Ausbildung der Schlitzwandmasse abschätzen und eventuell Maßnahmen zum Schutz der Arbeiter berücksichtigen zu können. Aufgrund der hohen Qualitätsanforderungen (insbesondere bei kontaminierten Böden) sollen neben den Anforderungen an die Dichtwand folgende Einzelheiten zur Qualitätskontrolle vertraglich festgehalten werden sollten:

- Umfang der durchzuführenden Prüfung
- Art der Prüfung
- Anzuwendendes Prüfverfahren

In diesem Zusammenhang werden auch quantifizierbare Angaben über die Art und die Eigenschaft der Dichtwandmasse, zulässige Toleranzen und insbesondere über die zu erzielende Dichtigkeit festgelegt.

Bei der Leistungsbeschreibung von Dichtwänden ist es in der Praxis üblich für die Dichtmasse Alternativpositionen zum Variieren des Mischungsverhältnisses auszuschreiben.

Bei Schlitz- bzw. Dichtwandarbeiten können größere Suspensionsverluste als erwartet auftreten. Die Frage der Vergütung des Mehrverbrauchs oder ggf. der Anpassung von Rezepturen und Verfahren wird häufig diskutiert. Um Streitigkeiten zu vermeiden, ist auf eine genaue Protokollierung zu achten. Die Art und der Umfang der Protokollierung sowie die Vergütung des Mehrverbrauchs sollen in der Leistungsbeschreibung geregelt werden.

Neben den in der VOB/C festgelegten Bedingungen wurden spezielle technische Bedingungen entwickelt, nach denen weitere Vereinbarungen getroffen werden können. Diese ergänzenden Bedingungen können zusätzlich vereinbart werden.

Spezielle Technische Bedingungen für Schlitzwandarbeiten (STB-SW)[37]

1. Nebenleistungen
   (1) Einhalten der planmäßigen Höhe der Schlitzwandoberkante, zulässige Toleranz: –10 bis +50°cm
   (2) Einbauen der Bewehrungskörbe mit einer Höhentoleranz von ±2 % der Korblänge
   (3) Stützflüssigkeits- und Betonmehrverbrauch bis zu 10 % des theoretischen Schlitzvolumens

2. Besondere Leistungen
   (1) Lieferung und Einbau von Aussparungen und der hierfür notwendigen Anschlussbewehrung
   (2) Bodenbedingter Stützflüssigkeits- und Betonmehrverbrauch bei überschreiten des Richtwertes nach DIN 18 313
   (3) Anpassung der Stützflüssigkeit bei vom LV abweichenden Baugrundverhältnissen
   (4) Abstemmung des Überbetons an der Schlitzwandoberkante bis zur plangemäßen Höhe, Erstellung der Anschlussbewehrung und Beseitigung der anfallenden Materialien
   (5) Beseitigung der unbrauchbaren Stützflüssigkeit und des mit Stützflüssigkeit vermengten Bodens
   (6) Herstellung und Abbrechen der Leitwände sowie Beseitigung des anfallenden Materials
   (7) Reinigung der freigelegten Ansichtsflächen, Abstemmung von Vorwüchsen sowie Beseitigung des anfallenden Materials
   (8) Freilegung von Aussparungskörpern und Anschlussbewehrungen in der Schlitzwand sowie Beseitigung des anfallenden Materials

3. Aufmaß und Abrechnung
   Ergänzend zu ATV DIN 18 313, Abschnitt 5:
   Stahlgewicht: unter Ansatz der statisch erforderlichen und konstruktiven Einbauteile

Abweichend davon legen die „Speziellen Technischen Bedingungen“ für Dichtwandarbeiten im Einmassenverfahren eine gesonderte Vergütung erst bei einem Dichtmassenmehrverbrauch über 40 % fest.

[37] Englert, K., Grauvogel, J., Maurer, M.: Handbuch des Baugrund- und Tiefbaurechts

6.2.4 Qualitätssicherung

Um bei der Schlitzwandherstellung einen reibungslosen Ablauf und eine hohe Qualität der Bauausführung zu erzielen, sind die im Kapitel 7.2 aufgeführten bauvorbereitenden Maßnahmen erforderlich. Während der Bauausführung sollen folgende Punkte beachtet werden:

- Prüfung des Schlitzwandansatzpunktes nach Lage und Richtung
- Kontrolle der Eigenschaften der Suspension (z. B. Dichte, Fließverhalten)
- Kontrolle der Suspensionsspiegelhöhe im Schlitz
- Kontrolle der erhärtenden Suspension (Festigkeit, Durchlässigkeit)
- Bewehrungsabnahme
- Vermessung des offenen Schlitzes: z. B. Vertikalität (Inklinometermessung), Tiefe (Seillot)
- Messtechnische Beobachtung (Setzungen)

Nach der Durchführung der Arbeiten können folgende Maßnahmen vorgesehen werden:

- Kernbohrungen
- Endvermessung des Schlitzes und der Anschlussbewehrung
- Erd- und Wasserdruckmessungen
- Setzen, Beobachten und Auswerten von Messmarken
- Bestimmung der Dichtigkeit des Gesamtsystems über Großpumpversuche
- Vermessung der Nachbargebäude

Sämtliche Kontrollen sollen verpflichtend vorgegeben und deren Ergebnisse in einem Protokoll festgehalten werden. Wenn eine Schlitzwand auf lange Zeit alle Aufgaben (z. B. geringe Wasserdurchlässigkeit, hohe Beständigkeit gegen aggressive Stoffe, gute Verformbarkeit, hohe Erosionsstabilität) erfüllen muss, werden besonders hohe Anforderungen an die Qualitätssicherung gestellt. Eine ständige Kontrolle durch Eigen- und Fremdüberwachung ist dann auf der Baustelle erforderlich. Zusätzlich können stichprobenartige Prüfungen durch eine Überwachungsbehörde vorgesehen werden. Die bauseitigen Produktionsnachweise (Schlitzprotokolle) sollen arbeitstäglich durch die Bauüberwachung auf Vollständigkeit und Plausibilität geprüft werden.

6.2.5 Beispiel

Situationsbeschreibung

Die Abmessungen in der Achse der Schlitzwand betragen, wie im Grundbeispiel (vgl. Kapitel 3.2), 15 m * 30 m. Alle Bodenkennwerte werden als bekannt vorausgesetzt.

Die Schlitzwand wird in diesem Beispiel nicht nur als Baugrubensicherung und Wasserabsperrung sondern zusätzlich als Gebäudebestandteil genutzt. Daher ist eine Nachbehandlung der Wand erforderlich. Die Nachbehandlung ist nicht Gegenstand der Kalkulation.

Bei der Schlitzwandherstellung ist die Genauigkeit der Vertikalität und die Wasserdichtigkeit von Bedeutung. Die Schlitzwand soll eine Stärke von 60 cm haben und wird im Greifer-Verfahren erstellt. Als Leitwand wird ein Fertigteil gemäß Bild 6.9 verwendet.

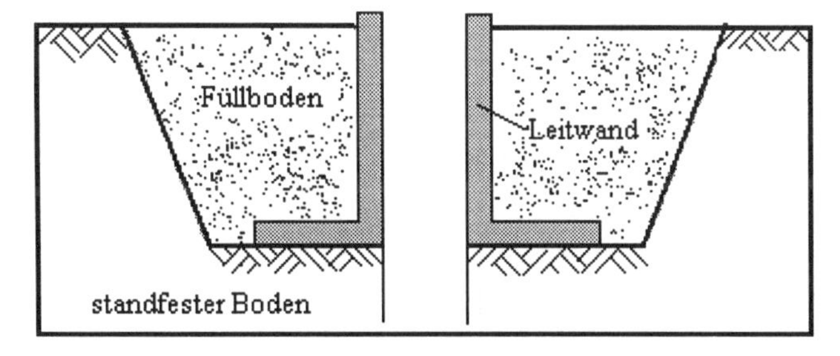

Bild 6.9 Ausführungsform der Leitwand

Leistungsbeschreibung

Tabelle 6.7 Leistungsverzeichnis

Leistungsverzeichnis				
Pos. Nr.	**Bezeichnung**	**Menge**	**EP [DM]**	**GP [DM]**
1	Einrichten und Räumen der Baustelle Vorhalten der Baustelleneinrichtung für sämtliche in der Leistungsbeschreibung aufgeführten Leistungen Sanitäre Einrichtungen, Unterkünfte, Wasser- und Stromanschluss werden vom Generalunternehmer gestellt	1 psch	40.624,69	40.624,69
2	Doppelseitige Leitwand nach Wahl des AN liefern, einbauen, hinterfüllen und entfernen Schlitzbreite: 60 cm, Vorhalten der Leitwand für die Dauer der Ausführung, anfallender Boden der Bodenklasse 3 und 4 (DIN 18300) seitlich lagern bzw. zur Lagerstelle (Entfernung 2 km) abtransportieren eventuell anfallendes Abbruchgut beseitigen	90 m	190,56	17.150,40
3	Herstellen der Schlitzwand (DIN 18 313) im Kontraktorverfahren nach DIN 1045 als Verbau und Bauwerksbestandteil, einschl. Aushub der einzelnen Lamellen Lamelen: Länge bis 4 m, Dicke 60 cm, Tiefe 13 m, C 25/30 (B 25), wasserundurchlässig Verfestigung und Beseitigung des anfallenden Bodens (Bodenarten Klasse 3 und 4, DIN 18300) durch Entzug der Flüssigkeit, Bodengutachten liegt vor Einfüllen und beseitigen der Stützflüssigkeit, Ausführung gemäß Zeichnung – Nr. ... Bewehrung, Aussteifungen und Verankerungen werden gesondert vergütet Bes. Anforderungen: Genauigkeit der Vertikalität von < 0,7 %, kapillare Durchfeuchtung < Verdunstung	1170 m²	303,05	354.568,50
Titel	Schlitzwand	Summe Netto		412.343,59 DM
		16 % MwSt.		65.974,97 DM
		Angebotssumme		478.318,56 DM

Mengenermittlung zur Leistungsbeschreibung

Pos. 2: Die Länge l der aufzustellenden doppelseitigen Leitwand beträgt in Achse der Baugrubenwand: $2 * (15\text{ m} + 30\text{ m}) = \underline{90\text{ m}}$

Pos. 3: Die Kosten der Schlitzwandherstellung werden über die Fläche der Wand in Achse der Baustellenabmessung ermittelt. Die Wandfläche ergibt sich bei einer Aushubtiefe von 13 m zu: $2 * (15\text{ m} + 30\text{ m}) * 13\text{ m} = \underline{1170\text{ m}^2}$

Bauverfahren und zugehörige Leistungswerte

Aufschüttungen zur besseren Befahrbarkeit sowie zusätzliches Verfüllmaterial für das Hinterfüllen der Leitwände wird nicht benötigt, da der anstehende Mittelsand dazu geeignet ist.

Geräteauswahl: Für die Schlitzwandherstellung werden folgende Geräte gewählt:

- 200 kW Seilbagger „Liebherr 832D“ mit Greifer und Fallmeißel
- 53 kW Seilbagger „Sennebogen 815“ mit Grundausleger und Ziehgerät
- 12,7 kW Mischanlage „Chargenmischer Obermann MPR 800“

Die Baggergrundgeräte sind bei der Verwendung von Schlitzwandgreifern i. d. R. mit stärkeren Motoren ausgestattet. Dadurch ergeben sich andere Werte als in der BGL.

Die Auswahl des Seilbaggers und des Greifers wurde nach Angaben eines Spezialtiefbauunternehmens getroffen. Die Mischanlage wurde mit einer Durchsatzleistung von 16 m^3/h gewählt, um Spitzenleistungen abdecken zu können. Da eine Leistung von 3 Lamellen/AT angestrebt wird, sind 3 Paare Abschalrohre vorzusehen.

Zeitaufwand: Es wird im vorliegenden Beispiel aus terminlichen Gründen davon ausgegangen, dass pro Tag 11 h gearbeitet wird.

Die Leitwände werden aus Betonfertigteilen hergestellt. Das Aufstellen und Einmessen der Leitwand mit Hilfe eines Radladers wird von einer Kolonne von 3 AK durchgeführt. Für die Kalkulation wurden Erfahrungswerte einer Bauunternehmung herangezogen. Die erforderlichen Erdarbeiten werden dabei nicht berücksichtigt.

Der Aufwandswert für das Aufstellen und Einmessen der Leitwand beträgt: 0,9 h/m

Damit ergibt sich eine Tagesleistung von:

$$\frac{11h}{0{,}9\,h/m} * 3\,AK = 36{,}7\,m/AT$$

Bei einer erforderlichen Länge von 90 m berechnet sich die Dauer des Bauabschnittes zu: <u>2,5 AT</u>

Der Zeitraum für das Abbauen der Leitwand wurde mit 1,5 Tagen festgelegt. Daraus ergibt sich ein Aufwandswert von:

$$\frac{1{,}5\,AT * 11\,h/AT}{90\,m} = 0{,}18\,h/m$$

Beim Erstellen der Schlitzwand wird eine Tagesleistung von 150 m^2/Tag angestrebt. Hierfür ist ein dreimaliges Abteufen des Greifers notwendig. Die Leistung für das Herstellen einer Lamelle mit den folgenden Abmessungen errechnet sich wie folgt:

Abmessungen einer Lamelle:	Breite b:	3,40 m
	Tiefe t:	13,0 m
	Dicke d:	0,60 m

Daraus ergibt sich eine Fläche pro Lamelle von:

A = 3,4 m * 13,0 m = 44,2 m^2

Die Herstellung der Bewehrung wird von einer zweiten Kolonne übernommen. Die Bewehrungskörbe werden als Ganzes auf die Baustelle geliefert.
Die Aufwandswerte betragen:

- Bewehrungsgrad: 0,05 t/m^3
- Bewehrungskörbe herstellen: 10 h/t

Der Einbau der Bewehrung dauert ca. 30 Min./Lamelle, inklusive Setzen der Abschalrohre. Alle drei Arbeiter sind mit dieser Aufgabe beschäftigt. Die Bewehrung wird mit einem zweiten Bagger eingesetzt, um ein Umrüsten zu vermeiden. Damit ergibt sich ein Aufwandswert von:

$$\frac{0{,}5\,h}{44{,}2\,m^2} * 3\,AK = 0{,}03\,h/m^2$$

Das Ziehen des Abschalrohres dauert ca. 10 Min.:

$$\frac{0{,}17\,h}{44{,}2\,m^2} * 3AK = 0{,}01\,h/m^2$$

Für das Betonieren werden ca. 2 h/Lamelle angesetzt:

$$\frac{2{,}0\,h}{44{,}2\,m^2} * 3\,AK = 0{,}14\,h/m^2$$

Bei einem Ansatz einer Nettoaushubleistung des Greifers von 50 m^3/h ergibt sich der Zeitaufwand/m^2 zu:

$$\frac{1}{50\,m^3/h * 1{,}67\,m^2/m^3} = 0{,}012\,h/m^2$$

Für das An- und Abfahren der Geräte und die auftretenden Wartezeiten werden 60 Min. angesetzt:

$$\frac{1{,}0\,h}{44{,}2\,m^2} * 3\,AK = 0{,}06\,h/m^2$$

Insgesamt werden alle anfallenden Schlitzarbeiten mit folgendem Arbeitsaufwand berücksichtigt:

0,03 + 0,01 + 0,14 + 0,012 + 0,06 = <u>0,25 h/m^2</u>

Daraus ergibt sich, dass pro Arbeitstag eine Fläche von

$$\frac{11\,h/AT}{0{,}25\,h/m^2} * 3\,AK \qquad = \underline{132\ m^2/AT}$$

erstellt wird.

Dieser Wert entspricht einer Fläche von 3 Lamellen:

$3 * 3{,}40\ m * 13\ m = 133{,}0\ m^2$

Bei einer zu erstellenden Schlitzwandfläche von $1170\ m^2$ ergibt sich die Dauer des Bauabschnittes zu:

$1170\ m^2 / (132\ m^2/AT)$ 9 AT

Aus diesen Berechnungen folgt eine voraussichtliche Dauer der Baumaßnahme von:

- Baustelleneinrichtung: 2,0 AT
- Aufbau der Leitwand: 2,5 AT
- Abbau der Leitwand: 1,5 AT
- Schlitzwandherstellung: 9,0 AT
- Pufferzeit: 1,0 AT
- Gesamt: 16 AT

Personalaufwand: Die eingesetzte Kolonne setzt sich wie folgt zusammen:

1 Baggerführer, 1 Maschinenführer, 1 Facharbeiter

Sonstige Kosten: Die Kosten der Betonfertigteilleitwand werden erfahrungsgemäß mit 250 DM/m angenommen. Dieser Betrag wird nur zu 1/3 in Ansatz gebracht, da davon ausgegangen wird, dass die Leitwand auf insgesamt drei Baustellen eingesetzt wird.

Bei der Aufbereitung der Suspension ist mit einem Verlust, der sich aus Filtratverlusten und der nicht wiederverwendbaren Suspension zusammen setzt, zu rechnen. In diesem Beispiel wird dieser mit 30 % (Faktor 1,3) abgesetzt.

Das mit Suspension auszufüllende Volumen in der Achse der Schlitzwand beträgt je Lamelle:

$V = t * b * l = 13\ m * 0{,}6\ m * 3{,}4\ m = 26{,}5\ m^3$

Unter Berücksichtigung eines Sicherheitsfaktors und üblicher Verluste errechnet sich die je Lamelle vorzuhaltende Suspensionsmenge zu:

$V = 1{,}3 * 26{,}5\ m^3 = 34{,}5\ m^3$

Die auf einen m^2 Schlitzwand bezogenen Kosten der Suspension betragen:

Feststoffe: $0{,}04\ t/m^3 * 200\ DM/t * 0{,}6\ m^3/m^2 * (34{,}5\ m^3 / 26{,}5\ m^3) = 6{,}25\ DM/m^2$

Wasser: $1\ m^3/m^3 * 2{,}5\ DM/m^3 * 0{,}6\ m^3/m^2 * (34{,}5\ m^3 / 26{,}5\ m^3) = 1{,}95\ DM/m^2$

$\Sigma = 8{,}20\ DM/m^2$

Der Betonpreis liegt, bei einer Entfernung des nächsten Betonwerkes von 5 bis 8 km, ca. bei $150\ DM/m^3$. Aufgrund des Übermaßes der Schlitzwand werden 10 % Mehrverbrauch einkalkuliert. Der Stahlpreis für die Bewehrung wird mit 1.150 DM/t angesetzt. Die Lieferkosten für den Stahl werden im Beispiel vernachlässigt. Die Entsorgungskosten der Suspension und des mit Suspension vermengten Bodens liegt bei $70\ DM/m^3$.

Die Container sowie der Bentonit- und der Wasserbehälter werden aufgrund des erforderlichen Auf- und Abbaus in der Baustelleneinrichtung berücksichtigt. Der Aufwandswert für das Auf- bzw. Abbauen der Behälter wird entsprechend dem Aufwandswert für einen Container gewählt.

Kosten- und Preisermittlung

Tabelle 6.8 Zusammenstellung der Tonnagen und monatl. Vorhalte- und Betriebsstoffkosten je Pos.

Pos. Nr.	Bezeichnung		Geräte		Leis-tung	Auslas-tung	Betriebs-stoffe	Geräte-kosten
			klein	groß				
		BGL-Nr.	t	t	kW	%	DM/h	DM/Mon.
1	Laborcontainer	9413-0060		2,50				553,00
	Materialcontainer	9415-0060		2,20				197,00
	Bentonitbehälter	4851-0032		5,00				1.046,00
	Wasserbehälter	4850-0100		1,40				172,00
	Radlader	3330-0035		3,80	35	80	6,90	5.081,00
	Kleingerät		0,50					2.000,00
Summe Pos. 1			**0,50**	**14,90**			**6,90**	**9.049,00**
2	Leitwand: (90 m * 1,25 t/m)			112,5				
Summe Pos. 2				**112,5**				
3	Seilbagger	3110-.......		40,00	200	70	34,50	20.046
	Greifer	4220-.......		8,25	12,7	70	2,13	7.407
	Mischanlage	2565-0150		3,80				1.879
	Aufbereitungsanlage	1195-2200		3,80	9,4	70	1,58	3.363
	Förderschnecke	1270-1502	0,20		1,1	50	0,14	133
	Pumpe	2563-0610	0,62		10	50	1,23	1.347
	Ziehgerät	4221-1000		10,20	30	30	2,22	5.926
	Seilbagger	3110-.......		20,13	53	60	7,80	7.907
	Abschalrohre	3110-.......		10,20				3.730
	Schlitzwand-meißel	4222-0600		5,70				2.772
	Betonierrohr	2530-.......	0,32					130
Summe Pos. 3			**1,14**	**102,1**			**49,60**	**54.640,00**
Summe der gesamten Tonnage:			**1,64**	**229,5**				

Tabelle 6.9 Einzelkosten der Teilleistung

Einzelkosten der Teilleistungen					
Pos. Nr.	Teilleistungen und Kostenentwicklung	Kosten je Einheit			
		Lohn [Std.]	Sonstige Kosten [DM]	Geräte-miete [DM]	Fremd-leistung [DM]
1	**1psch Baustelleneinrichtung**				
	Transportkosten:				
	2*(1,64 t + 229,48 t) * 35 DM/t		16.178,40		
	Laden auf der Baustelle:				
	2 * 1,64 t * 1 h/t + 2 * 229,48 t * 0,15 h/t	72,12			
	Laden auf dem Bauhof:				
	2 * 1,64 t * 40 DM/t + 2 * 229,48 t * 10 DM/t		4.720,80		
	Auf- und Abbau der Container:				
	4 Stück * 2 h	8,00			
	Gerätevorhaltekosten:				
	(9.049 DM/Mon. / 21 AT/Mon.) * 16 AT			6.894,48	
	Betriebsstoffkosten:				
	6,90 DM/h * 11 h/AT * 16 AT		1.214,40		
Summe Pos. 1		**80,12**	**22.113,60**	**6.894,48**	
2	**90 m Leitwand herstellen (C 25/30 (B 25), d = 25 cm, h = 0,8 m)**				
	Aufstellen: 0,9 h/m	0,90			
	250 DM/m / 3		83,33		
	Abbau: 0,18 h/m	0,18			
Summe Pos. 2		**1,08**	**83,33**		
3	**1170 m² Schlitzwand herstellen (C 25/30 (B 25), d = 0,6 m, h = 13 m)**				
	Lohnstunden der Schlitzwandkolonne:				
	Aushub, Suspension einfüllen, Bewehrung einstellen, Betonieren etc.	0,25			
	Suspension		8,20		
	Beton: 150 DM/m³ * 1,1 * 0,6 m³/m²		99,00		
	Bewehrung:				
	0,05 t/m³ * 0,6 m³/m² * 1.150 DM/t)		34,50		
	0,05 t/m³ * 0,6 m³/m² * 10 h/t	0,30			
	Gerätevorhaltekosten:				
	54.640 DM/Mon. / 21 AT/Mon. * 16 AT * (1/1170m²)			35,46	
	Betriebsstoffkosten:				
	49,60 DM/h * (11 h/AT / 133 m²/AT		4,10		
	Entsorgung: 70 DM/m³ * 0,6 m³/m²		42,00		
Summe Pos. 3		**0,55**	**187,80**	**35,46**	

Tabelle 6.10 Einheitspreisbildung

Einheitspreisbildung					
	Lohn [h] * 65,41[DM/h] + 40 % = 91,57 [DM/h]	Sonstige Kosten + 10 %	Geräte-kosten + 30 %	Fremd-leistung + 10 %	Einheits-preis
	[DM/E]	[DM/E]	[DM/E]	[DM/E]	[DM/E]
Position	①	②	③	④	∑ ①-④
Pos. 1 Baustelleneinrichtung 1 pauschal	80,12 * 91,57 = 7.336,91	22.113,60 *1,1 = 24.324,96	6.894,48 *1,3 = 8.962,82		40.624,69
Pos. 2 Leitwand 90 m	1,08 * 91,57 = 98,90	83,33 *1,1 = 91,66			190,56
Pos. 3 Schlitzwand 1170 m²	0,55 * 91,75 = 50,37	187,80 *1,1 = 206,58	35,46 *1,3 = 46,10		303,05

6.3 Spundwand

6.3.1 Technische Grundlagen

Bei der Spundwandbauweise wird zwischen Holz-, Stahlbeton- und Stahlspundwänden unterschieden. Im Allgemeinen und als Grundwasserabsperrung im Besonderen sind statisch und rammtechnisch sowie hinsichtlich der Ausführbarkeit (Dichtigkeit, Verfügbarkeit von Geräten und Baustoffen, Erfahrung der Ausführenden, Wettbewerbssituation etc.) Stahlspundwände oft die geeignete Lösung. Im Folgenden werden deshalb ausschließlich Stahlspundwände behandelt.

Stahlspundwände bestehen aus einzelnen, untereinander durch sog. Schlösser verbundenen Spundbohlen. Die Bohlen werden als biege- und knicksteife Elemente zumeist als Doppel- oder Dreifachbohlen in den Baugrund gerammt, gepresst oder einvibriert. Die Dicke der Bohlen beträgt bis 40 mm, die Breite bis 75 cm und die Länge bis 36 m. Zusätzlich zu den statischen Belangen der Baugrubensicherung muss der Einfluss der Rammbeanspruchung bei den vorhandenen Untergrundverhältnissen und den gewählten Geräten sowie ein eventueller Rückbau mit Wiederverwendung bei der Auswahl der Profile berücksichtigt werden. Zudem ist die zulässige Durchbiegung, auch hinsichtlich der Dichtheit der Schlossverbindungen, sowie (als Bauwerkselement) die Dauerhaftigkeit zu berücksichtigen. Schließlich sind bei der Projektierung und Ausführung Lärmschutz und Auswirkungen von Erschütterungen zu beachten.

Stahlspundwände sind wegen des erforderlichen Spielraumes in den Schlossverbindungen, abgesehen von Sonderkonstruktionen, nicht vollständig wasserdicht. Im Laufe der Zeit stellt sich jedoch oft eine natürliche Dichtung infolge einer Korrosion mit Verkrustung sowie bei sinkstoffführendem Wasser durch Ablagerung von Feinteilen ein. Zusätzlich können Spundwandschlösser vor oder nach dem Einbau z. B. durch Aufbringen einer Dichtung, Verpressungen, Dichtschweißen oder Verstemmen der Fugen künstlich abgedichtet werden. Im Besonderen ist auf eine ausreichende Abdichtung von Durchdringungsstellen, beispielsweise bei Ankern, zu achten. Wenn Undichtigkeiten in der Spundwand die vertraglichen Leistungen beeinträchtigen, sind die zu treffenden Maßnahmen gemeinsam vom Auftraggeber und –nehmer festzulegen. Die Baugrube querende Ver- und Entsorgungsleitungen müssen i. d. R. umgelegt werden oder im Grundwasser sind dort (unterhalb der Leitungen) zusätzliche und oft aufwändige Abdichtungen, beispielsweise Injektionen, erforderlich.

Die erforderliche Quersteifigkeit der Baugrubensicherung kann durch zusätzliche Konstruktionsglieder wie Gurte und Holme sichergestellt werden. Die Stützung der Baugrubenwände erfolgt durch Steifen oder Anker bzw. Zugpfähle oder bei kleineren Baugruben allein durch eine umlaufende Gurtung.

Wenn der Verbau große Widerstandsmomente aufnehmen muss, sind kombinierte Stahlspundwände häufig eine wirtschaftliche Lösung. Bei kombinierten Stahlspundwänden werden wechselweise verschiedene Profile (lange, schwere Tragbohlen bzw. kurze, leichte Zwischenbohlen) angeordnet. Alternativ können Profilverstärkungen durch aufgeschweißte Lamellen oder angeschweißte Schlossstähle sowie hochfeste, schweißgeeignete Stahlsorten verwendet werden.
Die Hauptmerkmale der Spundwandbauweise sind:

- sofortiger Baubeginn
- einfacher und gut überschaubarer Geräteeinsatz
- geringer Personalaufwand
- schneller Baufortschritt
- weitgehende Unabhängigkeit von Witterungseinflüssen
- Möglichkeit, die Spundwand wieder aus dem Boden zu entfernen

Bei Stahlbauwerken im Wasser und an der Luft ist die Korrosion zu berücksichtigen. Im Süßwasser ist Korrosion mit 0,012 mm pro Jahr sehr gering. Bei verunreinigtem Süßwasser, Brack- und Seewasser oder bei wechselnden Wasserständen beträgt die Abrostungsrate bis 0,12 mm pro Jahr. Als Maßnahmen zum Korrosionsschutz kommen beispielsweise Beschichtungen, Legierungszusätze oder ein kathodischer Korrosionsschutz zur Anwendung. Außerdem kann die Nutzungsdauer durch eine Überdimensionierung und/oder durch konstruktive Maßnahmen (z. B. vollständiges Hinterfüllen der Spundwand mit sauberem Sand) verlängert werden.

Neben den einschlägigen Regelwerken sind bei der Spundwandherstellung insbesondere die Empfehlungen des Arbeitsausschusses „Ufereinfassungen“ (EAU) sowie die Empfehlungen des Arbeitskreises „Baugruben“ (EAB) zugrunde zu legen. Des Weiteren geben Handbücher der Produzenten/Lieferanten Hinweise zur Planung, Dimensionierung und Ausführung von Spundwänden.

6.3.2 Nachweis und Dimensionierung

Für den Nachweis und die Dimensionierung von Spundwänden werden heute regelmäßig Computer-Programme verwendet. Im Folgenden wird für Vordimensionierungen und Plausibilitätsprüfungen das einfach zu handhabende, ausreichend genaue und universell anwendbare grafische Verfahren von Blum exemplarisch für eine einfach verankerte Spundwand vorgestellt. Im Übrigen wird auf die einschlägigen Vorschriften und Literaturstellen verwiesen.

Grafisches Verfahren von Blum (EAU)

Das Verfahren nach Blum setzt voraus, dass die Verschiebung/Deformation des Verbaus groß genug ist, um den Erdruhedruck auf den aktiven Erddruck zu reduzieren (Coulomb'sche Erddrucktheorie). Zudem muss die Fußverschiebung der Wand den passiven Erddruck mobilisieren. Diese Voraussetzung ist i. d. R. nicht erfüllt, da zur Aktivierung des vollen Erdwiderstandes sehr große Verformungen erforderlich sind.

Das grafische Verfahren von Blum lässt sich in Teilschritte gliedern.

- Berechnung der Erd- und Wasserdruckfläche

Die maßgebende Belastung einer Spundwand setzt sich aus dem Erddruck E_a, dem Erdwiderstand E_p und dem Wasserüberdruck W zusammen.

- Zerlegung der Erd- und Wasserdruckfläche

Die Erd- und Wasserdruckfläche wird in Teilflächen zerlegt. Die Teilresultierenden werden als Ersatzlasten jeweils in den Schwerpunkten der Teilflächen angesetzt.

- Zeichnen des Kraftecks

Der Polabstand H wird aus zeichnerischen Gründen gewählt mit

$$H \approx \frac{E_a + W}{2}$$

Die Teilresultierenden des Erddruckes E_a werden auf der Grundlinie und die Erdwiderstandskräfte E_p zur besseren Übersicht in ein parallel verschobenes Krafteck eingetragen. Die Resultierenden werden mit dem Pol verbunden (Seilstrahlen).

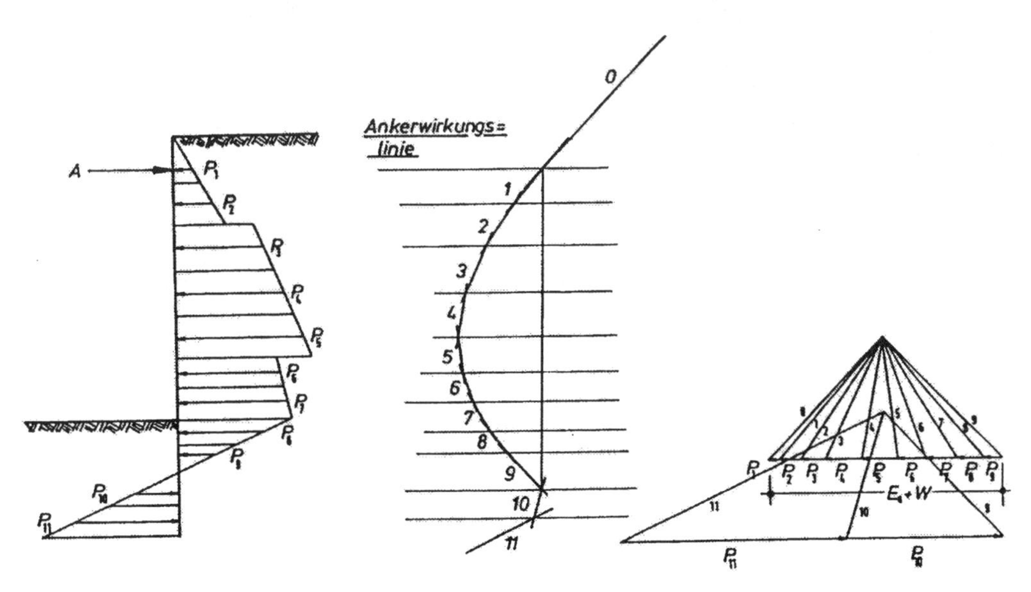

Bild 6.10 Grafische Spundwandbemessung (Teilresultierende, Seileck, Krafteck)

- Zeichnen des Seilecks

Das Seileck wird durch eine Parallelverschiebung der Seilstrahlen des Kraftecks aufgebaut. Der Seilstahl 0 wird bis zum Schnittpunkt der Ankerwirkungslinie verlängert.

- Zeichnen der Schlusslinie

Bei der Schlusslinie muss das gewählte statische System berücksichtigt werden:

- Unverankerte, im Boden eingespannte Wand: Schlusslinie gem. Seilstrahl 0
- Einfach verankerte, im Boden frei aufgelagerte Wand: Schlusslinie gem. der Bedingung, dass das Moment am Auflagerungspunkt Null sein muss
- Einfach verankerte, im Boden voll eingespannte Wand: Schlusslinie für das statische Moment näherungsweise gleich Null mit $F_1 * a_1 - F_2 * a_2 = 0$ und damit keine Verschiebung des Ankerpunktes
- Einfach verankerte, elastisch eingespannte Wand: Schlusslinien zwischen den Schlusslinien einer frei aufgelagerten und einer starr eingespannten Wand sind Schlusslinien einer elastisch eingespannten Spundwand

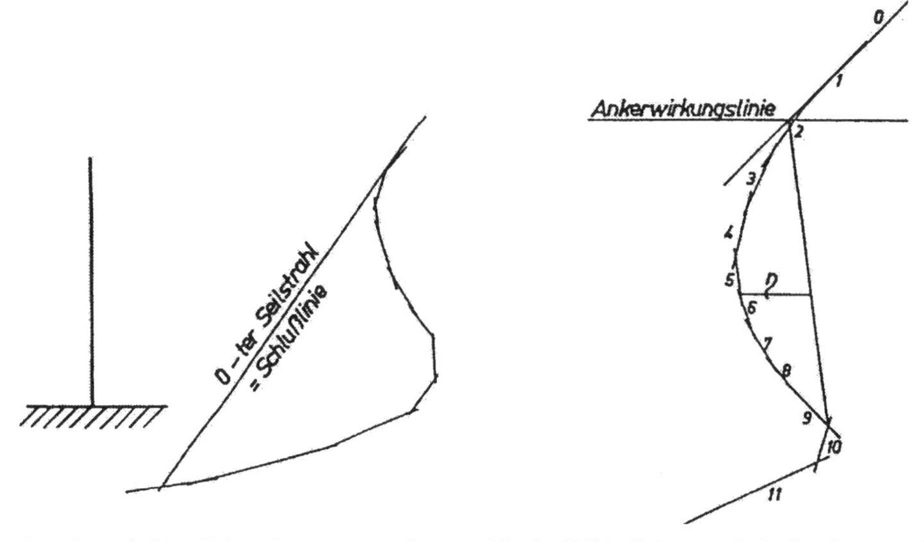

Bild 6.11 Schlusslinie einer unverankerten Wand (Bild links, statisch bestimmtes System) Schlusslinie einer einfach verankerten Wand (Bild rechts)

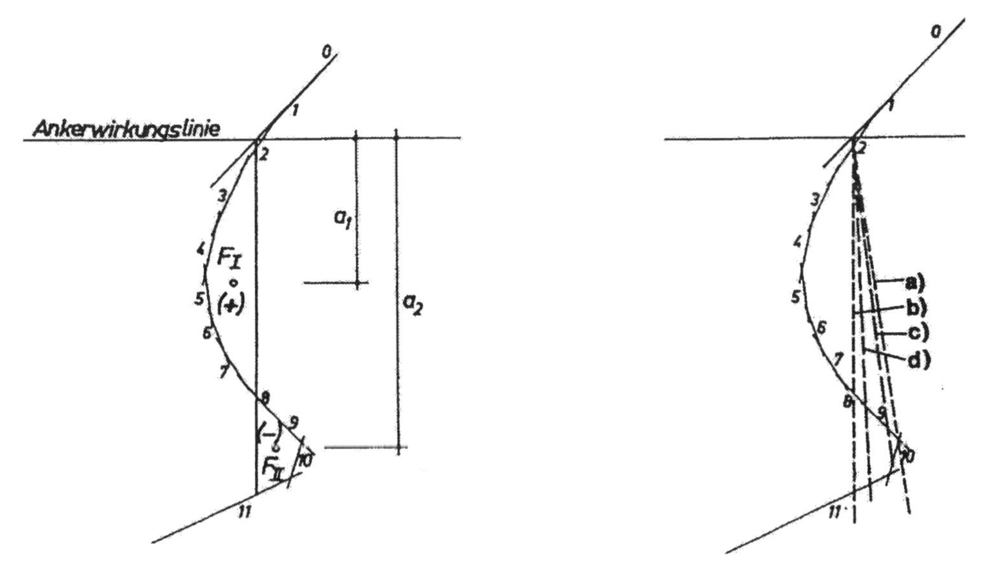

Bild 6.12 Schlusslinie einer einfach verankerten, voll eingespannten Wand (Bild links) Vergleich der Schlusslinien aller statischen Systeme (Bild rechts)

- Berechnung der Biegemomente

Das maximale Biegemoment in der Spundwand beträgt:

$M = \eta * H$

mit M: maximales Biegemoment [kNm/m]
η: größte Ordinate des Seilecks (Maßstab entspr. Teilresultierende) [m]
H: Polabstand [kN/m]

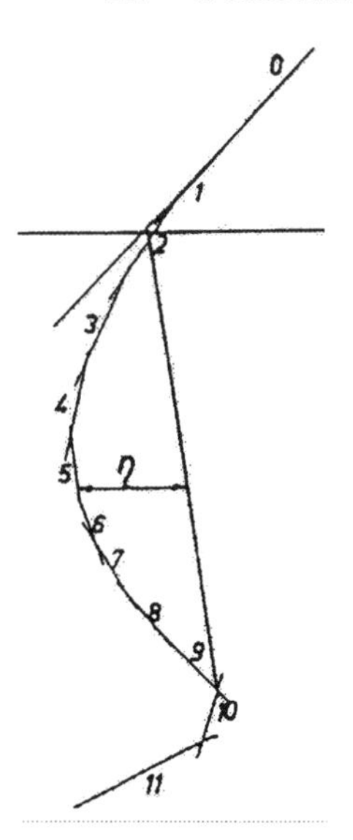

Bild 6.13 Ermittlung des Biegemomentes aus dem Seileck

- Ermittlung der Ankerkraft

Um den waagerechten Anteil der Ankerkraft zu ermitteln, wird die Schlusslinie durch Parallelverschiebung in das Krafteck verschoben und die Ankerkraft abgelesen.

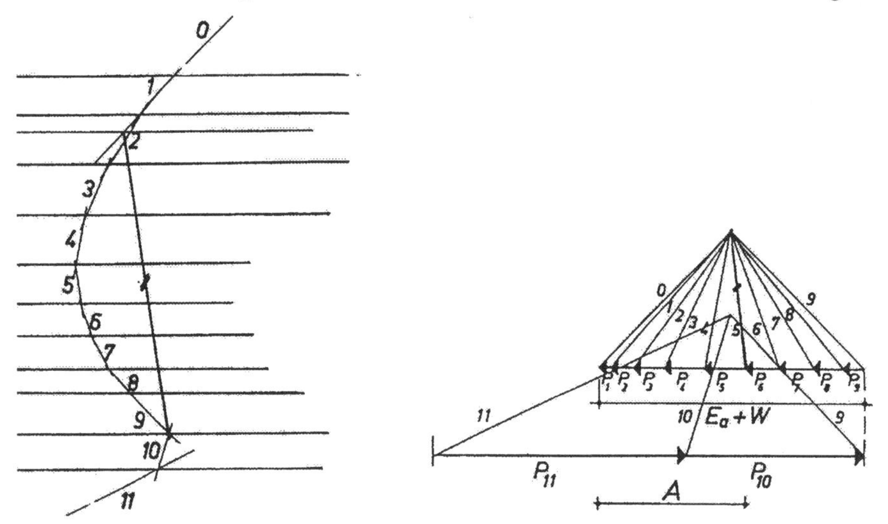

Bild 6.14 Ermittlung der Ankerkraft

- Ermittlung der Rammtiefe

Die erforderliche Rammtiefe einer Spundwand ist von der Auflagerungsart im Boden abhängig. Bei eingespannten Spundwänden wird der Erdwiderstand durch die Ersatzkraft C ersetzt. Bei einer Wand mit freier Fußauflagerung ist die Ersatzkraft Null. Um die in Wirklichkeit flächenhaft verteilte Ersatzkraft im Boden zu wecken, muss die theoretische Einbindetiefe t_0 aus dem Seileck um den Faktor α vergrößert werden.

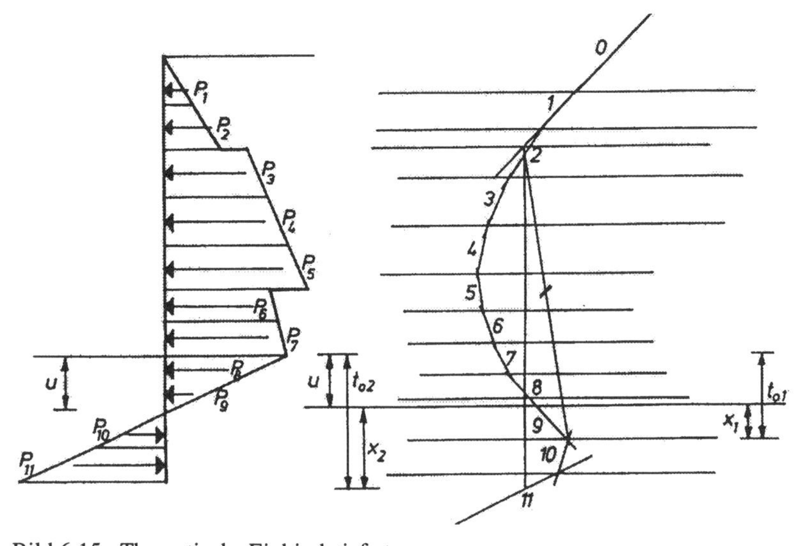

Bild 6.15 Theoretische Einbindetiefe t_0

Damit ergibt sich die erforderliche Rammtiefe t zu:

- Rammtiefe für freie Fußauflagerung: $t = t_0 * \alpha = (u + x_1) * \alpha$
- Rammtiefe für starre Fußeinspannung: $t = t_0 * \alpha = (u + x_2) * \alpha$

Die α-Werte sind von der Auflagerungsart der Wand abhängig und können zur überschlägigen Ermittlung der Rammtiefe aus der Tabelle 6.11 entnommen werden.

Tabelle 6.11 α-Werte zur überschlägigen Berechnung der erforderlichen Rammtiefe unter Berücksichtigung von $\delta = \pm 2/3\varphi$[38]

Wandtyp	geringer Wasser-überdruck	größerer Wasser-überdruck	sehr grosser oder reiner Wasserüberdruck
unverankert	1,20	1,30	1,40 - 1,60
verankert mit Fußeinspannung	1,10	1,15	1,20 - 1,30
verankert mit freier Fußauflagerung	1,05	1,10	1,15 - 1,20

[38] Spundwand-Handbuch

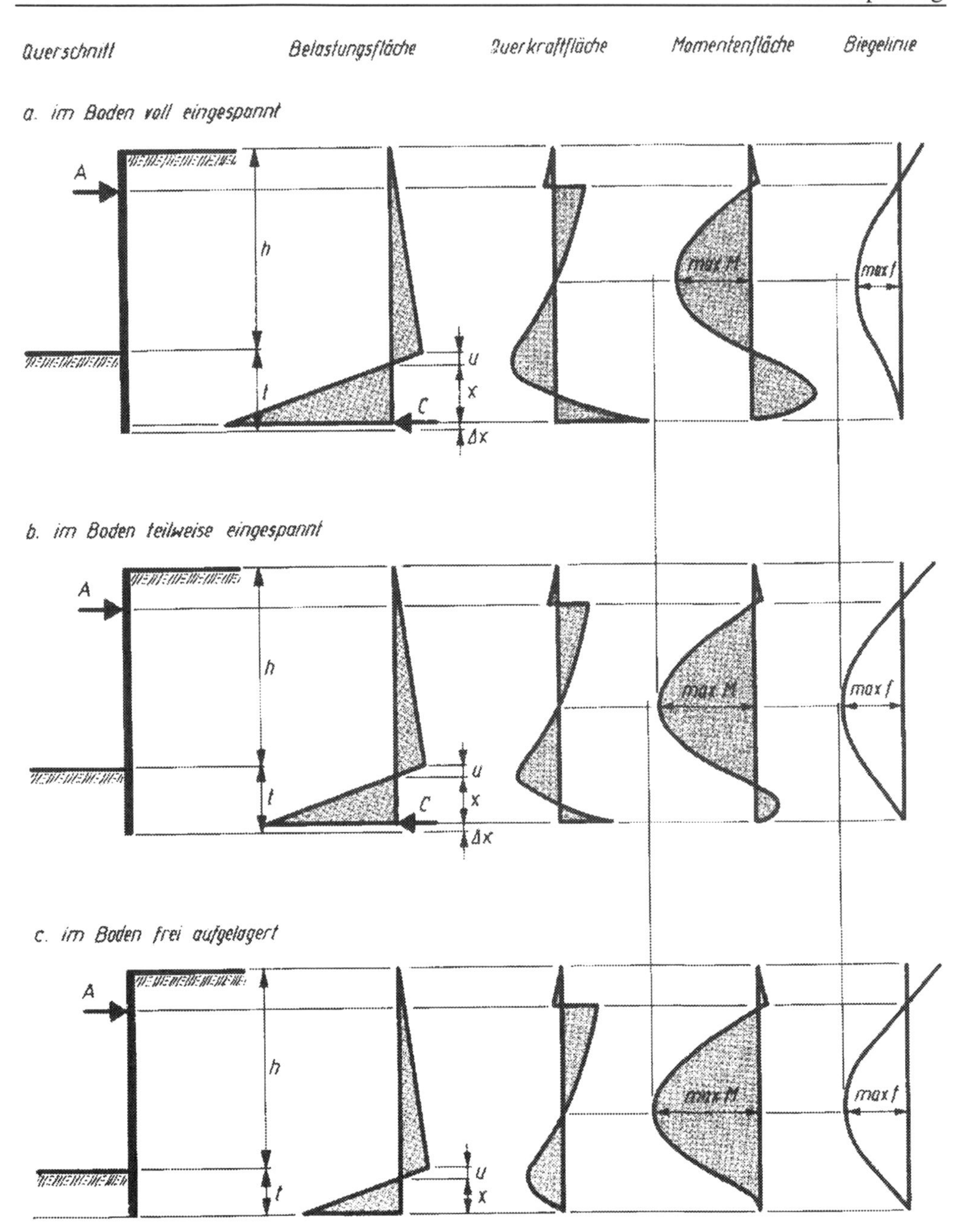

Bild 6.16 Einfluss der Fußauflagerung auf den Momenten- und Biegelinienverlauf[39]

[39] Spundwand-Handbuch

- Abminderung des Biegemomentes

Die ermittelte Erddruckverteilung trifft zu, wenn sich die Spundwand um den Fußpunkt dreht (unverankerte Wände oder stark nachgiebige Verankerung). Bei verankerten Spundwänden wird diese Voraussetzung nicht eingehalten, was zu einer Erddruckumlagerung führt und Reduzierung der Momente führt.

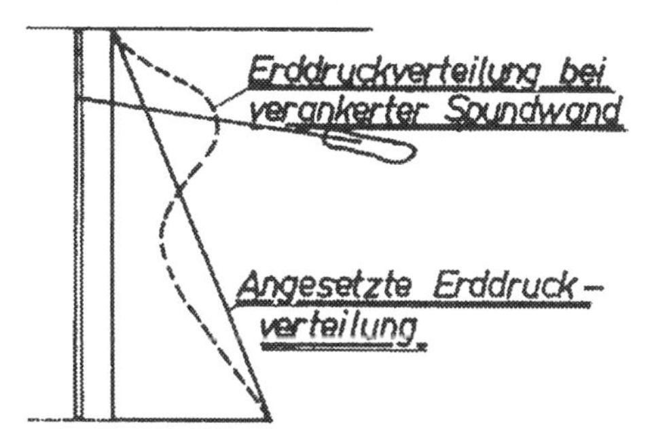

Bild 6.17 Erddruckumlagerung bei einer verankerten Spundwand

Um das Feldmoment abzumindern, wird das Biegemoment aus der klassischen Erddruckberechnung abzüglich des Momentes aus dem Wasserdruck um 1/3 reduziert. Hierfür wird der Wasserdruck an einem Ersatzbalken berechnet. Der obere Auflagerpunkt des Ersatzbalkens entspricht dem Ankeransatzpunkt. Der untere Auflagerpunkt liegt bei einer starren Wandeinspannung in der Höhe des Nullpunktes der unverminderten Momentenfläche aus Erd- und Wasserdruck. Dagegen liegt der Punkt bei einer freien Auflagerung in Höhe des Schwerpunktes der von der Gesamtbelastung in Anspruch genommenen Erdwiderstandsfläche. Das zuvor ermittelte Feldmoment darf abgemindert werden mit:

$$M_{b,F} = \frac{2}{3}(M_F - M_W) + M_W$$

mit $M_{b,F}$: Bemessungsmoment im Feld
M_F: maximales Biegemoment aus Erd- und Wasserdruck, das aus dem Seileck abgegriffen wird
M_W: Moment aus Wasserdruck

Das nach Blum berechnete Einspannmoment wird durch die Erddruckumlagerung weniger abgemindert als das Feldmoment. Die Reduzierung dieses Momentes kann berücksichtigt werden mit:

$$M_{b,E} = M_E (1+\alpha) * \frac{1}{2}; \qquad \alpha = \frac{M_{b,F}}{M_F}$$

mit $M_{b,E}$: Bemessungsmoment an der Einspannung
M_F: maximales Einspannmoment aus Erd- und Wasserdruck
α: Reduktionswert der Abminderung des maximalen Feldmomentes M_F

Eine Abminderung des Biegemomentes ist nicht zulässig,

- wenn die Spundwandverankerung sehr nachgiebig ist.
- wenn vor der Spundwand nicht so tief ausgebaggert wird, dass eine ausreichende zusätzliche Durchbiegung auftritt.
- wenn die Oberfläche hinter der Spundwand nicht die Ankerhöhe erreicht.
- wenn hinter der Spundwand feinkörniger, nicht konsolidierter Boden ansteht.

Die Abminderung der Momente infolge der Erddruckumlagerung führt im Allgemeinen zu einer Erhöhung der Ankerkraft. Diese Erhöhung ist bei der Berechnung der Spundwand jedoch von geringem Einfluss und kann i. d. R. vernachlässigt werden. Bei verhältnismäßig geringem Wasserdruck ist ggf. die Ankerkraft um 15 % zu erhöhen. Diese Erhöhung wird jedoch nur in der Bemessung des Ankers berücksichtigt.

Bemessung der Ankerkraft

Die Bestimmung der erforderlichen Ankerlänge erfolgt über den Standsicherheitsnachweis in der Tiefen Gleitfuge. Bei dem Nachweis wird davon ausgegangen, dass die Spundwand beim Nachgeben des Ankers um den Fußpunkt kippt und eine tiefliegende Gleitfuge entsteht. In dem Verfahren wird die Ankerkraft $A_{mögl.}$ ermittelt, durch die dieser Bruchzustand erzeugt wird. Das Verhältnis dieser Ankerkraft ($A_{mögl.}$) zur vorhandenen Kraft ($A_{vorh.}$) muss mindestens eine Sicherheit von $\eta = 1{,}5$ aufweisen.

$$\eta = \frac{A_{mögl.}}{A_{vorh.}} \geq 1{,}5$$

Die für den Bruchzustand ermittelte mögliche Ankerkraft $A_{mögl.}$ wird mit einem grafischen Verfahren bestimmt. Der Bodenkörper wird durch die Baugrubenwand, die Tiefe Gleitfuge, die Ersatz-Ankerwand und die Geländeoberfläche begrenzt. Die Tiefe Gleitfuge verläuft bei freier Auflagerung vom Fußpunkt bzw. bei eingespannter Wand vom Querkraftnullpunkt bis zur Mitte des Verpresskörpers der Anker.

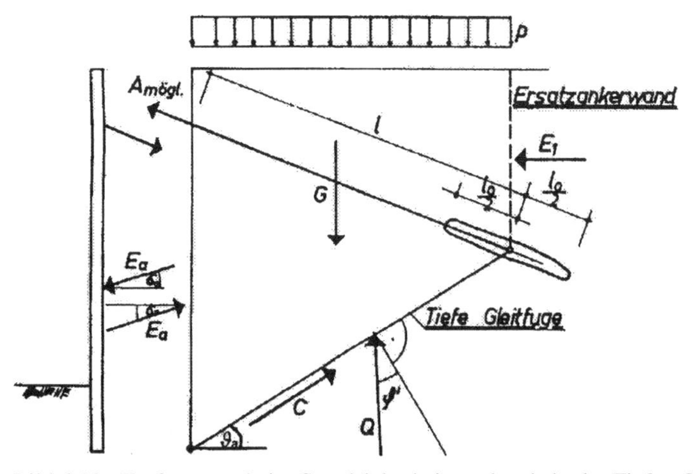

Bild 6.18 Kräfteansatz beim Standsicherheitsnachweis in der Tiefen Gleitfuge

Unter Beachtung der folgenden Hinweise zur Konstruktion und Berechnung des Gleitkörpers kann aus dem Krafteck die mögliche Ankerkraft abgelesen werden:

- Die Auflast p ist grundsätzlich anzusetzen, wenn bei der Berechnung der Ankerkraft die Auflast bei der Erddruckberechnung berücksichtigt wurde.
- Der Erddruck E_a wird unter dem Wandreibungswinkel δ und die Erddruckkraft E_l parallel zur Erdoberfläche angesetzt ($\delta = 0$). In diesem Bereich befindet sich der Bodenkörper im Grenzzustand (Rankine'scher Sonderfall). Zur Vereinfachung der Berechnung wird der Wandreibungswinkel der Ersatzankerwand oft genau so groß gewählt wie der Wandreibungswinkel der Spundwand.
- Der Wasserdruck auf den Bruchkörper wird berücksichtigt, indem das Bodengewicht unterhalb der Spiegellinie mit γ' berechnet wird.

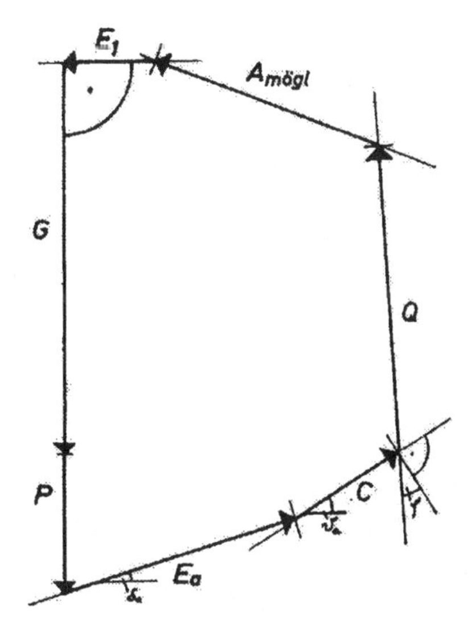

Bild 6.19 Krafteck

6.3.3 Verfahrenstechnik

6.3.3.1 Verfahrensbeschreibung

Das Bauverfahren lässt sich in die folgenden Teilprozesse zerlegen:

- Freiräumen im Bereich der Spundwandachse und Einmessen der Achse
- Erste Bohle mit Kran, Universal- oder Seilbagger mit Mäkler heben und mit oder ohne Rammgerät exakt am Anfangspunkt aufstellen
- Bohle zunächst lot- und fluchtgerecht oder wenn gefordert in einer bestimmten Neigung aufstellen und mit Führungskonstruktionen feststellen
- Einbringen mit dem gewählten Einbringgerät und Einbringverfahren
- Mögliche Einbringgeräte: Rammbären, Vibrationsbären oder Einbringpressen
- Einbringmethoden: fortlaufendes, staffelweises- oder fachweises Eintreiben

Nachfolgend werden drei Einbringmethoden beschrieben:

- Fortlaufendes Eintreiben
- Staffelweises Eintreiben
- Fachweises Eintreiben

Fortlaufendes Eintreiben

Das am häufigsten angewandte Verfahren ist das fortlaufende Eintreiben, wobei jede Bohle an die vorauslaufenden Bohle anschließt und sofort auf die Endtiefe geschlagen wird. Vorsicht ist geboten bei dem vorausliegenden Schloss in Rammrichtung, da dieses durch den Widerstand des Bodens ausgelenkt werden kann.

Staffelweises Eintreiben

Dieses Verfahren wird am häufigsten bei lot- und fluchtgerechten Spundwänden verwendet. Beim staffelweisen Eintreiben werden mehrere Spundbohlen nebeneinander als Staffel gerammt (Bild 6.20). Der Vorteil bei diesem Verfahren ist, dass, falls einzelne Bohlen auf Hindernisse stoßen, die Nachbarbohlen auf Tiefe gebracht werden können und der Rammfortschritt nicht unterbrochen wird. Zu einem späteren Zeitpunkt können die Bohlen im Bereich der Hindernisse mit Hilfsmitteln auf die Endtiefe gebracht werden.

Fachweises Eintreiben

In schwierigem Untergrund werden die Bohlen am schonendsten fachweise eingerammt. Hierbei werden die Bohlen zwischen Führungen aufgestellt oder so in den Boden eingerammt, dass ein fester Stand gegeben ist. Zum Durchrammen des schwierigen Untergrundes wird anschließend in kurzen Staffeln gerammt. Zuerst werden die Bohlen 1, 3, 5 etc. und anschließend die Bohlen 2, 4, 6 etc. eingebracht (Bild 6.21).

Bei einem sehr dicht gelagerten Sand-Kies-Gemisch oder Fels ist es ratsam, die zuerst zu rammenden Bohlen 1, 3, 5, etc. am Fuß und an den Schlössern zu verstärken. Dadurch wird beim Einbringen dieser Bohlen der Boden aufgemeißelt, was wiederum das Nachrammen der Bohlen 2, 4, 6 etc. erleichtert.

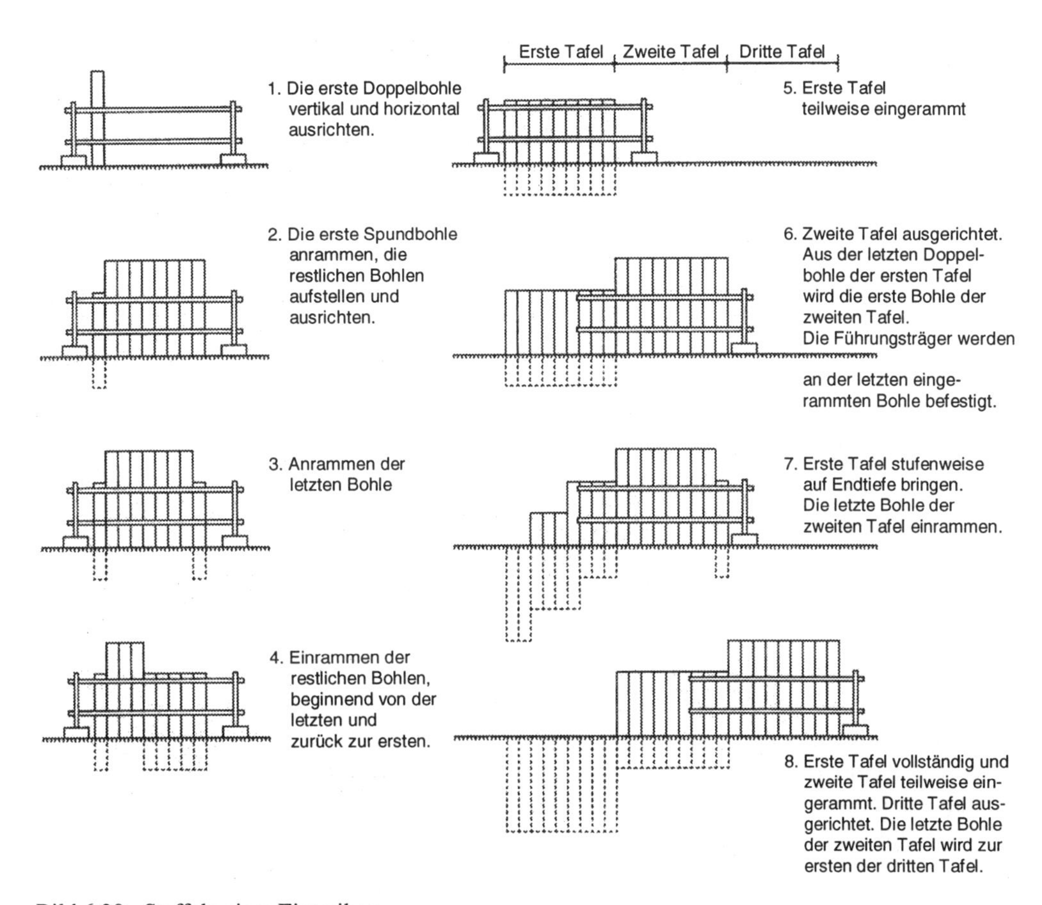

Bild 6.20 Staffelweises Eintreiben

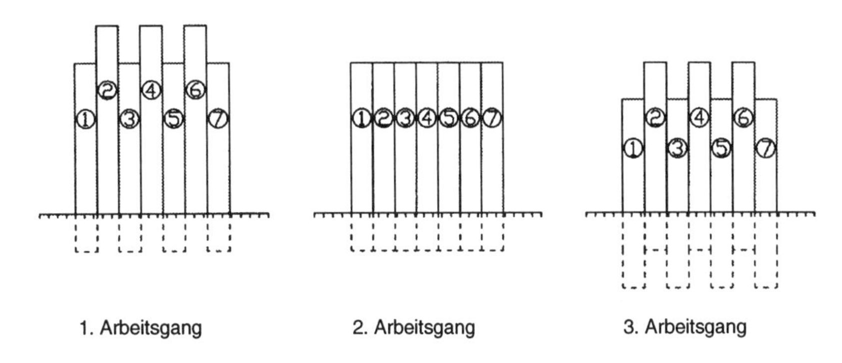

Bild 6.21 Fachweises Eintreiben

Rammhilfen

Bei allen beschriebenen Einbringmethoden können Rammhilfen angewandt werden. Rammhilfen werden insbesondere eingesetzt, wenn Hindernisse im Baugrund vorhanden sind. Im Folgenden werden die Rammhilfen

- Bohren
- Spülen
- Sprengen
- Rammhilfe für eine Unterwasserrammung

beschrieben:

Bohren

Das Vorbohren hat sich bei schwer rammbaren Böden (z. B. Ton, Schiefer, Sandstein, in Bänken anstehender Kalkstein) bewährt. Die Bohrlöcher sind in der Achse der Spundwand anzuordnen. Die Bohrlöcher sollen mindestens einen Durchmesser von 15 cm haben und etwa 1 m über dem Bohlenfuß enden, um den eingerammten Bohlen die notwendige Standsicherheit zu geben.

Spülen

Beim Spülen wird ein Wasserstrahl durch ein oder mehrere Spülrohre an den Fuß des Rammelementes geleitet. Das eingepresste Wasser lockert den Boden auf und transportiert das gelöste Material ab. Dies bewirkt, dass am Rammelement der Spitzenwiderstand herabgesetzt wird. Zudem wird je nach Bodenstruktur die Mantel- und die Schlossreibung durch das abströmende und aufsteigende Wasser verkleinert.

Beim Niederdruckspülen haben die Spüllanzen einen Innendurchmesser von 25 bis 40 mm, der sich an der Austrittsöffnung verengt. Das Spülwasser soll am Lanzenaustritt einen Druck von ca. 10 bis 20 bar haben. Beim Hochdruckspülen wird mit Drücken von 350 bis 500 bar gearbeitet, so dass eine Wassermenge von 20 bis 40 l/min ausreicht. Die Lanzen haben einen kleinen Austrittsdurchmesser von 1,2 bis 1,8 mm.

Sprengen

Sprenghilfen werden in Felsböden (z. B. Ton-, Kalk-, Geschiebemergel, Tonstein mit Geodeneinlagerungen, verfestigte Sande, Sandstein, Buntsandstein, Muschelkalk und Kalkstein) angewandt. Zur Vorbereitung des Sprengens werden in der Spundwandachse im Abstand von 0,6 bis 0,8 m Bohrlöcher (∅ 90 bis 100 mm) hergestellt. In die Bohrlöcher werden unten geschlossene Kunststoffrohre eingestellt. In die Kunststoffrohre werden Sprengladungen an Sprengschnüren herabgelassen. Die Sprengladungen werden unten im Bohrloch konzentriert und oben in größerem Abstand angeordnet. Es werden jeweils 2 bis 6 Bohrungen nacheinander gesprengt, so dass ein schmaler aufgelockerter Graben entsteht, in den die Bohlen eingerammt werden. Beim Einrammen verdichtet sich der aufgelockerte Felsboden wieder.

Rammhilfe für eine Unterwasserrammung

Wenn die Oberkante der Bohle unter dem Wasserspiegel liegt, kann eine Rammjungfer zwischen Hammer und Bohlenkopf eingesetzt werden. Die Länge der Jungfer ergibt sich aus der Forderung, dass das Einbringungsgerät im Regelfall oberhalb des Wasserspiegels bleibt. Schnellschlaghämmer, die mit Druckluft statt Dampf angetrieben werden, können auch unter Wasser arbeiten, wenn der Auspuff bis über den Wasserspiegel geführt wird. Einige hydraulische Vibrationsbären und Hydraulikbären lassen sich ebenfalls ohne große zusätzliche Maßnahmen unter Wasser verwenden.

Die einzelnen Arbeitsprozesse der Spundwandherstellung sind in der Tabelle 6.12 beschrieben. Jeder Arbeitsprozess wird in Teilprozesse unterteilt und die erforderlichen Geräte werden den einzelnen Teilprozessen zugeordnet.

Prozesse und zugehörige Geräte

Tabelle 6.12 Prozesse der Spundwandherstellung

Prozesse	Teilprozess	Gerät
Vorbereitung	-Freiräumen -Einmessen der Spundwandachse	Radlader, LKW, Walze etc.
Einbringen der Spundbohlen	- Bohle aufnehmen - Bohle zur Einbaustelle transportieren und ausrichten - Einrammen nach verschiedenen Methoden mit verschiedenen Einbaugeräten - ggf. Rammhilfen verwenden - Versetzen des Rammgerätes	Trägergrundgeräte der Rammen: - Mäkler mit Trägergerät - Universalgerüst - Seilbagger mit frei hängender Rammeinrichtung Rammgeräte: - Rammbären - Vibrationsramme - Pressen

6.3.3.2 Gerätebeschreibung

Für das Einbringen von Spunddielen kommen Rammbären, Vibrationsbären und Spundwandpressen zum Einsatz:

Rammbären

Bei den Rammbären wird das Rammgut mit herabfallenden Gewichten in den Boden eingetrieben. Dabei wird unterschieden in:

- Dieselbären
- Fallbären
- Doppeltwirkende Hydraulikbären
- Schnellschlagbären

In der folgenden Tabelle werden die Einsatzbereiche, die Schlagzahlen und die Rammgeschwindigkeiten der einzelnen Gerätetypen zusammengestellt:

Tabelle 6.13 Rammbären

Rammbären	Bodenart und Bedingung	Verhältnis Kolbengewicht zur Bohle	Schlagzahlen und Rammgeschwindigkeit
Dieselbären	bei feinkörnigen und sehr dichten Böden	Verhältnis von 1:2 bis 1,5:1 zwischen Kolbengewicht und Gewicht aus Bohle plus Rammhaube	39 bis 45 Schläge pro Minute 25 mm pro 10 Hammerschläge als Grenzwert kurzzeitig 1 mm pro Schlag (längerer Zeitraum Beschädigungen)
Fallbären	durch Anpassung bei allen Bodenarten über und unter Wasserniveau	Verhältnis von 1:2 bis 1,5:1 zwischen Kolbengewicht und Gewicht aus Bohle plus Rammhaube	max. 40 Schläge pro Minute
Doppeltwirkende Hydraulikbären	durch Anpassung und unter jedem Winkel bei allen Bodenarten über und unter Wasserniveau kann auch zum Ziehen verwendet werden	Verhältnis von 1:1 bis 1:2 zwischen Kolbengewicht und Gewicht aus Bohle plus Rammhaube	50 bis 60 Schläge pro Minute 35 bis 90 kNm pro Schlag
Schnellschlagbären	durch Anpassung und unter jedem Winkel bei allen Bodenarten über und unter Wasserniveau kann auch zum Ziehen verwendet werden	Verhältnis von 1:5 zwischen Kolbengewicht und Gewicht aus Bohle plus Rammhaube	100 Schläge pro Minute bei größeren Maschinen und 400 Schläge bei kleineren Maschinen 30 kNm pro Schlag Dauerrammbetrieb normalerweise Rammgeschwindigkeit von 150 mm/Min.

Vibrationsbären

Beim Vibrieren wird die Reibung zwischen der Spundbohle und dem umgebenen Boden auf etwa 10 bis 25 % des Ruhewertes verringert. Durch das Eigengewicht der Bohle, die dynamische Belastung und dem Gewicht des Vibrationsbärens wird das Gerät in den Boden getrieben.

Vibratoren erzeugen die Schwingungen, indem Exzentergewichte über ein Getriebe bzw. durch einen oder mehrere Motoren angetrieben werden. Die Gewichte drehen sich mit der gleichen Frequenz aber in entgegengesetzter Richtung. Dadurch wird der horizontale Anteil der Kräfte aufgehoben, so dass nur der vertikale Kraftanteil wirksam bleibt. Vibratoren können durch Elektromotoren, Hydraulikmotoren oder einen kombinierten Antrieb betätigt werden. Der Kran, an dem der Vibrator hängt, muss durch Gummipolster oder Federelemente gegen das Vibrationsgehäuse isoliert sein.

Der Einsatzbereich und die Eindringgeschwindigkeit von Vibrationsbären sind nachfolgend aufgeführt.

Tabelle 6.14 Vibrationsbären

	Bodenart und Bedingung	Eindringgeschwindigkeit
Vibrationsbären	- am besten bei grobkörnigen, wassergesättigten Böden (Kies, Sand) - bei gemischt- und feinkörnigen Böden, mit sehr hohem Wassergehalt - künstlich entwässerter Sand ist nicht geeignet	etwa von 50 cm pro Minute als Untergrenze mögliche Abschätzung der erforderlichen Fliehkraft erf.F = 15 * (t+2G)/100 mit F: Fliehkraft [kN] t: Rammtiefe [m] G: Masse der Bohle [kg]

Spundwandpressen

Die Spundwandpressen wurden als Alternative zu den klassischen Einbringmethoden entwickelt, um den Lärm, der beim herkömmlichen Rammen der Spundwand entsteht, zu verringern. Diese Maschinen kommen heute allerdings hauptsächlich wegen des erschütterungsfreien Betriebes zur Anwendung.

Die Pressen, die für den Einsatz in kohäsiven Böden besonders geeignet sind, werden hydraulisch betätigt und beziehen den größeren Teil ihrer Reaktionskräfte aus der Reibung der zuvor eingebrachten Bohlen.

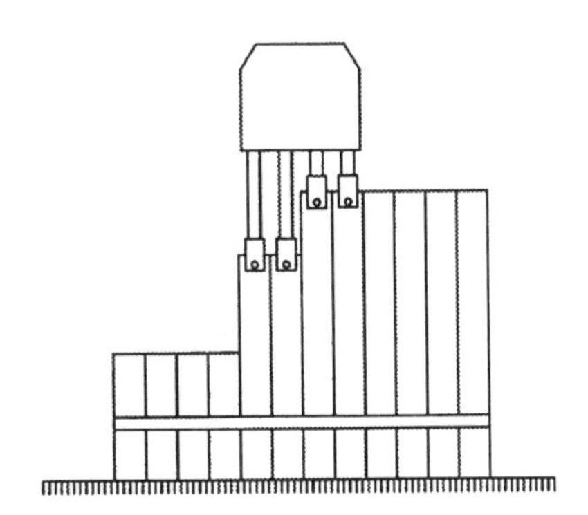

Bild 6.22 Spundwandpresse, freischreitend

Der Einsatzbereich und die Eindringgeschwindigkeit der Spundwandpresse (Bild 6.22) wird in der folgenden Tabelle dargestellt.

Tabelle 6.15 Einsatzbereiche des Pressverfahrens

	Bodenarten	Eindringgeschwindigkeit
Einpress-verfahren	-Einsatz in kohäsiven Böden -bei gesteinsartigen und anderen Hindernissen ist Einpressen nicht möglich	2,0 bis 9,5 m in der Minute

Trägergeräte

Schlag- und Vibrationsbären können freireitend an einem Trägergerät hängend oder geführt an einem mit dem Trägergerät befestigten Mäkler eingesetzt werden (Bild 6.23). Die am häufigsten eingesetzten Trägergeräte sind Seilbagger und Hydraulikgrundgeräte mit angebautem Teleskopmäkler. Insbesondere bei freireitenden und freihängenden Rammgeräten kann ein Rammgerüst zur Justierung der Spunddiele zweckmäßig sein.

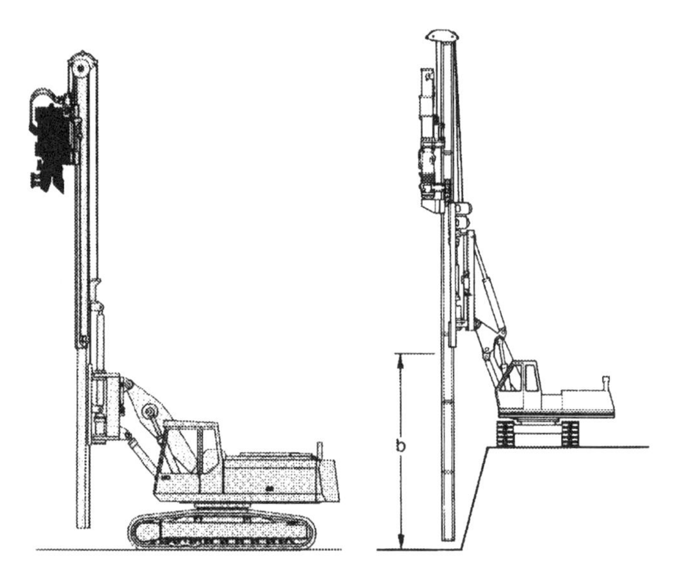

a.) Hydraulikbagger mit Teleskopmäkler und Rüttler
b.) Hydraulikbagger mit Universalmäkler und Hammer

Bild 6.23 Hydraulikbagger mit Anbaumäkler[40]

Die Eignung der verschiedenen Trägergeräte sind in der Tabelle 6.16 eingetragen.

[40] Fa. Bauer: Firmenprospekt; Smoltczyk, U.: Grundbau-Taschenbuch

Tabelle 6.16 Eignung der Trägergeräte

	Baustellenbeweglichkeit	Rammgut neigbar	Rammgutlänge		Rammgutgewicht		Schlagrammen		Vibration	Einpressen	
			>15 -30 m	<15m	0-10 t	0-40 t	leicht bzw. mittel	schwer		reitend	schreitend
Rammgerüst		*	■			■	■	■	■	■	■
Raupenbagger mit Rammgerüst	■			■	■		■	■			
Hydraulikbagger mit Anbaumäkler	■	■		■	■		■				
Seilbagger mit verschiedenen Mäklern	■	■	■			■					
Seilbagger mit hängendem Bär	■		■						■	■	■
Hydraulikbagger mit Schwanenhals	■			■	■		■		■	■	

■ geeignet * teilweise geeignet

6.3.3.3 Informationen zur Leistungsberechnung

Je nach Verfahren und Bodenart schwankt die Tagesrammleistung von 100 bis 250 m²/Tag. In der Tabelle 6.17 sind Richtwerte für den Zeitaufwand bei der Spundwandherstellung zusammengestellt.

Tabelle 6.17 Richtwerte für den Zeitaufwand beim Herstellen einer Spundwand

	Tätigkeit	Zeitaufwand
Rammvorgang	Anlaufzeiten am Morgen	15 Min. am Tag
	Vorkehrungen gegen das Voreilen	10 Min. je Doppelbohle
	Rüstzeiten pro Doppelbohle mit Vorbereitung der Dichtungsart	Verfahrensabhängig,10 bis 20 Min. pro Doppelbohle
	Einbringen der Doppelbohle	sehr stark Verfahrensabhängig Dieselhämmer: 25 mm pro 10 Hammerschläge Vibrationsbären: von 0,5 bis 4 m pro Minute Pressen: 2,0 bis 9,5 m in der Minute
	Umstellen des Gerätes	3 Min. pro Doppelbohle
Sonstiges	Baustelleneinrichtung	1 bis 1,5 Tage
	Geräteausfall	1 bis 2 Stunden pro Woche
	Ausbilden der Eckpunkte	2 bis 3 Stunden pro Eckpunkt
	Räumen der Baustelle	1 Tag

Zu einer Arbeitsgruppe gehören im Allgemeinen:

- 1 Fahrer für das Trägergerät
- 1 Hilfsarbeiter der zuständig ist für das Trägergerät und Hilfsarbeiten
- Rammmeister sorgt für Vorarbeiten und kontrolliert die Rammung

Der Rammmeister kann bis zu drei parallel eingesetzte Geräte betreuen.

6.3.3.4 Anmerkung zur Leistungsbeschreibung

Für die Herstellung einer Spundwand gelten die folgenden Normen:

- DIN 18 304 „Ramm-, Rüttel-, und Pressarbeiten“
- DIN EN 10 248 Teil 1 und 2 „Warmgewalzte Stahlspundbohlen“
- DIN EN 10 248 Teil 1 und 2 „Kaltgeformte Stahlspundbohlen“
- EAU 1996 Empfehlungen des Arbeitsausschusses „Ufereinfassungen“
- EAB Empfehlungen des Arbeitskreises „Baugruben“

Spezielle Technische Bedingungen für Ramm- und Rüttelarbeiten mit Stahlprofilen (STB–RRS)[41]

1. Nebenleistungen
   (1) Herstellen und Beseitigen erforderlicher Führungskonstruktionen (z. B. Schablonen, Zangen)
   (2) Einhalten der planmäßigen Höhe der Oberkante der eingebauten Profile mit einer Genauigkeit von ± 20 cm
   (3) Einhalten der planmäßigen Achse im Rammansatzpunkt mit einer Genauigkeit von ± 10 cm und der plangemäßen Neigung mit einer Genauigkeit von 1°
2. Besondere Leistungen
   (1) Erdarbeiten zum Ausleger der Führungskonstruktion
   (2) Liefern und Einbauen von Eck- und Abzweigbohlen, Anbauteilen und Formteile
   (3) Maßnahmen zum Tieferführen der Profile, z. B. Jungfern oder Aufstocken
   (4) Reinigen der freigelegten Ansichtsflächen sowie Beseitigen des anfallenden Materials
   (5) Herstellen von Rammhauben bei Lieferung der Profile durch den Auftraggeber
   (6) Statische und/oder dynamische Probebelastung sowie Integritätsprüfung
   (7) Erschütterungsmessung
3. Aufmaß und Abrechnung
   Es gilt ATV DIN 18 304, Abschnitt 5.2, entsprechend Fehlrammungen bzw. Fehlrüttlung (infolge von Hindernissen im Baugrund)

Zusätzlich zu den Speziellen Technischen Bedingungen können Zusätzliche Technische Bedingungen vereinbart werden. Ergänzend zu den Bedingungen der STB-BP/RRS/E/HDI und der VA gelten die im Folgenden aufgeführten Bedingungen (STB-VBA):

[41] Englert, K., Grauvogel, J., Maurer, M.: Handbuch des Baugrund- und Tiefbaurechts

Zusätzliche Technische Bedingungen für Verbauarbeiten mit Ausfachung (STB-VBA)

1. Nebenleistungen
   Einhalten einer planmäßigen Höhe der Oberkante der eingebauten Profile mit einer Genauigkeit von ±20 cm

2. Besondere Nebenleistungen
   (1) Liefern und Einbauen von Anbauteilen, Formteilen, Unterstützungskonstruktionen (z. B. für Kabel, Leitungen)
   (2) Erdarbeiten bis Hinterkante Ausfachung im Zuge der Verbauarbeiten sowie Laden, Transportieren und Deponieren der anfallenden Erdmassen einschließlich Liefern des dafür erforderlichen Materials
   (3) Säubern der Pfähle und Profile für das Einbauen der Ausfachung
   (4) Fassen und Beseitigen von Wasser
   (5) Rückbau der Ausfachung, Ziehen der Verbauträger und ggf. Verfüllen der Hohlräume

3. Aufmaß und Abrechnung
   Es gilt die ATV DIN 18304. Ergänzend dazu: ATV DIN 18303, Abschnitt 5

6.3.4 Qualitätssicherung

Um bei der Spundwandherstellung eine hohe Qualität der Bauausführung und einen reibungslosen Bauablauf zu gewährleisten, sind die im Kapitel 7.2 genannten Untersuchungen vor der Bauausführung durchzuführen. Etwa 1/3 aller Schadensfälle bei Spundwänden sind auf Planungsfehler bzw. unzureichende Voruntersuchung zurückzuführen. Bezüglich der Materiallieferungen kann neben der internen Werkskontrolle der Lieferfirma fallweise eine Werksabnahme vereinbart werden. Während der Bauausführung sollen folgende Punkte beachtet werden:

- Protokollierung der Lage und Stellung der Bohlen im Rammplan
- Überprüfung des Rammplanes. Abweichungen sind durch Liefertoleranzen, die Rammart und die Bodenverhältnisse bedingt. Die zulässigen Einbringtoleranzen liegen bei:
  - Abweichung aus der Wandflucht in Höhe der Rammebene: ± 50 mm
  - Abweichung der Bohlenoberkante: ± 20 mm
    bzw. -unterkante: ± 120 mm
  - Abweichung von der Vertikalen in % der Einrammtiefe

	fortlaufende Rammung	Staffelrammung
quer zur Wandebene:	± 1.0%	± 1.0%
in Wandrichtung:	± 1.0%	± 0.5%

- Überprüfung der einwandfreien Verankerung zwischen den Schlössern bei Spundprofilen mit Hilfe von Schlosssprengungs-Detektoren
  - Bolzen mit Sollbruchstelle: durchgehender Bolzen gibt Signale ab, die beim Bruch unterbrochen werden
  - Induktiver Näherungsschalter: ein Näherungsschalter am Fuß der Bohle erzeugt ein hochfrequentes, magnetisches Wechselfeld, das beim Bruch verändert wird

Nach der Baumaßnahme sind folgende Maßnahmen vorzusehen:

- Nachkontrolle von eventuell aufgetretenen Schäden (z. B. Schlosssprengung, aufrollen der Spundwand oder Schlossundichtigkeiten)
- Beseitigung dieser Schäden (i. d. R. steigen die Baukosten stark an, weil das Grundwassers bei der Reparatur der einzelnen Bohlen Probleme bereitet)

6.3.5 Beispiel

Situationsbeschreibung

Die Abmessung der Gebäudewand beträgt 15 m * 30 m (vgl. Kapitel 3). Die Bodenkennwerte werden wie im Kapitel 3 beschrieben angesetzt.

Die Spundwand dient in diesem Beispiel als Schalungsaußenhaut und verbleibt nach der Baumaßnahme im Boden. Damit ergeben sich die folgenden Abmessungen:

$$30 \text{ m} + 2 * 0{,}30 \text{ m} + 2 * 0{,}42 \text{ m} \approx 31{,}50 \text{ m}$$
$$15 \text{ m} + 2 * 0{,}30 \text{ m} + 2 * 0{,}42 \text{ m} \approx 16{,}50 \text{ m}$$

Die Spundbohlen werden 13 m tief in den Boden eingerammt. Um ein behinderungsfreies Arbeiten zu gewährleisten, ist auf die Genauigkeit der Vertikalität und eine hohe Wasserdichtigkeit zu achten. Als Spundprofil wird ein U–Profil (Bild 6.24) verwendet.

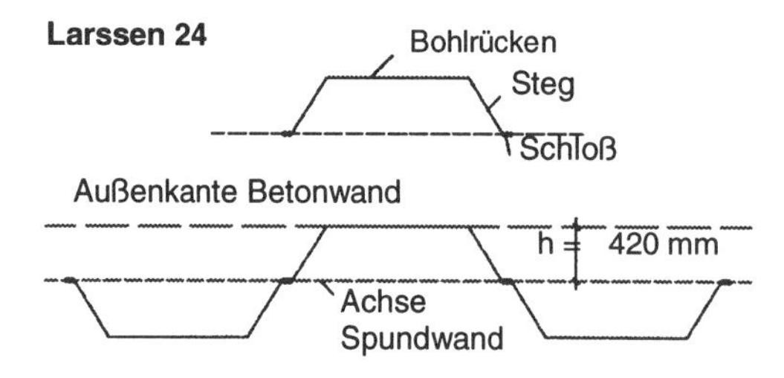

Bild 6.24 Spundprofil Larssen 24

Leistungsbeschreibung

Tabelle 6.18 Leistungsverzeichnis

Leistungsverzeichnis				
Pos. Nr.	**Bezeichnung**	**Menge**	**EP [DM]**	**GP [DM]**
1	Einrichten und Räumen der Baustelle Vorhalten der Baustelleneinrichtung für sämtliche in der Leistungsbeschreibung ausgeführten Leistungen Sanitäre Einrichtungen, Unterkünfte, Wasser- und Stromanschluss werden vom Generalunternehmer gestellt	1 psch	19.969,25	19.969,25
2	Einbringen der Stahlspundbohlen als Doppelbohlen, einschl. Eck- und Passbohlen Abdichten der Schlösser mit Schlossdichtung System ... auf ganzer Bohlenlänge Stahlsorte St Sp 37, Profil Larssen 24, Widerstandsmoment 2500 cm³/m Wand, Bohlenbreite 500 mm Erzeugnis ..., Bohlenlänge 13 m , Ausführung gemäß Zeichnung-Nr. ... liefern und als Spundwand in Einheiten aus Doppelbohlen, vertikal von Land ab Geländeoberfläche fachweise einrütteln Erdstatische Verankerung durch Anker und Rammhilfen bei Hindernissen im Baugrund wird gesondert vergütet Bodenklassen 3 und 4 nach DIN 18300 Einbautiefe 13 m, 3 m unter OK Gelände ist mit Grundwasser zu rechnen, 11 m unter OK Gelände ist ein wasserundurchlässiger Ton, weitere Angaben sind der Zeichnung, dem Bodengutachten und der Baubeschreibung zu entnehmen. Besondere Anforderung: Wasserschädigende Dichtungen sind unzulässig, Dichtigkeit und Beständigkeit sind nachzuweisen Vertikale Abweichung < 1,5 % Einbindetiefe in wasserundurchlässigen Horizont mind. 2 m	1.248 m²	378,17	471.956,16
Titel	Spundwand	Summe Netto		491.925,41 DM
		16 % MwSt.		78.708,07 DM
		Angebotssumme		570.633,48 DM

Mengenermittlung zur Leistungsbeschreibung

Pos 2: Das gewählte Spundprofil Larssen 24 hat folgende technischen Daten:

- Profilbreite: 500 mm
- Stegdicke: 10 mm
- Eigenlast: 87,5 kg/m Einzelbohle
175 kg/m^2 Wand
- Widerstandsmoment: 2500 cm³/m Wand

Die Länge der aufzustellenden Spundwand beträgt in Achse der Baugrubenwand:
2 * (31,5 m + 16,5 m) = 96 m
Die zu erstellende Spundwandfläche errechnet sich bei einer Rammgutlänge von 13 m zu: 13 m * 96 m = 1.248,0 m^2
Daraus ergibt sich ein abzurechnendes Gewicht der Spundbohlen von:
1.248,0 m^2 * 175 kg/m^2 = 218.400 kg = 218,4 t

Bauverfahren und zugehörige Leistungswerte

Eine Aufschüttung zur besseren Befahrbarkeit und zur Lastverteilung ist nicht notwendig, da die Tragfähigkeit des Bodens ausreicht. Ein Einvibrieren der Bohlen ist aufgrund der Tonschicht keine optimale Lösung. Dennoch wird, um die Lärmbelästigung zu reduzierten, ein Vibrationsbär eingesetzt. Beim Erreichen der Tonschicht ist es sinnvoll die Vibrationsenergie auf den Ton einzustellen.

Geräteauswahl: Für die Spundwandherstellung werden die folgenden Geräte gewählt:

- 165 kW Seilbagger „Weserhütte SW 141 BSL" mit Hängemäkler
- 411 kW Vibrationsbär „Müller MS-50 H HF"
- 522 kW Hydraulikaggregat
- 36 kW Hydraulikbagger

Zeitaufwand: Das Profil Larssen 24 hat bei einer Länge von 13 m eine Wandfläche von 6,5 m^2. Damit ergibt sich die Wandfläche einer Doppelbohle zu:

$2 * 6{,}5\ m^2 = 13{,}0\ m^2$

Bei einer Tagesleistung von 120 m^2 ergibt sich die Anzahl der Doppelbohlen, die pro Tag eingebracht werden können zu:

$120\ m^2 / 13{,}0\ m^2$ = <u>9,23 Stk</u>

Der erforderliche Zeitaufwand für den Einbau einer Bohle durch eine Tiefbauunternehmung wird folgendermaßen angenommen:

- Vorbereitungsaufgaben an jedem Morgen:	15,0 Min.
- Vorkehrungen gegen das Voreilen: 10 Min. * 9 Stk	90,0 Min.
- Rüstzeit pro Doppelbohle, einschließlich Vorbereitung der Dichtung: 15 Min.*9 Stk =	135,0 Min.
- Einvibrieren pro Doppelbohle: 2,5 m/Min. * 13 m * 9 Stk	292,5 Min.
- Umstellen des Gerätes pro Doppelbohle: 3 Min. * 9 Stk	27,0 Min.
- Geräteausfall: 1 Std. pro Woche, d. h. 60 Min. / 5 Tage	<u>12,0 Min.</u>
	571,5 Min.

Aus den berechneten Werten lässt sich eine tägliche Arbeitszeit von:

571,5 Min. / 60 Min. = 9,5 Std. ermitteln.

Daraus ergibt sich eine Tagesleistung von:

9 Stk Doppelbohlen * (0,5 m Profilbreite * 2 Stk) * 13 m Bohlenlänge = 117 m^2/Tag

Damit beträgt die Stundenleistung:

$$\frac{117\,m^2/Tag}{9{,}5\,Std./Tag} = 12{,}32\ m^2/h$$

Hieraus lässt sich die Dauer des Einvibrierens ermitteln:

$1248{,}0\ m^2 / 117\ m^2$ ≈ <u>11 AT</u>

Für das Ausbilden der Eckpunkte werden pro Ecke 3,5 h angesetzt. Dies führt für die Ausbildung aller vier Ecken zu einem Zeitbedarf von: 1,5 AT.

Aus den Berechnungen ergibt sich bei einer angenommenen täglichen Arbeitszeit von 9,5 h eine voraussichtliche Dauer der Baumaßnahme von:

- Baustelleneinrichtung:	1,5 AT
- Spundwandherstellung:	11,0 AT
- Ausbildung der Eckpunkte:	1,5 AT
- Pufferzeit:	<u>1,0 AT</u>
- Gesamt:	15,0 AT

Personalaufwand: Die eingesetzte Kolonne setzt sich wie folgt zusammen:

1 Baggerführer, 1 Maschinenführer, 1 Hilfskraft

Sonstige Kosten: Der Preis der Doppelbohlen wird mit 1330 DM/t angenommen. Zusätzlich müssen 23 DM pro m für die Schlossdichtung ansetzt werden.

Bei einer Spundwandlänge von 96 m und 1 m langen Doppelbohlen ergibt sich eine erforderliche Bohlenanzahl von:

Doppelbohlen: 96,0 m / 1,0 m = 96 Stk
Eckbohlen: 4 Stk
100 Stk

Damit sind für die Absperrung 100 Schlossdichtungen erforderlich. Bei einer Rammtiefe von 13 m bedeutet dies, dass auf einer Länge von 1.300 m Schlossdichtungen anzubringen sind.

Kosten- und Preisermittlung

Tabelle 6.19 Zusammenstellung der Tonnagen und monatl. Vorhalte- und Betriebsstoffkosten je Pos.

Pos. Nr.	Bezeichnung		Geräte klein	Geräte groß	Leistung	Auslastung	Betriebsstoffe	Gerätekosten
		BGL-Nr.	t	t	kW	%	DM/h	DM/Mon.
1	Hydraulikbagger	3150-0036		36,00	36	50	6,16	3.852,00
	Materialcontainer	9415-0060		2,20				197,00
	Kleingerät		0,50					2.000,00
Summen Pos. 1			**0,50**	**38,20**			**6,16**	**6.049,00**
2	Doppelbohlen (Larssen 24)			(218,4)[1]				
	Raupenseilbagger	3110-0175		40,00	165	80	32,52	22.237,00
	Rammeinrichtung	3431-0087		10,70				11.201,00
	Vibrationsbär	3448-.......		5,12				16.492,00
	Hydraulikaggregat	2638		9,10	522	70	90,03	22.631,00
Summen Pos. 2				**64,82**			**122,55**	**72.561,00**
Summe Pos. 1 und 2 ohne [1]			**0,50**	**103,02**				

Die mit [1] gekennzeichneten Spundbohlen werden in der Summe der Tonnage nicht berücksichtigt, da diese nur einmal transportiert werden, und somit nur einmal in der Position 2 eingerechnet werden.

Tabelle 6.20 Einzelkosten der Teilleistung

Einzelkosten der Teilleistungen					
Pos. Nr.	Teilleistungen und Kostenentwicklung	Kosten je Einheit			
		Lohn [Std.]	Sonstige Kosten [DM]	Geräte-miete [DM]	Fremd-leistung [DM]
1	**1psch Baustelleneinrichtung**				
	Transportkosten:				
	2*(0,50 t+103,02 t)*35 DM/t		7.246,40		
	Laden auf der Baustelle:				
	2 * 0,50 t*1 h/t + 2 * 103,02 t * 0,15 h/t	31,91			
	Laden auf dem Bauhof:				
	2 * 0,50 t*40 DM/t + 2 * 103,02 t * 10 DM/t		2.100,40		
	Auf- und Abbau der Container:				
	1 Stück * 2 h	2,00			
	Gerätevorhaltekosten:				
	(6.049 DM/Mon. / 21 AT/Mon.) * 15 AT			4.320,71	
	Betriebsstoffkosten:				
	6,16 DM/h * 9,5 h/AT * 15 AT		877,80		
Summe Pos. 1		**33,91**	**10.224,60**	**4.320,71**	
2	**Spundbohlen Larssen 24**				
	Spundwandkosten:				
	1330 DM/t * 218,4 t * (1/1248 m²)		232,75		
	Schlossdichtung:				
	23 DM/m*1.300 m * (1/1248 m²)		23,96		
	Transportkosten:				
	218,4 t * 35 DM/t * (1/1248 m²)		6,13		
	Entladen auf der Baustelle:				
	218,4 t * 0,15 h/t * (1/1248 m²)	0,03			
	Laden auf dem Bauhof:				
	218,4 t * 10 DM/t * (1/1248 m²)		1,75		
	Lohnstunden der Spundwandkolonne:				
	12,5 AT * 9,5 h * 3 AK * (1/1248 m²)	0,29			
	Gerätevorhaltekosten:				
	(72.561 DM/Mon. / 21 AT/Mon.) * 12,5 AT * (1/1248 m²)			34,61	
	Betriebsstoffkosten:				
	122,55 DM/h * 9,5 h/AT *12,5 AT * (1/1248 m²)		11,66		
Summe Pos. 2		**0,32**	**276,25**	**34,61**	

Tabelle 6.21 Einheitspreisbildung

Einheitspreisbildung					
	Lohn [h] * 65,41[DM/h] + 40 % = 91,57 [DM/h]	Sonstige Kosten + 10 %	Geräte-kosten + 30 %	Fremd-leistung + 10 %	Einheits-preis
	[DM/E]	[DM/E]	[DM/E]	[DM/E]	[DM/E]
Position	①	②	③	④	∑ ①-④
Pos. 1 Baustelleneinrichtung 1 pauschal	33,91 * 91,57 = 3.105,27	10.224,60 * 1,1 = 11.247,06	4.320,71 * 1,3 = 5.616,92		19.969,25
Pos. 2 Spundwand 1326 m²	0,32 * 91,57 = 29,30	276,25 * 1,1 = 303,88	34,61 * 1,3 = 44,99		378,17

6.4 Bohrpfahlwand

6.4.1 Technische Grundlagen

Bohrpfahlwände werden aus wirtschaftlichen Gründen bevorzugt als tragendes Element in das zu erstellende Bauwerk einbezogen sowie als verformungsarme Baugrubensicherung, insbesondere im innerstädtischen Bereich, eingesetzt.

Bohrpfahlwände sind Ortbetonwände, die mittels überschnittener oder tangierender Stahlbetonpfähle zusammengesetzt sind. Des Weiteren sind aufgelöste Konstruktionen mit Ausfachungen zwischen den Pfählen möglich. Bei überschnittenen Bohrpfählen wird in einem ersten Arbeitsgang jeder zweite Pfahl (unbewehrt) hergestellt. Nach dem Erstarren und vor dem Erhärten des Betons werden die zwischenliegenden bewehrten Pfähle so angeordnet, dass die Primärpfähle mit 0,1 bis 0,2 d angeschnitten werden. Die Sekundärpfähle werden gemäß den statischen Anforderungen bewehrt.

- Überschnittene Wand (e < d)

Bei dieser am häufigsten praktizierten Methode wird die Dichtigkeit durch überschnittene Bohrpfähle erreicht.

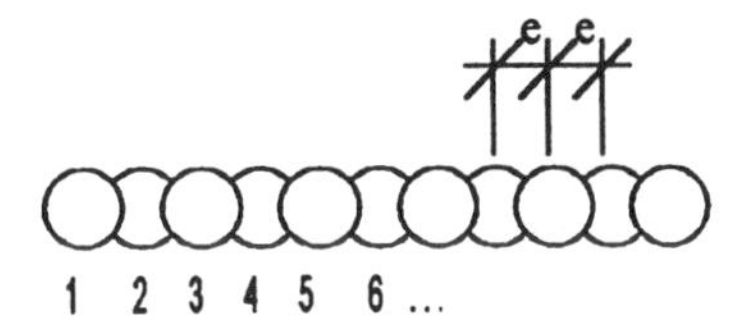

- Aufgelöste Wand (e > d)

Bei dieser Anordnung wird die Dichtigkeit der Wand durch zwischen den Pfählen angeordneten Düsenstrahl-Elemente erreicht.

- Tangierende Wand (e = d)

Die Dichtigkeit wird durch Injektion der Bohrzwickel erreicht.

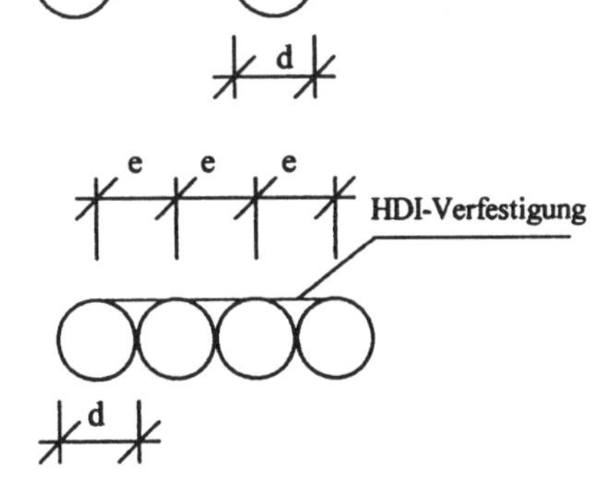

Bild 6.25 Pfahlanordnung bei Bohrpfahlwänden

Die Wahl des Bohrverfahrens (verrohrt/unverrohrt), des –ablaufes sowie die Wahl und der Einsatz der Bohrgeräte obliegt den Bauausführenden. Die Bohransatzpunkte werden durch Bohrschablonen festgelegt.

Wenn die Bohrpfähle nicht in eine ausreichend steife Überbaukonstruktion mit geringem Abstand zur Verankerungsebene einbinden, sind für die Aufnahme der Ankerkräfte i. d. R. lastverteilende Gurte erforderlich. In mitteldicht gelagerten grobkörnigen bzw. halbfesten feinkörnigen Böden kann darauf verzichtet werden, wenn bei überschnittenen Bohrpfahlwänden mindestens jeder zweite Pfahl bzw. bei tangierenden Wänden jeder zweite Zwickel zwischen den Pfählen durch einen Anker gehalten wird. Zusätzlich ist es erforderlich, die Anfangs- und Endbereiche der Wand zu sichern.

Bei starkem chemischen Angriff ist, sofern keine zusätzlichen Schutzmaßnahmen getroffen werden, ein Nachweis zur Rissbreitenbeschränkung erforderlich.

Die geräusch- und erschütterungsarme Bauweise der Bohrpfahlwandherstellung weist gegenüber der Schlitzwandbauweise (vgl. Kapitel 6.2) folgende Vorteile auf:

- größere Standsicherheit, da die Bohrlochdurchmesser wesentlich kleiner sind als die Mindestlänge der Schlitzwandlamellen
- geringere Störungen/Deformationen des Bodens
- mögliche Staffelung der Einbindetiefe der einzelnen Pfähle
- zuverlässigere Lastübertragung und geringere Setzung am Fuß der Bohrpfahlwand (bei der Schlitzwandbauweise kann das Boden-Suspensions-Gemisch i. d. R. nicht vollständig verdrängt werden)
- genauere Ausführung der Bohrarbeiten als der Schlitzwandaushub (Abweichung von der Lotrechten bei Bohrpfählen ≈ 0,5 %, bei Schlitzwänden ≈ 1,0 %)
- geneigte Herstellung möglich (maximal 15 %)

Dagegen weisen Bohrpfahlwände eine größere Anzahl von Fugen auf als Schlitzwände, was dazu führt, dass diese in Bezug auf die Wasserdichtigkeit ungünstiger sind. Zudem können Hindernisse im Boden ein Auseinanderlaufen der Pfähle und damit Undichtigkeiten der Wand bewirken. Der Platzbedarf für eine Bohrpfahlwand ist bei gleicher Beanspruchung größer als für eine Schlitzwand.

Zur Bohrpfahlherstellung sind insbesondere die Empfehlungen des Arbeitskreises „Baugruben“ (EAB) sowie die Angaben der DIN 4014 „Bohrpfähle, Herstellung und Bemessung“ zugrunde zu legen.

6.4.2 Nachweis und Dimensionierung

Für den Nachweis und die Dimensionierung von Bohrpfahlwänden als Baugrubensicherung wird im Folgenden auf wesentliche Bestimmungen verwiesen. Zu beachten ist insbesondere bei der Herstellung von Bohrpfählen, dass an der Bohrlochsohle keine hydraulischen Grundbrüche auftreten bzw. die Wasserauflast im Bohrrohr hinreichend gewählt wird. Zudem müssen die Bedingungen für das Betonieren im Kontraktorverfahren zuverlässig gewährleistet werden.

- Bemessung der Bohrpfahlwand als Baugrubensicherung

Der Nachweis der Wand wird nach EAB (EB 117, EB 142) geführt.

- Nachweis der Einbindetiefe

Die Einbindetiefe wird nach EAB (EB 119) nachgewiesen.

- Geländebruchsicherheit

Die Geländebruchsicherheit, d. h. die Sicherheit des Gleitkörpers gegen Abrutschen, wird nach DIN 4084 „Gelände- und Böschungsbruchuntersuchungen“ bzw. EAB (EB 145) nachgewiesen.

- Nachweis der Abtragung der lotrechten Kräfte

In der Regel ist der Nachweis zu erbringen, dass die auftretenden Vertikalkräfte innerhalb des Systems aufgenommen oder einwandfrei in den Untergrund abgetragen werden können. Dieses Nachweisverfahren ist in der EAB (EB 109) geregelt.

- Bemessung der Steifen, Gurte, Verbände, Mittelstützen

Die Abstützungsglieder bei verankerten oder ausgesteiften Baugrubenwänden werden nach EAB (EB 124) bemessen.

- Bemessung der Ankerkraft und Nachweis der Standsicherheit in der Tiefen Gleitfuge bei verankerten Wänden

Die Ankerkraftbemessung und der Standsicherheitsnachweis in der Tiefen Gleitfuge wird analog zu Spundwänden behandelt (vgl. Kapitel 6.3).

6.4.3 Verfahrenstechnik

6.4.3.1 Verfahrensbeschreibung

Das Bauverfahren bei Bohrpfahlwänden besteht entsprechend der Schlitz- und Dichtungsschlitzwandherstellung aus den Prozessen „Schaffen eines Hohlraumes“ und „Einbau von Beton und Bewehrung in den Hohlraum“.

Als erster Verfahrensschritt wird eine Bohrschablone zur Ausrichtung der Bohrungen hergestellt. Diese Schablone besteht in der Praxis i. d. R. aus einer Ortbetonkonstruktion oder aus Betonfertigteilen. Danach erfolgt die Bohrlochherstellung einschließlich des Beton- und Bewehrungseinbaus. Im letzten Verfahrensschritt werden die Bohrpfahlköpfe freigelegt und um ca. 50 cm gekappt. Dies ist erforderlich, da der oberflächennahe Beton durch den Bodenaushub und die Suspension verunreinigt sein kann und dort die Betonfestigkeit herabgesetzt wird. Im Folgenden werden die wesentlichen Verfahren der Bohrpfahlherstellung beschrieben.

Verrohrtes Bohrverfahren

Die Bohrung wird unter einer vorauseilenden Verrohrung, die oszillierend oder durchdrehend eingedrückt wird, abgeteuft. Je nach Bodenart muss das Bohrrohr bis zu einem halben Rohrdurchmesser vorauseilen, wobei ein Unterschneiden des Bohrrohres nicht zulässig ist. Der Bodenaushub erfolgt mit einer Verdrängerschnecke, einem Kastenbohrer, einem Bohreimer oder einem Greifer. Nach dem Erreichen der Endtiefe wird der Boden bis max. zur Unterkante des Vorrohres ausgeräumt und das Bohrgerät aus dem Rohr gezogen. Danach wird der Bewehrungskorb unter Zuhilfenahme einer zweiten Winde eingesetzt und die Pfähle werden über Schüttrohre oder Schüttkübel betoniert. Beim Betonieren wird die Verrohrung gezogen. Das Herausziehen kann durch leichtes Hin- und Herdrehen der Rohre erleichtert werden.

In wasserführenden Bodenschichten kann mit Hilfe einer Bohrschnecke betoniert werden. Dabei wird der Pfahl durch die Seele der Bohrschnecke unter gleichzeitigem Ziehen der Schnecke betoniert, so dass am Pfahlfuß ein Einschluss von Bohrgut vermieden wird. Die Bewehrung wird je nach Betonkonsistenz in den durch das Bohrrohr gesicherten Frischbeton eingedrückt oder einvibriert. Bei drückendem Grundwasser muss die Sohle durch einen Wasserüberdruck gegen Einbrechen gesichert werden.

Unverrohrtes Bohrverfahren

Eine Unverrohrte Bohrung wird in standfestem Boden oder in nicht standfestem Boden unter Zuhilfenahme einer Stützsuspension durchgeführt. In beiden Fällen ist ein Anfängerrohr zur Sicherung des oberen Bohrlochbereichs notwendig. Als Stützflüssigkeit wird im Allgemeinen eine Bentonitsuspension verwendet. Die Bohrpfahlwandherstellung mit einem unverrohrten Verfahren kann in folgende Schritte unterteilt werden:

- Setzen des Anfängerrohres
- Aushub des Bodens mittels Bohrschnecke, Bohreimer oder Saug-Lufthebebohrverfahren (ggf. unter Verwendung einer Stützflüssigkeit)
- ggf. Austausch bzw. Homogenisierung der Stützflüssigkeit
- Putzen der Sohle
- Einbauen der Bewehrung
- Betonieren im Kontraktorverfahren

Bei einem unverrohrten Bohrverfahren kann der Boden teilweise oder vollständig mit Hilfe von Schneckenbohrern verdrängt werden. Die Herstellung unverrohrter Schneckenbohrpfähle hat sich in den letzten Jahrzehnten durchgesetzt und ist seit 1990 Bestandteil der DIN 4014. Im Folgenden werden die Bohrverfahren mit einer Teil- und einer Vollverdrängerschnecke beschrieben:

Unverrohtes Bohrverfahren mit Teilverdrängerschnecke

Eine Teilverdrängerschnecke besteht aus einem Seelenrohr von 100 bis 150 mm Durchmesser und einem Gesamtdurchmesser von 450 bis 1200 mm. Das untere Ende des Rohres ist mit einer verlorenen Spitze verschlossen. Durch eine geeignete Drehzahlwahl wird ein Teil des Bodens beim Vorschub seitlich verdrängt, so dass nur der verbleibende Boden gefördert wird. Die seitliche Verdrängung führt zu einer Bodenverdichtung an der Bohrlochwandung. Die Menge des zu fördernden Bodens hängt von der Bodenbeschaffenheit, der Verdrängbarkeit und dem Auflockerungsgrad ab. Während des Bohrvorganges ist die Anzahl der Schneckenumdrehungen in Abhängigkeit von der Tiefe zu protokollieren.

Nach dem Erreichen der Endtiefe wird der Pfahl unter gleichzeitigem Ziehen der Bohrschnecke durch das Seelenrohr betoniert. Um Einschnürungen oder Abrisse zu vermeiden, muss der Betonierdruck immer höher als der statische Druck der Betonsäule sein. Die Bewehrung wird nach dem Betonieren eingedrückt oder eingerüttelt. Dabei ist zu beachten, dass der Bewehrungskorb die nötige Stabilität für das jeweilige Einbringverfahren besitzt. Im Bild 6.26 sind die einzelnen Arbeitsprozesse zur Herstellung von bewehrten Schneckenbohrpfählen zusammengestellt:

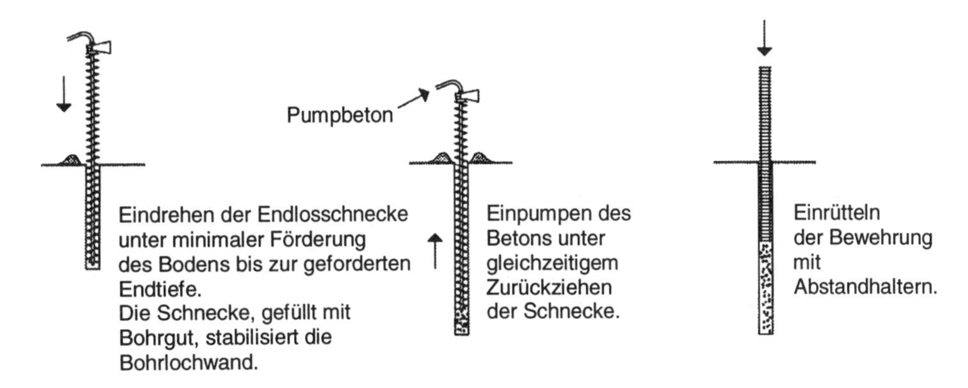

Bild 6.26 Herstellen von bewehrten Schnecken-Ortbeton-Pfählen

Unverrohrtes Bohrverfahren mit Vollverdrängerschnecke

Die Vollverdrängerschnecke besitzt ein Seelenrohr mit einem Durchmesser von mindestens 400 mm, auf das eine Bohrschnecke aufgeschweißt ist. Mit einer Vollverdrängerschnecke lassen sich Bohrlochdurchmesser von ca. 500 bis 1000 mm herstellen. Das Seelenrohr ist wie bei der Teilverdrängerschnecke mit einer Spitze verschlossen. Diese Spitze geht entweder verloren oder wird durch das Rohr wiedergewonnen. Bei diesem Verfahren wird der Boden vollständig verdrängt, so dass die Bewehrung vor dem Betonieren in das Bohrloch eingebracht werden kann.

Mixed-in-Place Verfahren

Neben den beiden zuvor beschriebenen Verfahren können zur Grundwasserabdichtung verfestigte Erdpfähle hergestellt werden. Dieses Verfahren wird als Mixed-in-Place Verfahren (MIP) bezeichnet. Beim Mixed-in-Place Verfahren wird der Boden mit Bindemitteln im Nassmischverfahren vermörtelt. Die so hergestellten verfestigten Erdpfähle können sowohl statische, als auch abdichtende Funktion übernehmen und sind somit als Baugrubensicherung und als –abdichtung geeignet.

Im Gegensatz zu den herkömmlichen Schneckenbohrverfahren wird beim Mixed-in-Place Verfahren während des Abteufens kontinuierlich Suspension (Bindemittel) zugegeben. Nach dem Erreichen der Endtiefe wird die Bohrschnecke gezogen. Während des Herausziehens muss die Schnecke gedreht werden, um das Boden-Suspensionsgemisch zu homogenisieren.

Im Allgemeinen wird für die Herstellung der Erdpfähle Zement oder eine Zement-Bentonitsuspension verwendet. Die Wahl der eingesetzten Suspension hängt von den bodenmechanischen Kennwerten (Kornzusammensetzung, Porenvolumen, Lagerungsdichte), den Suspensionseigenschaften (Pumpbarkeit, Stabilität und Erhärtungsgeschwindigkeit) sowie von der erforderlichen Endfestigkeit ab. Die Eignung der Suspension muss durch Laborversuche nachgewiesen und auf der Baustelle ständig kontrolliert werden.

Um die Effizienz dieser Bauweise zu erhöhen, hat die Firma Bauer eine Dreifach-Bohrschnecke entwickelt. Mit diesem Gerät lassen sich wandartige Scheiben herstellen, in die die Bewehrungsmatten eingestellt werden. Die MIP-Wände sind in Wandstärken von 40 und 55 cm herstellbar. Zur Zeit wird eine Bohrschnecke mit einem Durchmesser von 88 cm entwickelt.

Die vorgestellten Verfahren gliedern sich in verschiedene Prozesse, Teilprozesse und Geräte (Tabelle 6.22). Nachfolgend wird nur das Verfahren der Bohrpfahlwandherstellung mit verrohrter Bohrung beschrieben:

Tabelle 6.22 Prozesse der Bohrpfahlwandherstellung mit verrohrter Bohrung

Prozess	Teilprozess	Geräte
Herstellen der Bohrschablone	- Ortbeton: Ausheben, Schalen, Bewehren, Beseitigen Alternativ: - Verlegen von Fertigteilen	Bagger, Abbruchgerät
Abteufen der Bohrung	- Verrohrtes Verfahren - Bohren - Bohrgut abfahren	Bohranlage / Bohrwerkzeug
Bewehren	- Vorfertigen der Bewehrungskörbe - Einbau	Hydraulikbagger oder Bohrgerät
Betonieren / Dichtmasseneinbau	- Einlassen des Betonierrohrs - Betonieren unter langsamem Ziehen der Betonrohre und der Bohrrohre	Radlader (Betonierschaufel) Betonierrohre, Trichter, Seilbagger
Nach- bzw. zusätzliche Arbeiten	- Reinigen der Außenschale - Freilegen und Kappen der Bohrköpfe	Hochdruckpumpe Abbruchgerät

6.4.3.2 Gerätebeschreibung

Die Ausrüstungen für Bohrpfahlherstellungen sind sehr variantenreich und werden kontinuierlich weiterentwickelt. Nachfolgend wird nur das am häufigsten eingesetzte Gerät, die Drehbohranlage, vorgestellt:

Drehbohranlage

Die Drehbohranlagen haben sich aufgrund ihrer hohen Flexibilität und ihrem breiten Einsatzbereich durchgesetzt. Das Anlagensystem der Drehbohrgeräte kann auf folgende Bohrverfahren eingestellt werden (Bild 6.27):

- Kelly-Bohren, verrohrt und unverrohrt
- Kelly-Bohren mit Verrohrungsmaschine
- Voll- und Teilverdrängungsbohren
- Vor-der-Wand Bohren

Die Drehbohrgeräte bestehen aus einem Grundgerät, an dem ein Mäkler montiert ist, und Zusatzgeräten. Alle Geräte können durch Zurücklegen oder nach vorne Klappen des Mäklers auf geringe Transportmaße zerlegt werden. Die Breite, des zu transportierenden Gerätes, beträgt rund 3 m. Je nach Modell kann der Bohrtisch am Mäkler umgeklappt oder demontiert werden. Die Abmessungen müssen bei Transporten beachtet werden, um Probleme bei Brücken, Ampeln o. ä. zu vermeiden.

Die Wahl des richtigen Bohrgerätes richtet sich u. a. nach der Bodenbeschaffenheit, dem Bohrdurchmesser sowie dem gewählte Bohrverfahren. Dabei ist auf eine saubere Abstimmung der einzelnen Komponenten zu achten, wobei im Allgemeinen das Drehmoment beim Bohren maßgebend ist. Beispielsweise ist für die Herstellung überschnittener Bohrpfahlwände in Sanden bei einem Bohrdurchmesser von 90 cm ein Drehmoment in der Größenordnung von ca. 140 kNm ausreichend.

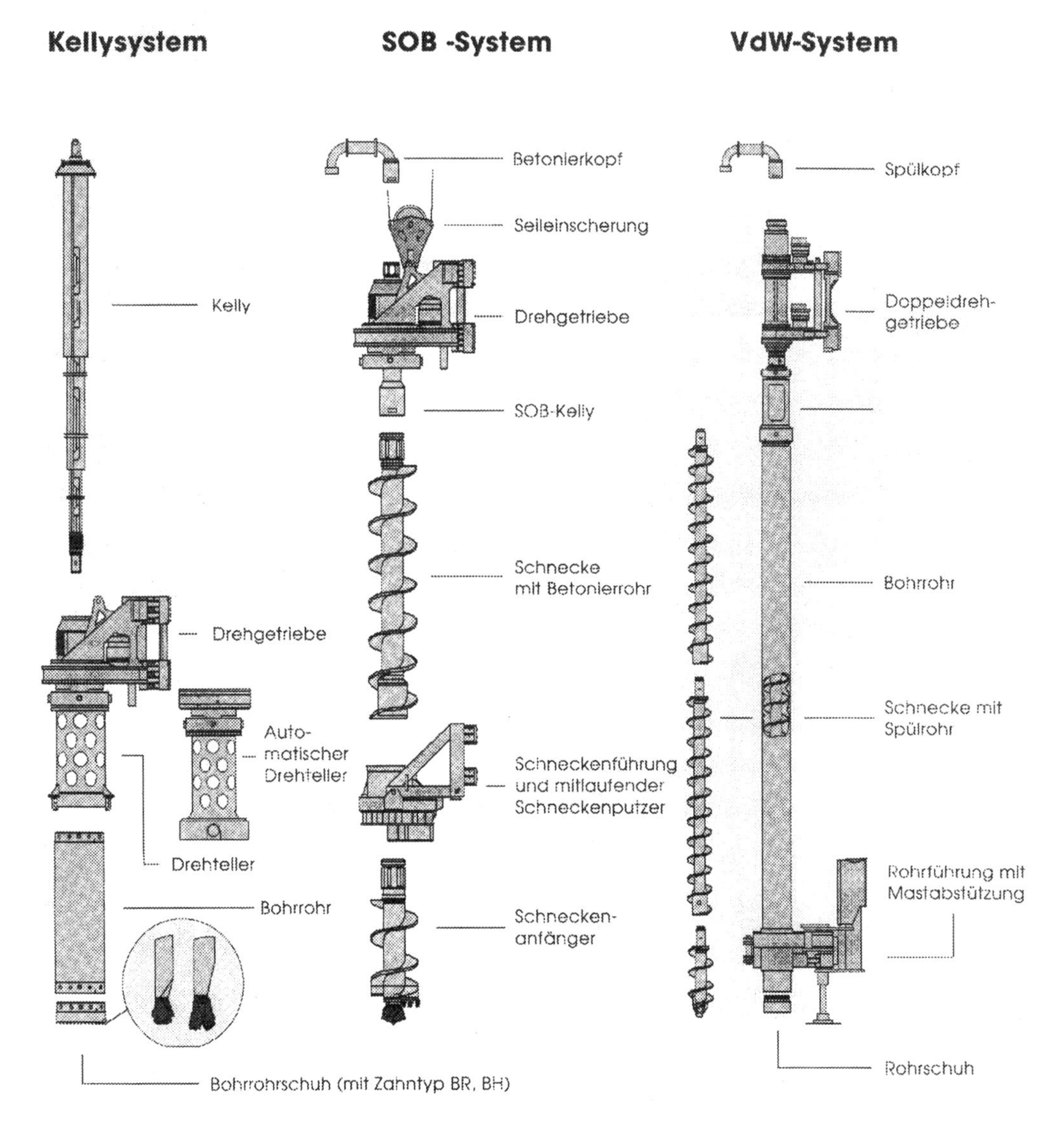

Bild 6.27 Übersicht über die Geräte verschiedener Drehbohrverfahren der Fa. Bauer[42]

[42] Fa. Bauer: Firmenprospekt

Im Folgenden werden die wesentlichen Bestandteile der Drehbohranlage beschrieben:

Kraftdrehkopf „KDK“

Kraftdrehköpfe erzeugen das für das Bohren erforderliche Drehmoment. Die Kraftdrehköpfe der einzelnen Bohrverfahren unterscheiden sich in dem Durchgang für die Kellystange und dem Betonierdurchgang für das „Vor-der-Wand“-Bohrverfahren. Die KDK`s verfügen über unterschiedliche Leistungsstärken und bieten i. d. R. variable Drehzahlen in unterschiedlichen Gängen.

Doppelbohrkopfanlage

Bei Doppelbohrkopfanlagen wird das Drehmoment für das Bohrrohr und das Moment für die Bohrschnecke von zwei verschiedenen Bohrtischen erzeugt. Ein wesentliches Merkmal dieser Anlage ist das zeitgleiche Verrohren und Bohren, wobei sich die Bohrschnecke und das Bohrrohr entgegengesetzt drehen. Die Doppelbohrkopfanlage ermöglicht das direkte Bohren vor einer Wand (minimaler Abstand 100 mm bei DELMAG DKK). Neuentwicklungen ermöglichten eine Vergrößerung der Bohrdurchmesser von 600 auf 880 mm.

Verrohrungseinrichtung

Die Verrohrungseinrichtungen werden in Primär- und Externverrohrungen unterschieden. Bei der Primärverrohrung wird über einen Rohrmitnehmer (Drehteller) das Rohr gedreht und vertikal in den Boden eingedrückt. Mit diesem Verfahren lassen sich problemlos Bohrtiefen von 0,9 bis 20 m herstellen. Bei einigen Modellen ist eine kurzfristige Erhöhung des Drehmomentes beim Verrohren möglich. Die Kraftdrehköpfe können Drehmomente bis zu 400 kNm erzeugen. Bei einer Externverrohrung werden unterschiedliche Geräte für die Verrohrung (Verrohrungsmaschine) und den eigentlichen Bohrvorgang verwendet.

Bohrwerkzeuge

Der Bohrfortschritt hängt neben dem Bohrgerät im Wesentlichen von den Bohrwerkzeugen ab. In der Tabelle 6.23 wird ein Überblick über die Bohrwerkzeuge, deren Ausführungen und Einsatzbereiche gegeben:

Tabelle 6.23 Bohrwerkzeuge

Bohrwerkzeuge		
Werkzeug	Ausführung	Boden
Bohrschnecke	Einseitige Schneide und Flachmeißel	Weiche bis steife feinkörnige und lockere grobkörnige Böden
	Zweiseitige Schneide und Flachmeißel	Steife bis feste feinkörnige und lockere grobkörnige Böden
	Zweiseitige Schneide und Rundschaftmeißel	Schwere feinkörnige Böden mit Einlagerungen, fest gelagerte grobkörnige Böden und Fels
	Ausklappbares Schneidenteil für Unterschneidungen, Flach- oder Rundschaftmeißel	Feinkörnige Böden und Fels
	Zweiseitige Schneide mit Flach- und Rundschaftmeißel	Mischböden und Sonderfälle
Bohreimer	Flachzähne	Locker bis mitteldicht gelagerte Sande und Kiese im Grundwasser
	Drehboden	Lockerböden im Grundwasser
	Flachmeißel	Dicht gelagerte Böden im Grundwasser
	Rundschaftmeißel	Sehr dicht gelagerte Böden und Fels im Grundwasser
Endlos-Bohrschnecke (kleine Seele)	Feste Schneide	Feinkörnige und lockere Böden
	Verlorene Spitze bzw. Schneide	Mitteldichte Böden
	Feste Schneide und Flachmeißel oder Rundmeißel[1)]	Schwere Böden
Verdränger-Endlosbohrschnecke	vgl. Endlosbohrschnecke	vgl. Endlosbohrschnecke
[1)] Die Betonieröffnung liegt im Schatten der Meißel, daher ist ein Verschluss nicht notwendig		

6.4.3.3 Informationen zur Leistungsberechnung

Die Herstellung einer Bohrpfahlwand ist eines der zeitaufwendigsten Verfahren zur Grundwasserabsperrung. Beispielsweise ist bei überschnittenen Bohrpfahlwänden (∅ 90 cm) im Sand eine Tagesleistung von 42 m Säule am Tag ansetzbar. Dies entspricht einer Tagesleistung von ca. 30 m^2 Bohrpfahlwand. Bei dem Mixed-in-Place Verfahren ist bei Verbauwänden eine Tagesleistung von ca. 100 m^2 und bei Dichtwänden ca. 200 m^2 möglich. Für die Herstellung und das Verlegen der Bohrschablonen können erfahrungsgemäß etwa 20 m/AT bei Ortbetonteilen und 50 m/AT bei Fertigteilen angesetzt werden.

In der Tabelle 6.24 sind Anhaltswerte zur Kostenschätzung bei der Herstellung von Bohrpfahlwänden zusammengestellt.

Tabelle 6.24 Kosten für die Herstellung von Bohrpfahlwänden

Baugrube		**3 m, unverankert**	**5 m, einfach verankert**
Bohrdurchmesser	[cm]	80	90
Länge des Pfahles	[m]	3 m frei, 3,5 m Einbindelänge	5 m frei 2 m Einbindelänge
Kosten für die Baustelleneinrichtung	[DM]	15.000,-	15.000,- Bohrgerät 10.000 bis 12.000,- Ankerbohranlage
Erstellen der Bohrschablone	[DM/m]	300 bis 350,-	300 bis 350,-
Bohren inkl. Aushubentsorgung	[DM/m]	280,-	300,-
Stahl	[kg/m]	50	50
Kappen der Pfähle	[DM/Stk]	250,-	250,-
Reinigen	[DM/m²]	50,-	50,-
Ankerbohrungen	[DM/m]	/	200,-
Nachspannen der Anker	[DM/Stk]	/	250,-

6.4.3.4 Anmerkung zur Leistungsbeschreibung

Für die Herstellung einer Bohrpfahlwand gelten die folgenden Normen:

DIN-Normen

Für die Bohrpfahlwandherstellung gilt die DIN 18 301 „Bohrarbeiten“. Für das Benennen und Beschreiben der Böden gelten die DIN 1054, DIN 4020, DIN 4022-1, DIN 4022-2 und DIN 18 196. Die Einstufung des Bodens erfolgt gemäß DIN 18 300 „Erdarbeiten“.

Spezielle Technische Bedingungen für Bohr-, Bohrpfahl- u. Bohrpfahlwandarbeiten (STB-BP)[43]

1. Nebenleistungen
   (1) Einhalten einer plangemäßen Höhe der Pfahloberkante bis zu 50 cm über Sollhöhe bei erforderlicher Leerbohrung
   (2) Einbauen der Bewehrungskörbe oder Träger mit einer Höhentoleranz von ±20 cm bzw. ±2 % der Korb-/Trägerlänge (Bei schwimmender Bewehrung verdoppeln sich die Toleranzen.)
   (3) Beton und ggf. Stützflüssigkeitsmehrverbrauch bis zu 10 % des theoretischen Pfahlvolumens

[43] Englert, K., Grauvogel, J., Maurer, M.: Handbuch des Baugrund- und Tiefbaurechts

2. Besondere Leistungen
   (1) Liefern und Einbauen von Aussparungen (z. B. für Decken- und Sohlanschlüsse) und die hierfür notwendige Anschlussbewehrung
   (2) Bodenbedingter Beton- und ggf. Stützflüssigkeitsmehrverbrauch bei Überschreiten des oben unter Nr. 1 Ziff. (3) genannten Wertes
   (3) Anpassen der Stützflüssigkeit bei vom Leistungsverzeichnis abweichenden Baugrundverhältnissen
   (4) Abstemmen des Überbetons am Pfahlkopf bis zur planmäßigen Höhe, Herrichten der Anschlussbewehrung sowie Beseitigen des anfallenden Materials
   (5) Beseitigen der unbrauchbaren Stützflüssigkeit und des mit Stützflüssigkeit vermengten Bodens
   (6) Herstellen und Abbrechen der Bohrschablone sowie Beseitigen des anfallenden Materials
   (7) Reinigen der freigelegten Ansichtsflächen, Abstemmen von Vorwüchsen sowie Beseitigen des anfallenden Materials
   (8) Freilegen von Aussparungskörpern und Anschlussbewehrungen in den Pfählen sowie Beseitigen des anfallenden Materials
   (9) Statische und/oder dynamische Probebelastungen sowie Integritätsprüfungen

3. Aufmaß und Abrechnung
   Ergänzend zu ATV DIN 18 301, Abschnitt 5:
   Pfahllänge: von planmäßiger Oberkante bis vorgeschr. Unterkante des Pfahls
   Leerbohrung: von Oberkante Bohrplanum/Bohrschablone bis zur plangemäßen Oberkante Pfahlkopf
   Stahlgewicht: unter Ansatz der statisch erforderlichen Pfahlbewehrung und der konstruktiven Einbauteile für die Bewehrungskörbe, wie z. B. Aussteifungsringe, Aufstandskreuze, Abstandshalter

Zusätzliche Technische Bedingungen für Verbauarbeiten mit Ausfachung

Die Zusätzlichen Technischen Bedingungen für Verbauarbeiten werden bereits im Kapitel 6.3 im Rahmen der Spundwandherstellung aufgeführt.

6.4.4 Qualitätssicherung

Bei der Herstellung von Bohrpfahlwänden zur Grundwasserabsperrung sind insbesondere folgende qualitätssichernde Maßnahmen notwendig:

- Kontrolle der Vertikalität und Überschneidung der Bohrung (Exakte Führung und Vermessung der Bohrrohre bzw. der Bohrschnecke, nachträgliche Vermessung mit Neigungssonden)
- Reinigung der Bohrlochsohle zur Vermeidung von Setzungen infolge von Vertikallasten (Öffnen von Fugen), insbesondere bei feinkörnigen Böden
- Überprüfung der Betoneigenschaften

6.4.5 Beispiel

Situationsbeschreibung

Die Abmessungen der Baugrube in der Achse der Bohrpfahlwand betragen 15 m * 30 m (vgl. Kapitel 3.2). Es wird von einer Pfahltiefe von 13 m ausgegangen. Die Bodenkennwerte werden als bekannt vorausgesetzt.

Die Baugrubenwand wird in diesem Beispiel aus überschnittenen, verrohrten Bohrpfählen (∅ 90 cm) ausgeführt. Die Bohrpfahlwand soll als Gebäudebestandteil genutzt werden und muss somit nachbehandelt werden. Die Nachbehandlung ist jedoch nicht Bestandteil der Kalkulation.

Bei der Bohrpfahlherstellung wird großer Wert auf die Genauigkeit der Vertikalität und die Wasserdichtigkeit gelegt. Die Bohrschablone wird mit einer Dicke von d = 0,4 m aus Ortbeton hergestellt.

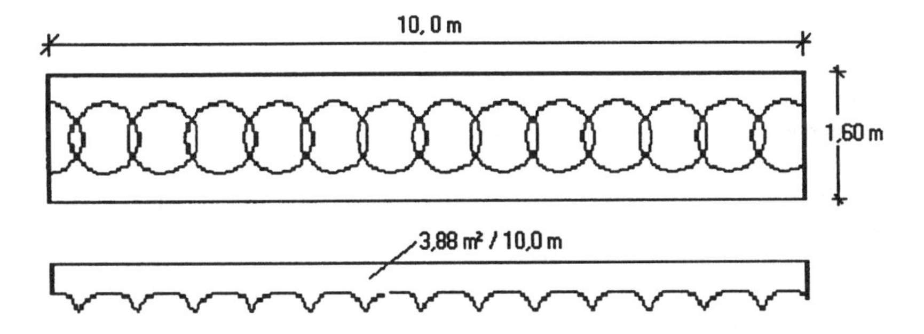

Bild 6.28 Ausführungsform der Bohrschablone

Leistungsbeschreibung

Tabelle 6.25 Leistungsverzeichnis

Leistungsverzeichnis				
Pos. Nr.	**Bezeichnung**	**Menge**	**EP [DM]**	**GP [DM]**
1	Einrichten und Räumen der Baustelle Vorhalten der Baustelleneinrichtung für sämtliche in der Leistungsbeschreibung ausgeführten Leistungen Sanitäre Einrichtungen, Unterkünfte, Wasser- und Stromanschluss werden vom Generalunternehmer gestellt	1 psch	37.177,00	37.177,00
2	Beidseitige Schablone für Bohrpfahlwand aus überschnittenen Pfählen herstellen, vorhalten und entfernen Pfahldurchmesser 90 cm, Überschneidung nach Wahl des AN aber mindestens 15 cm, einschl. Schalen, Bewehren, Betonieren und Bodenaushub der Klassen 3 und 4 (DIN 18300), anfallenden Boden seitlich lagern , überschüssigen Boden zur Lagerstelle des Arbeitgebers (Entfernung 2 km) abtransportieren Schablone mit einer Dicke bis 0,5 m herstellen und für die Dauer der Ausführung vorhalten und wieder abbrechen, Abbruchgut beseitigen, Aufmaß der Schablone in Achse der Bohrpfahlwand	90 m	230,63	20.756,70
3	Ortbetonpfahlwand als Verbau und Bauwerksbestandteil im Kontraktorverfahren nach DIN 1045 herstellen Pfähle vertikal, überschnitten, im Pilgerschrittverfahren herstellen, Achsabstand ≤ 75 cm, aus C 25/30 (B 25), wasserundurchlässig, Pfahldurchmesser 90 cm, Pfahlwandtiefe 13 m Bodenarten Klasse 3 und 4 (DIN 18300), Bodengutachten liegt vor, anfallenden Boden beseitigen Ausführung gemäß Zeichnung Nr. ..., Aufmaß der Wandtiefe von Pfahlkopfsollhöhe bis Pfahlfuß und die Länge jeweils in der Wandachse Besondere Anforderung: vertikale Abweichung < 1 %, kapillare Durchfeuchtung < Verdunstung	1.170 m²	442,25	517.432,50
Titel	Bohrpfahlwand	Summe Netto		575.366,20 DM
		16% MwSt.		92.058,59 DM
		Angebotssumme		667.424,79 DM

Mengenermittlung

Pos. 2: Die Länge der zu erstellenden Bohrschablone beträgt in Achse der Baugrubenwand: $2 * (15\ m + 30\ m)$ = $\underline{90{,}0\ m}$

Pos. 3: Die Kosten der Bohrpfahlwandherstellung werden über die Fläche der Wand in Achse der Baustellenabmessung ermittelt. Diese ergibt sich bei einer Aushubtiefe von 13 m zu: $2 * (15\ m + 30\ m) * 13\ m$ = $\underline{1170{,}0\ m^2}$

Damit ergibt sich die Anzahl der herzustellenden Pfähle zu:

90,0 m / 0,75 m = 120 Stück

Das gesamte Betonvolumen der Wand in Achse der Baugrube beträgt somit:

$V = 120 * \pi * 0{,}92/4 = 992{,}43\ m3 \Rightarrow 992{,}43\ m3 / 1.170\ m2 = 0{,}85\ m3/m2$

Bauverfahren und zugehörige Leistungswerte

Eine Aufschüttung zur besseren Befahrbarkeit und zur Lastverteilung ist nicht notwendig, da die Tragfähigkeit des Bodens als ausreichend angenommen wird.

Geräteauswahl: Für die Bohrpfahlwandherstellung werden folgende Geräte gewählt:

- 125 kW Bagger O&K GT9 mit Großlochdrehbohrgerät, Kraftdrehkopf, Kellystange und Steinschlagschutz
- 35 kW Radlader Atlas 52c mit Palettengabel und Klappschaufel
- Schneidschuh für Bohrrohr DN 900 mm
- Verrohrungsmaschine Bauer BV 900

Die Baggergrundgeräte werden bei einer Verwendung von Bohrgeräten i. d. R. mit stärkeren Motoren ausgestattet. Dadurch ergeben sich leicht geänderte BGL Werte.

Es wird eine Tagesleistung von 3 Pfählen/Tag angestrebt. Dies entspricht einer Leistung von: $0{,}75\ m * 3 * 13\ m$ = $\underline{29{,}25\ m^2/AT}$

Zeitaufwand: Es wird davon ausgegangen, dass pro Tag aus Termingründen 10 h gearbeitet wird. Die Kolonnenstärke wird auf drei Arbeitskräfte festgelegt.

Bei der Bohrschablone wird ein Bewehrungsanteil von $0{,}02\ t/m^3$ angesetzt. Für das Betonieren wird ein Verbrauch von:

$3{,}88\ m^2/10{,}0\ m * 0{,}4\ m * 2 = 0{,}31\ m^3/m$

zugrunde gelegt. Es sind 3 AK mit der Herstellung der Bohrschablone beschäftigt.

Hieraus ergibt sich der folgende Zeitaufwand:

- Aushub und Einmessen: 0,15 h/m³ * 0,64 m³/m = 0,10 h/m
- Schalung: 0,8 h/m² * 1,2 m²/m = 0,96 h/m
- Bewehrung herstellen: 10 h/t * 0,02 t/m³ * 0,31 m³/m = 0,06 h/m
- Betonieren: 0,9 h/m³ * 0,31 m³/m = 0,28 h/m

1,40 h/m

Daraus ergibt sich eine Tagesleistung von:

$$\frac{10\,h/AT}{1{,}40\,h/m} * 3\,AK \qquad = \underline{21{,}4\ m/AT}$$

Bei 90 m entspricht dies ≈ 4 AT

Der Zeitaufwand für das Abbrechen wird mit einem AT (= 0,12 h/m) veranschlagt.

Beim Herstellen der Bohrlöcher wird für den Bohrfortschritt 8 m/h angenommen. Das Umstellen der Bohreinheit soll 15 Min. (= 0,25 h) betragen. Für Arbeiten kleineren Umfangs, einschließlich das Einstellen des Bewehrungskorbes, und Wartezeiten werden 45 Min. (= 0,75 h) angenommen. Damit ergibt sich eine Arbeitsleistung von:

$$\frac{\left(\frac{13\,m/Stk}{8\,m/h} + 0{,}25\,h/Stk\right) * 3\,Stk + 0{,}75\,h}{29{,}25\,m^2} * 3\,AK \qquad = \underline{0{,}64\ h/m^2}$$

Die Herstellung der Bewehrung wird von einer anderen Kolonne übernommen. Die Bewehrungskörbe werden fertig auf die Baustelle geliefert und mit Hilfe des Bohrmäklers in die Bohrungen eingelassen. Der Bewehrungsgrad der bewehrten Pfähle beträgt unter Annahme der Mindestbewehrung 0,05139 t/m³. Da nur jeder zweite Pfahl bewehrt wird, ergibt sich ein Bewehrungsgrad von 0,026 t/m³. Der Zeitaufwand für die Bewehrungsherstellung wird mit 10 h/t angenommen.

Der Zeitaufwand für das Betonieren der Bohrpfähle liegt bei 0,16 h/m³ (≈ 6,3 m^3/h), wenn von einem Lohnaufwandswert von 0,5 h/m^3 und 3 AK ausgegangen wird. Damit ergibt sich die erforderliche Zeit für die Herstellung eines Bohrpfahles zu:

$$\frac{13\,m/Stk}{8\,m/h}(Bohren) + \frac{8{,}28\,m^3/Stk}{6{,}3\,m^3/h}(Betonieren) + 0{,}25\,h/Stk\,(Umstellen) \qquad = 3{,}2\ h/Stk$$

Bei 120 Bohrpfählen ergibt sich für diesen Bauabschnitt eine Dauer von:

120 Stk * 3,2 h/Stk * 1/10 h/AT ≈ 38,5 AT

Aus der Berechnung ergibt sich eine voraussichtliche Dauer der Baumaßnahme von:

- Baustelle einrichten und räumen: 2,0 AT
- Bohrschablone: 4,0 AT
- Bohrpfahlwand 38,5 AT
- Rückbau: 1,0 AT

Gesamt: 45,5 AT

Personalaufwand: Die eingesetzte Kolonne setzt sich wie folgt zusammen:

1 Baggerführer, 1 Maschinenführer, 1 Facharbeiter

Sonstige Kosten: Der Preis für Beton liegt, bei einer Entfernung des nächsten Betonwerkes von 5 bis 8 km, bei ca. 150 DM/m³. Aufgrund von Überbohrungen werden 5 % Mehrverbrauch eingerechnet. Der Stahlpreis für die Bewehrungskörbe wird mit 1.150 DM/t einkalkuliert. Damit werden die Lieferkosten für den Stahl vernachlässigt. Die Kosten für die Schalung werden mit 14 DM/m verrechnet. Die Entsorgung des anfallenden Bohrgutes wird mit 25 DM/m³ in Rechnung gestellt und bei dem Abbruchgut der Bohrschablone werden 50 DM/m³ berechnet.

Kosten- und Preisermittlung

Tabelle 6.26 Zusammenstellung der Tonnagen und monatl. Vorhalte- und Betriebsstoffkosten je Pos.

Pos. Nr.	Bezeichnung		Geräte		Leistung	Auslastung	Betriebsstoffe	Gerätekosten
			klein	groß				
		BGL-Nr.:	t	t	kW	%	DM/h	DM/Mon.
1	Materialcontainer	9415-0060		2,20				197,00
	Radlader	3330-0035		3,80	35	80	6,90	5.081,00
	Kleingerät		0,50					2.000,00
Summen Pos. 1			**0,50**	**6,00**			**6,90**	**7.278,00**
3	Bohreinrichtung	4130-.......		47,27	125	85	26,18	38.170,00
	Verrohrungsmaschine	4136-0900		5,00				5.658,00
	Bohrrohr	4204-.......		6,97				3.343,00
	Schneidschuh	4205-0900	0,24					590,00
	Betonierrohr	2530-1950	0,32					130,00
Summen Pos. 3			**0,56**	**59,24**			**26,18**	**47.891,00**
Summe der gesamten Tonnage:			**1,06**	**65,24**				

Tabelle 6.27 Einzelkosten der Teilleistung

Einzelkosten der Teilleistungen					
Pos. Nr.	Teilleistungen und Kostenentwicklung	Kosten je Einheit			
		Lohn [Std.]	Sonstige Kosten [DM]	Geräte-kosten [DM]	Fremd-leistung [DM]
1	**1psch Baustelleneinrichtung**				
	Transportkosten: 2 * (1,06 t + 65,24 t) * 35 DM/t		4.641,00		
	Laden auf der Baustelle: (2*1,06 t * 1 h/t + 2 * 65,24 t * 0,15 h/t) * 3 AK	65,08			
	Laden auf dem Bauhof: 2*1,06 t * 40 DM/t + 2 * 65,24 t * 10 DM/t		1.389,60		
	Auf- und Abbau der Container: 1 Stück * 5,0 h * 3 AK	5,00			
	Gerätevorhaltekosten: (7.278 DM/Mon. / 21 AT/Mon.) * 45,5 AT Betriebsstoffkosten: 6,90 DM/h * 10,5 h/AT * 45,5 AT		3.296,48	15.769,00	
Summe Pos. 1		**70,08**	**9.327,08**	**15.769,00**	
2	**90 m Bohrschablone, d = 0,4 m**				
	Aushub und Einmessen: 0,15 h/m³ * 0,64 m³/m	0,10			
	Schalen: 1,2 m²/m * 0,8 h/m²	0,96	14,00		
	Bewehren: (10 h/t * 0,02 t/m³ * 0,31 m³/m) (0,02 t/m³ * 0,31 m³/m * 1.150 DM/t)	0,06	7,13		
	Betonieren: 0,31 m³/m * 150 DM/m³ 0,31 m³/m * 0,9 h/m³	0,28	46,50		
	Abbruch: 0,12 h/m 50 DM/m³ * 0,31 m³/m	0,12	15,50		
Summe Pos. 2		**1,52**	**83,13**		

Fortsetzung Tabelle 6.27

3	**1170 m^2 Bohrpfahlwand C 25/30 (B 25), d = 0,9 m, h = 13 m**				
	Lohnaufwand für die Bohrlocherstellung:	0,64			
	Entsorgung des Bohrgutes: 25 DM/m^3 * 0,85 m^3/m^2		21,25		
	Bewehrung: (10 h/t * 0,026 t/m^3 * 0,85 m^3/m^2) (1.150 DM/t * 0,026 t/m^3 * 0,85 m^3/m^2)	0,22	25,42		
	Beton: (0,5 h/m^3 * 0,85 m^3/m^2) (150 DM/m^3 * 0,85 m^3/m^2 * 1,05)	0,43	133,88		
	Gerätevorhaltekosten: (47.891DM/Mon. / 21 AT/Mon.) * 45,5 AT * (1/1170 m^2) Betriebsstoffkosten: 26,18 DM/h * (10,5 h/AT / 29,25 m^2/AT)		9,40	88,69	
Summe Pos. 3		**1,29**	**189,95**	**88,69**	

Tabelle 6.28 Einheitspreisbildung

Einheitspreisbildung					
	Lohn [h] * 65,41 [DM/h] + 40 % = 91,57 [DM/h]	Sonstige Kosten + 10 %	Geräte-kosten +30 %	Fremd-leistung +10 %	Einheits-preis
Position	[DM/E]	[DM/E]	[DM/E]	[DM/E]	[DM/E]
	①	②	③	④	∑ ①-④
Pos. 1 Baustelleneinrichtung 1 pauschal	70,08 * 91,57 = 6.417,51	9.327,08 *1,1 = 10.259,79	15.769,00 *1,3 = 20.499,70		37.177,00
Pos. 2 Bohrschablone 90 m	1,52 * 91,57 = 139,19	83,13 *1,1 = 91,44			230,63
Pos. 3 Schlitzwand 1170 m^2	1,29 * 91,57 = 118,13	189,95 *1,1 = 208,95	88,69 *1,3 = 115,17		442,25

6.5 Düsenstrahlsohle und -wand

6.5.1 Technische Grundlagen

Düsenstrahlsohlen und -wände werden aus einzelnen, überschnittenen, säulenartigen Düsenstrahlelementen hergestellt. Die bauaufsichtlich zugelassenen Düsenstrahlverfahren werden firmenspezifisch benannt (Jet Grouting, Soilcrete, Hochdruckinjektion (HDI), Hochdruckbodenvermörtelung, SOILJET u. a.). Im Unterschied zu konventionellen Injektionen, bei denen mit vergleichsweise geringen Drücken bis etwa 20 bar der vorhandene Porenraum des Bodens zwecks Verfestigung und/oder Abdichtung gefüllt wird, und zu Aufbrechinjektionen (Soilfrac-Verfahren), bei denen der Boden fächer- bzw. kartenhausartig aufgebrochen und jeweils der Spalt verfüllt wird, wird beim Düsenstrahlverfahren die Bodenstruktur durch einen Wasser- oder Suspensionsinjektionsstrahl, ggf. unterstützt durch eine Luftummantelung des Strahls, mit Drücken bis 700 bar abschnittsweise gelöst. Dabei wird ein Teil des Bodens im Rücklauf durch die Bohrung gefördert und ein Teil mit der injizierten Zement-Suspension vermischt. Der im Boden verbleibende Anteil erhärtet und bildet ein Düsenstrahlelement. Zusammenhängende Elemente aufeinanderfolgender Herstellungen bilden schließlich flächenhafte Sohlen oder Wände. Zudem können mit Düsentrahlverfahren einzelne Auslassungen, wie beispielsweise unter kreuzenden Rohrleitungen bei Baugrubensicherungen mit Spundwänden, sehr flexibel bearbeitet werden.

Die Eigenschaften der Düsenstrahlelemente werden von der Zusammensetzung der Suspension, den Baugrundeigenschaften und der Verfahrenstechnik beim Herstellen geprägt. Die wichtigsten bautechnischen Eigenschaften bei Baugrubensicherungen sind die Festigkeit und die Durchlässigkeit des Bauteils.

Als Injektionsmittel werden Wasser-Zement-Suspensionen verwendet. Der Wasser-Zement-Wert der Suspensionen beträgt W/Z = 0,6 bis 1,5, oft W/Z = 0,8 bis 1,0. Der Zement muss mindestens einer Festigkeitsklasse CEM 32,5 (Z 35) nach DIN 1164 entsprechen. Für reine Abdichtungszwecke ist die Festigkeit nachrangig. Hierfür können Bentonit-Zement-Suspensionen mit einem Zusatz von 30 bis 40 kg Bentonit eingesetzt werden.

Die Durchlässigkeit der Düsenstrahlelemente kann bei grobkörnigen Böden allgemein mit $k \leq 10^{-8}$ m/s angenommen werden. Bei einer Bentonit-Zement-Suspension nimmt der Wert mit steigendem Bentonitgehalt ab. Die Durchlässigkeit sowie die Dicke des Injektionskörpers beeinflussen die Sickerwassermenge je Flächeneinheit, die in die Baugrube eintritt. Planmäßig muss bei Wasserspiegeldifferenzen von 5 bis 10 m und einer 1 bis 1,5 m dicken Injektionssohle systembedingt von einer Sickerwassermenge zwischen 5 und 10 l/s je 1000 m^2 Abdichtungsfläche ausgegangen werden. Durchlässigkeiten unter 1,5 l/s je 1000 m^2 sind mit erhöhtem Aufwand bei der Ausführung und Qualitätssicherung der Leistungen möglich. Besondere Anforderungen an die Dichtigkeit des Systems insgesamt und lokal tolerierbare Durchlässigkeiten, beispielsweise hinsichtlich der Grundbruchgefahr, sind individuell vertraglich zu vereinbaren.

Düsenstrahlelemente können in sämtlichen Lockergesteinen in Tiefen von 3 bis 30 m ausgeführt werden. Abhängig von den bodenphysikalischen Eigenschaften und der Verfahrenstechnik stellen sich unterschiedliche Kubaturen der Elemente in wechselnden Bodenschichten ein. Insbesondere bei Injektionen für Baugrubenabdichtungen müssen einerseits die Bohrungen so dicht angeordnet werden, dass sich die Reichweiten der Injektionen zuverlässig überlappen und eine zusammenhängende, geschlossene Barriere entsteht. Andererseits wird aus Kostengründen ein Minimum an Bohraufwand angestrebt. Zudem können bei zu nah angeordneten Bohrungen sog. Düsschatten und damit Fehlstellen beim Durchteufen von bereits erhärtetem Material entstehen. Schließlich steigt die Zahl möglicher Fehlstellen bei geringen Injektionsradien infolge unvermeidbarer Bohrlochabweichungen, Abweichungen im Bohransatzpunkt, Arbeitsfugen etc. Insgesamt setzt die Anwendung der Düsenstrahlverfahren eine besonders sorgfältige Baugrunderkundung und Ausführungsplanung sowie die Kenntnisse und Erfahrungen über Fließeigenschaften der Injektionsmittel und der zu injizierenden Schichten und schließlich über verfahrenstechnische Einstellungen voraus. In der Praxis werden Reichweiten (Radien) von 1,5 bis 3,0 m angestrebt.

Zwecks Validierung der Annahmen bei der bauseitigen Ausführungsplanung werden Probesäulen hergestellt. Bei umfangreichen Injektionvorhaben oder wenn keine Erfahrungen vorliegen sollen bereits vor der Ausschreibung Probeinjektionen vorgesehen werden, um eine größere Planungssicherheit zu erzielen.

Die Anwendungsgrenzen der Düsenstrahlinjektion sind dadurch gegeben, dass der Baugrund gelöst und teilweise durch das Injektionsmittel ersetzt werden muss. Der Anwendungsbereich wird fast ausschließlich von der Bodenfestigkeit bestimmt, die den Lösevorgang be- bzw. verhindern kann. Dies stellt einen wesentlichen Unterschied zu den herkömmlichen Injektionsverfahren dar, deren Anwendung hauptsächlich durch die Kluftweite (Festgestein) bzw. die Größe der Poren und Porenkanäle (Lockergestein) begrenzt wird.

Für die Bodenfestigkeit sind unterschiedliche Baugrundeigenschaften maßgebend. In kohäsivem Lockergestein wird die Festigkeit durch die Kohäsion des Bodens bestimmt. In einem Baugrund, in dem sich kohäsive und nicht kohäsive Schichten abwechseln, kann das Lösen der kohäsiven Schichten Schwierigkeiten bereiten. Dies gilt insbesondere, wenn die Kohäsion ca. 40 kN/m^2 übersteigt und die Fließgrenze über 40 % liegt. Bei derart festen Böden besteht die Gefahr, dass der Schneidstrahl zu den benachbarten, kohäsionslosen Schichten durchbricht, was den Wirkungsgrad auf die kohäsiven Schichten herabsetzt. Zusätzlich wird die Anwendung dadurch begrenzt, dass das Verfahren in festen Böden ggf. nicht wirtschaftlich ist. Um den erforderlichen Einwirkungsradius zu gewährleisten, ist in festen Böden eine geringere Ziehgeschwindigkeit des Gestänges und damit eine längere Bearbeitungszeit notwendig. In der Praxis wurde das Verfahren bislang bei Tonen bis zu einer halbfesten Konsistenz erfolgreich eingesetzt.

In nicht kohäsivem Lockergestein wird die Festigkeit durch die Lagerungsdichte bestimmt. Firmenprospekte geben in grobkörnigen Böden (Kies) als oberen Grenzwert einen mittleren Korndurchmesser von 60 mm an. In noch gröberen Bodenarten wirkt zusätzlich zur Festigkeit die Korngröße begrenzend. Bei einem großen Korndurchmesser ist es nicht möglich, einzelne Steine in dem engen freigefrästen Raum zu bewegen und im Ringraum der Bohrung nach oben zu fördern. Hierfür sind die herkömmlichen Injektionsverfahren, die den vorhandenen Porenraum durch Suspension ausfüllen, besser und kostengünstiger einsetzbar. Das Düsenstrahlverfahren wird in der Praxis für Sande und Kiese bis zu einer dichten Lagerung erfolgreich verwendet.

Zur Herstellung von Düsenstrahlsohlen bzw. -wänden sind insbesondere DIN 18 301 „Bohrarbeiten“ und DIN 18 309 „Einpressarbeiten“ zugrunde zu legen.

6.5.2 Nachweis und Dimensionierung

Die Bemessung und Dimensionierung von Düsenstrahlsohlen erfolgt analog zu dem Nachweis einer verankerten Unterwasserbetonsohle (vgl. Kapitel 6.6.2), sofern die Sohle durch den überlagernden Boden, der nach dem Aushub verbleibt, nicht auftriebssicher ist und verankert werden muss. Diese Sohlen werden als hoch- bzw. mitteltiefliegende Sohlen bezeichnet. Bei diesen Sohlen bzw. bei geringen Überlagerungshöhen sind insbesondere die Nachweise des hydraulischen Grundbruchs bei möglichen Fehlstellen zu führen. Entsprechende Fehlstellen müssen durch geeignete Ausführungen und Qualitätssicherungen zuverlässig vermieden werden. Zudem müssen vor dem Baugrubenaushub sorgfältige Untersuchungen zu möglichen Fehlstellen durchgeführt werden. Tiefliegende Düsenstrahlsohle sind durch den überlagernden Boden auftriebssicher und müssen demzufolge nicht verankert werden. Besondere Nachweise erübrigen sich deshalb im Allgemeinen bei tiefliegenden Düsenstrahlsohlen.

Die Regeln der jeweiligen bauaufsichtlichen Zulassung bezüglich der Verfahrenstechnik, der Dimensionierung und der bauvorbereitenden und baubegleitenden Prüfungen sind zu beachten.

6.5.3 Verfahrenstechnik

6.5.3.1 Verfahrensbeschreibung

Nachfolgend werden die Teilprozesse des Düsenstrahlverfahrens beschrieben:

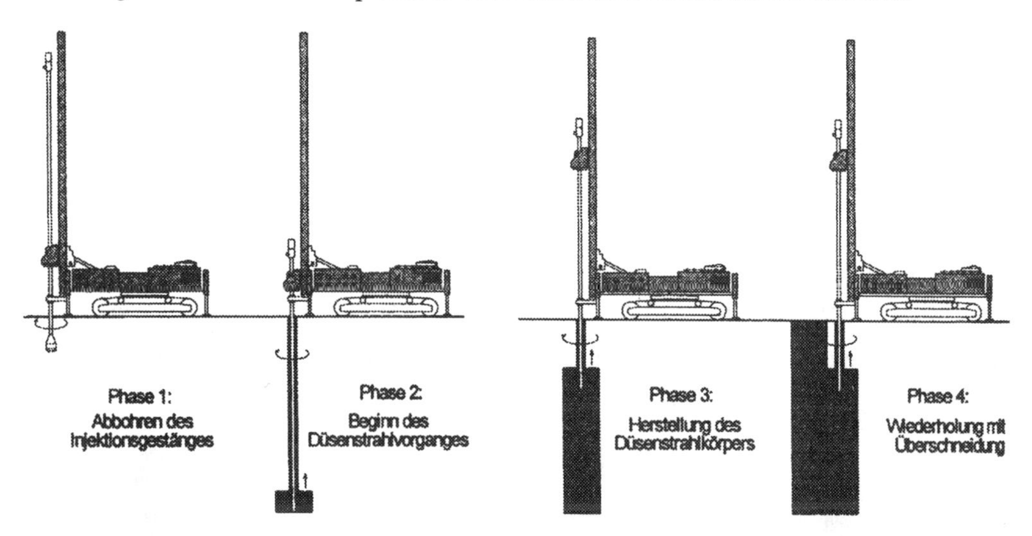

Bild 6.29 Teilprozesse beim Düsenstrahlverfahren[44]

Phase 1: Bohren

Die Bohrung wird durch eine mit einem Bohrgestänge und einer am unteren Ende angebrachten Bohrkrone drehend abgeteuft. Zur Unterstützung der Bohrung wird ein Spülstrom aus Suspension oder Wasser über die Bohrkrone eingestellt (direkte Spülung). Diese Spülflüssigkeit stabilisiert und stützt die Bohrlochwandung und hält den Ringraum des Gestänges frei. Als Bohrgeräte können konventionelle Bohrgeräte aus der Ankertechnik mit einer entsprechenden Sonderausrüstung gewählt werden.

Phase 2: Schneiden und Fräsen des Bodens

Nach dem Erreichen der Endtiefe wird die Düse von dem Bohrstrahl auf einen Düsenstrahl umgeschaltet. Dies erfolgt beispielsweise indem eine Ventilkugel von oben in das Gestänge eingeworfen wird. Dabei wird die untere Spüldüse verschlossen, so dass nur noch die senkrecht zur Bohrachse gerichtete Schneiddüse beschickt wird. Der Druck der Suspension wird auf 200 bis 600 bar erhöht. Danach wird das Gestänge unter Drehen kontinuierlich oder abschnittsweise gezogen. Die Bodenstruktur wird „scheibenweise“ durch den Schneidstrahl gelöst. Das überschüssige Boden-Suspensions-Gemisch steigt im Bohrlochringraum auf und muss deponiert bzw. entsorgt werden.

[44] Schmidt, H. G., Seitz J.: Grundbau in: Betonkalender

Phase 3: Herstellen des Boden-Zement-Körpers

Der im Baugrund verbleibende Boden wird nachhaltig mit einer Zement-Suspension vermischt. Je nach Verfahren ist diese Zement-Suspension bereits das Schneidmedium oder dieses wird unter geringem Druck aus einer separaten unteren Düse in den Erosionsraum eingepresst. Dadurch entsteht eine vermörtelte Bodenkubatur mit einer Dichte von 1,4 bis 1,9 t/m^3, durch die der geschaffene Raum gestützt wird. Bis zum vollständigen Erhärten der Suspension muss ein geringer Überdruck aufrecht erhalten werden. Dies wird i. d. R. durch einen gefüllten Ablaufgraben erreicht.

Phase 4: Erweitern und Anschließen anderer Kubaturen

Die Bodenkubaturen lassen sich beliebig miteinander verbinden und kombinieren. Dies kann sowohl „frisch an frisch“ (beide Düsenstrahlelemente noch nicht ausgehärtet), als auch „frisch an fest“ (vorher produziertes Element ausgehärtet) geschehen.

Die verschiedenen Herstellverfahren werden nachfolgend erläutert (Bild 6.30, Tabelle 6.29).

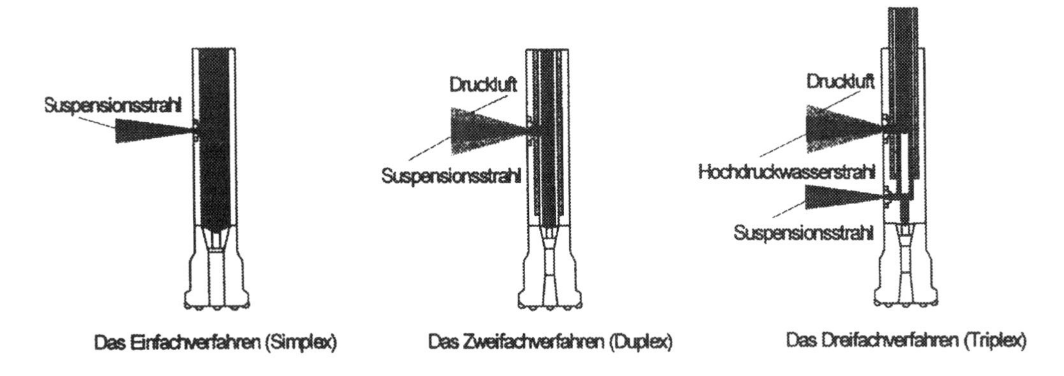

Bild 6.30 Verschiedene Verfahrensarten[45]

[45] Schmidt, H. G., Seitz J.: Grundbau in: Betonkalender

Tabelle 6.29 Prinzip und Merkmale der Verfahren

Verfahren	Prinzip	Material und Pumpendruck	Boden	Einsatzbereiche
Einfachverfahren (Simplex)	Einfachgestänge mit Düse, bei dem der Strahl gleichzeitig zum Schneiden und Vermörteln genutzt wird	Hochdruck Zement-Suspension mit ca. 200 bis 600 bar	erodierbarer Boden, im Grundwasser anwendbar	geringe Tiefe, kleine bis mittlere Durchmesser
Zweifachverfahren (Duplex)	Zweikanal–Bohrgestänge, das aus zwei getrennten, radial angeordneten Zuläufen für Luft und Suspension besteht	Hochdruck Zement-Suspension mit ca. 200 bis 600 bar, Ringdüse koaxial mit 2 bis 12 bar Druckluft	sandiger und kiesiger Boden, im Grundwasser anwendbar	Lamellenwände, Dichtsohlen, Gebäudeunterfangungen, Durchmesser bis 3 m
Dreifachverfahren (Triplex)	Dreikanal-Bohrgestänge mit getrennter Zuführung von Schneidwasser, Luft, und Suspension, so dass die Vorgänge Schneiden und Vermörteln räumlich getrennt sind, aber in einem Arbeitsgang ausgeführt werden	Hochdruckwasserstrahl mit Drücken von 300 bis 400 bar, Ringdüse koaxial druckluftummantelt, Zement-Suspensions-Düse von 10 bis 30 bar	sandiger bis kiesiger Boden, im Grundwasser anwendbar	Gebäudeunterfangungen, Dichtwände, Sohlen, Durchmesser von 2 m

Im Bild 6.31 und Bild 6.32 sind Anordnungen und Abmessungen von Säulen bzw. Lamellen dargestellt. Die Arbeitsprozesse für das Bauverfahren „Herstellung einer Düsenstrahlsohle bzw. -wand" werden im Überblick in der Tabelle 6.30 aufgelistet.

Überschnittene Säulen

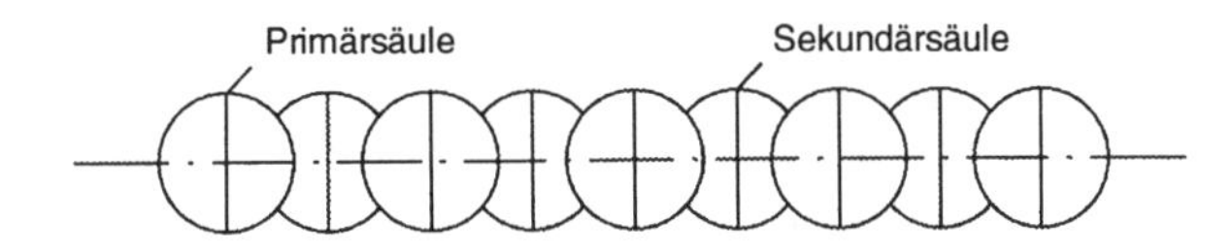

Überschnittene Lamellen

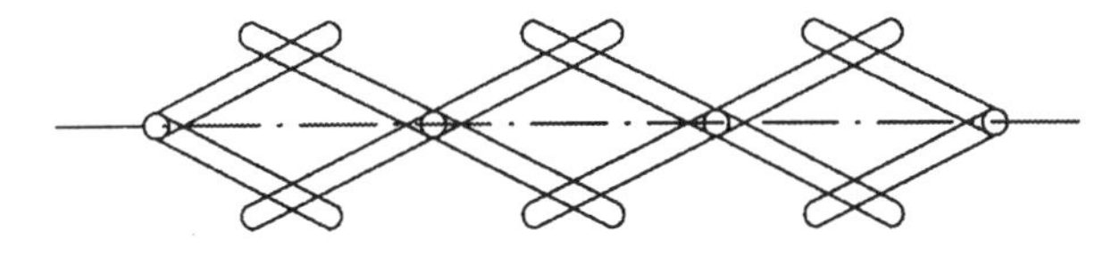

Nicht überschnittene Lamellen

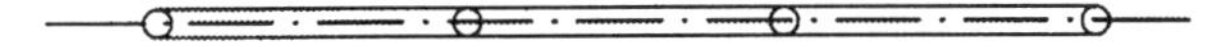

Bild 6.31 Anordnung der Säulen bzw. Lamellen

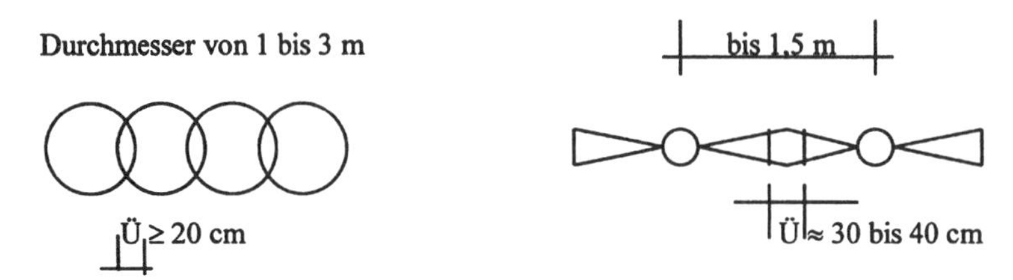

Bild 6.32 Überschneidung der Injektionskörper und maximaler Abstand der Bohrungen

Tabelle 6.30 Prozesse der Dichtwandherstellung

Prozess	Teilprozess	Gerät
Vorbereitung	- Freiräumen - Einmessen der Dichtwandachse - Erstellen einer Probekubatur (Dies ist in der Zulassung vorgeschrieben)	Radlader, LKW, Walze etc. Bohrgerät, Hochdruckpumpen, (Kompressor), Kolloidalmischer, Endsandungsanlage, Pumpen
Abteufen der Bohrung	- Bohren - (Entfernen des Bohrgutes)	Bohrgerät, Hochdruckpumpen, (Kompressor), Mischanlage
Herstellen des Injektionskörpers	- Schneiden und Fräsen des Bodens unter rotierendem Hochziehen des Bohrgestänges - Mischen, Aufbereiten und Pumpen der Suspension - Die Teilprozesse Bohren und Injektionskörperherstellen wiederholen sich	Bohrgerät, Hochdruckpumpen, (Kompressor) Kolloidalmischer, Endsandungsanlage, Pumpen

6.5.3.2 Gerätebeschreibung

Nachfolgend werden die wesentlichen Geräte für die Herstellung einer Düsenstrahlsohle bzw. -wand beschrieben.

Trägergerät

Als Trägergeräte werden die gleichen Bohrgeräte wie bei der Bohrpfahlherstellung gewählt, nur für kleinere Bohrdurchmesser und mit anderen Anbaugeräten. Bei einigen Trägergeräten kann die Bohreinrichtung durch eine Gittermastverlängerung zur Vermeidung von Arbeitsunterbrechungen bis über 25 m verlängert werden (Bild 6.33).

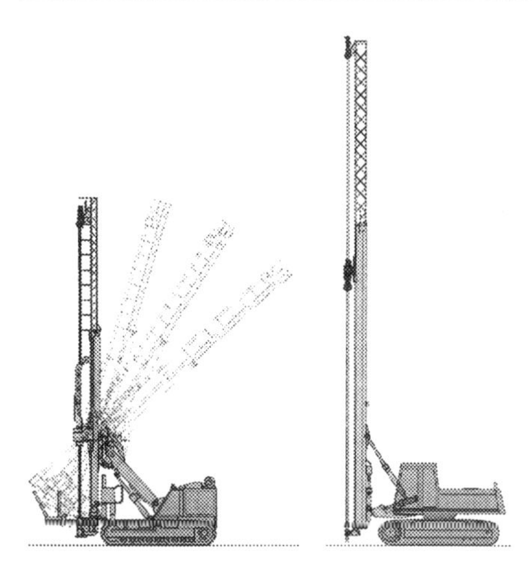

Bild 6.33 Bohrgerät mit Gittermastverlängerung[46]

In der Tabelle 6.31 sind Kenndaten einzelner Trägergeräte von zwei Herstellern zusammengestellt.

Tabelle 6.31 Trägergeräte

Technische Daten	Bauer			Klemm		
	UBW 08 S	UBW 09	IB 10	KB301	KR 806 DH	KR 401
Schlittenhub [m]	3,7	4,2	7,2	11	3	5,5
Drehmoment [kNm]	12,6	25	12,6	13	5,9	8,8
Motorleistung [kW]	82	122	70	160	79	75
Gesamthöhe [m]	14	22	16,7	27,5	12,5	16
Gestängelänge [m]	12,5	19	15,5	25	12	15
Gewicht [t]	11	19,5	24	34	13	10

Bohr- und Injektionsgestänge

Das Bohr- und Injektionsgestänge hat einen Durchmesser von 60 bis 140 mm. Die Rohre werden in mehrere Meter langen Abschnitten hergestellt und dicht miteinander verschraubt. Dabei ist zu beachten, dass nur in Sonderfällen eine Düsunterbrechung zur Verlängerung des Bohrgestänges tolerierbar ist. Durch die Verschraubung des Gestänges entstehen Schwachstellen, die ein Knicken und Losspülen der Rohre sowie Umläufigkeiten (Druckverluste) begünstigen.

Um die Kraft optimal auf das Bohrgestänge zu übertragen, wird am Trägergerät ein Klemmkopf montiert, durch den nicht nur Drehmomente sondern auch Druckkräfte übertragbar sind. Die Bohrgestänge des Ein-, Zwei- und Dreifachverfahrens unterscheiden sich im Aufbau. Beim Einfachverfahren ist nur eine Leitung für die Suspension und das Wasser erforderlich. Dagegen werden beim Zwei- bzw. Dreifachverfahren zusätzliche Leitungen benötigt, um die Suspension und die Druckluft bzw. das Wasser zu fördern.

[46] Fa. Bauer: Firmenprospekt

Bohrkronen und Düsenträger

Die Bohrkronen sind den herkömmlichen Bohrköpfen ähnlich. Zusätzlich werden radial zum Gestänge Auslassdüsen angeordnet. An einem Düsenträger sind höchstens zwei Schneiddüsen mit einem Durchmesser von max. 8 mm anzubringen (Bild 6.34). Bei der Trennung des Schneid- und Injektionsvorganges werden zwei weitere Düsen für das Injizieren verwendet. Die Düsen werden aus Sonderstahl hergestellt und müssen aufgrund des hohen Verschleißes häufig kontrolliert werden. Die Austrittsgeschwindigkeit des Schneidmediums kann bis zu 200 m/s betragen.

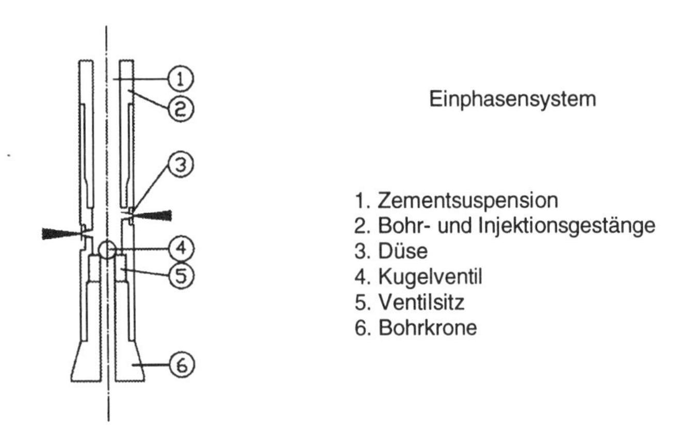

Bild 6.34 Schematische Darstellung eines Düsenträgers

Injektionsmischer und Rührwerke

Als Injektionsmischer werden i. d. R. herkömmliche, hochtourige Turbomischer (Kolloidmischer) mit Rührwerk und einer entsprechend leistungsfähigen Dosiereinrichtung verwendet. Alternativ können vollautomatische Mischanlagen mit Steuerpult eingesetzt werden.

Bei der Berechnung der erforderlichen Mischerkapazität kann beim Düsenstrahlverfahren ungefähr von der doppelten Suspensionsmenge ausgegangen werden wie bei der herkömmlichen Hohlrauminjektion. Dagegen ist der Zeitbedarf um ca. 90 % geringer(Tabelle 6.32).

Tabelle 6.32 Vergleich zwischen Düsenstrahl- und Hohlrauminjektion[47]

Verfahren	Boden	Verhältnis Boden/Suspension	Materialbedarf	Ziehgeschwindigkeit	Bedarf bei 1 m Säulenabschnitt
Düsenstrahl-injektion	Kies	40 % / 60 %	140 bis 280 l/Min.	20 bis 40 cm/Min.	700 l und 2,5 bis 5 Min.
Hohlraum-injektion	Kies	75 % / 25 % bis 70 % / 30 %	10 bis 15 l/Min.	10 bis 15 cm/Min.	500 l und 40 Min.

Mischer und Mischanlagen

Zur Aufbereitung der Suspension werden Mischer verwendet, die eine gleichmäßige Zusammensetzung und einen homogenen Aufschluss der Suspension gewährleisten. In der Tabelle 6.33 sind einige Mischer bzw. Mischanlagen mit den dazugehörigen Kenndaten zusammengestellt:

Tabelle 6.33 Mischer und Mischanlagen

	Obermann			**Obermann**		**Häny**
	vollautomatischer Mischer			Mischanlage		Mischer
	MR 500- 4	MPR 800	MPR 2/800	OM 500-4	OM 800	
max. Leistung [m³/h]	13	20,8	41,6	13	19,2	8
Mischbehälter [l]	500	800	2*800	500	800	450
Wassertank [l]	500	800	2*800	500+1000 l Vorrats-behälter	800+1000 l Vorrats-behälter	k. A. Rührwerk 350
Antriebsleistung [kW] [V]	12,7 400	16,7 400	28,9 400	13,8 400	23 400	5,5

Hochdruckpumpen

Hochdruckpumpen müssen eine Förderleistung von 200 bis 300 l/min und einen Druck bis 650 bar gewährleisten. Die Pumpen benötigen eine Vorrichtung zur Druck- oder Mengenregelung, da die bei Probeinjektionen bzw. -säulen ermittelten Parameter (Suspensionsdruck und -volumen, Ziehgeschwindigkeit) eingehalten werden müssen. In der Tabelle 6.34 sind verschiedene Hochdruckpumpen und deren Leistungen zusammengestellt.

[47] Kutzner, C.: Injektionen im Baugrund

Tabelle 6.34 Hochdruckpumpen

	Obermann					**WOMA**	**Geo-Astra**	**Halli-burton**
	HD110 -4-A	HD100 1-4-A	HD100 1-4-D	HD100 2-4-B	HDMP 250	V2552/ P35	5 T 300 (S,D,T)	H T 400 (S,D)
max. Fördermenge [l/Min.]	245	185	154 oder 345	2*154	630	145	170	<500
max. Förderdruck [bar]	220	550	650	650	620	500	500	<1000
Antriebsleistung [kW]	56	232	232	2*232	250	184	235	400
Antrieb	400 V	Diesel	Diesel	Diesel	Diesel	k. A	Diesel	Diesel
Anwendung in alle Böden		■	■	■	■			
Anwendung in locker gelagerten Böden	■							
Als Füllpumpe für das Triplex–Verfahren			■	■	■	■	■	■
Versorgung von zwei Bohrgeräten				■				
Umrüstbar auf 200 l/Min. und 1000 bar					■			
Nutzung als Spülpumpe bei Bohr- und Rammarbeiten		■	■	■	■			

6.5.3.3 Information zur Leistungsberechnung

Zur Abschätzung der Herstellungskosten einer Düsenstrahlsohle bzw. –wand werden im Folgenden grobe Anhaltswerte gegeben.

Bodenart	optimale Verhältnisse	schlechte Verhältnisse
grobkörniger Boden	500 DM/m³	1000 DM/m³
feinkörniger Boden	800 DM/m³	1500 DM/m³

Zeitaufwand: Die Tagesleistung liegt zwischen 20 bis 45 m^3 Kubatur pro Tag, das entspricht ca. 30 m Säule pro Tag bzw. 300 bis 400 m^2 Lamellen pro Tag.

Die Tabelle 6.35 gibt Anhaltswerte für den Zeitaufwand zur Erstellung eines Injektionselementes.

Tabelle 6.35 Zeitaufwand für die Erstellung eines Injektionselementes

Tätigkeit	Zeitaufwand
Anfahren der Suspensionsmenge	30 Min. am Tag
Umsetzen der Geräte	30 Min. pro Punkt (maximal)
Bohrgeschwindigkeit	0,5 m pro Min.
Fixzeit für das Umstellen von Bohren auf Düsen	2 Min. pro Umstellen
Ziehgeschwindigkeit des Injektionsgestänges	15 cm/Min. bei Kies und Sand
Reinigen der Geräte	30 bis 45 Min. am Tag

Sonstige Kosten: Der Preis der Zement-Suspension beträgt 130 bis 140 DM/t. Durch den Einsatz von Dämmern (z. B. Steinmehl) können die Kosten auf ca. 90 DM/t gesenkt werden.

Um das überschüssige Boden-Suspensions-Gemisch zu entsorgen, kann das Material entweder durch Saugwagen abgepumpt oder nach dem Erhärten durch Muldenfahrzeuge abtransportiert werden. Die Entsorgungsgebühren betragen etwa:

Saugwagen: 80 bis 100 DM/m^3
Muldenfahrzeug: 50 bis 80 DM/m^3

6.5.3.4 Anmerkungen zur Leistungsbeschreibung

Für die Herstellung von Düsenstrahlsohlen bzw. –wänden gelten folgende Normen:

- DIN 18 301 „Bohrarbeiten“
- DIN 18 309 „Einpressarbeiten“
- Spezielle Technische Bedingungen für Hochdruckinjektionsarbeiten (STB-HDI)
- Zusätzliche Techn. Bedingungen für Verbauarbeiten mit Ausfachung (STB-VBA)

Für das Benennen und Beschreiben der Böden gelten die DIN 1054, DIN 4020, DIN 4022-1, DIN 4022-2. Die Einstufung des Bodens erfolgt gemäß der DIN 18 300 „Erdarbeiten“. Die Klassifizierung nach erdbautechnischen Gesichtspunkten, insb. hinsichtlich der Lösbarkeit von Böden, ist nicht abschließend bezüglich der Ausführung von Düsenstrahlarbeiten.

Spezielle Technische Bedingungen für Hochdruckinjektionsarbeiten (STB-HDI)[48]

1. Nebenleistungen
   Aufstellen der Injektionspläne

[48] Englert, K., Grauvogel, J., Maurer, M.: Handbuch des Baugrund- und Tiefbaurechts

2. Besondere Leistungen
   (1) Abstemmen des Überprofils sowie Beseitigen des anfallenden Materials
   (2) Herstellen, Freilegen, Prüfen und ggf. Beseitigen von Probesäulen (Für die Ausführung von Hochdruckinjektionen ist die Herstellung von Probesäulen in allen anstehenden Bodenschichten erforderlich, um den Durchmesser und die Festigkeit zu überprüfen. Hierfür muss bauseits ein Probefeld zur Verfügung stehen.)
   (3) Statische und/oder dynamische Probebelastungen sowie Integritätsprüfungen

3. Aufmaß und Abrechnung
   Es gilt ATV DIN 18 299 Abschnitt 5

Zusätzliche Technische Bedingungen für Verbauarbeiten mit Ausfachung[49]

1. Nebenleistungen
   Einhalten einer planmäßigen Höhe der Oberkante der eingebauten Profile mit einer Genauigkeit von ±20 cm

2. Besondere Nebenleistungen
   (1) Liefern und Einbauen von Anbauteilen, Formteilen, Unterstützungskonstruktionen (z. B. für Kabel, Leitungen)
   (2) Erdarbeiten bis Hinterkante Ausfachung im Zuge der Verbauarbeiten sowie Laden, Transportieren und Deponieren der anfallenden Erdmassen einschließlich Liefern des dafür erforderlichen Materials
   (3) Säubern der Pfähle und Profile für das Einbauen der Ausfachung
   (4) Fassen und Beseitigen von Wasser

3. Aufmaß und Abrechnung
   Es gilt die ATV DIN 18 299 und ergänzend ATV DIN 18 303, Abschnitt 5

Wasserabsperrung mittels HDI

Zusätzlich sind folgende Angaben erforderlich:

- Dichtigkeit der Wand
- Art des Einpressmittels
- Einbauverfahren
- Art und Lage der Einpresslöcher
- Verfestigungsgüte unter Angabe der Ist- und Sollwerte

[49] Englert, K., Grauvogel, J., Maurer, M.: Handbuch des Baugrund- und Tiefbaurechts

6.5.4 Qualitätssicherung

Bei der Herstellung einer Düsenstrahlsohle bzw. –wand zur Grundwasserabsperrung sind neben den im Kapitel 7.2 genannten Voruntersuchungen während der Baumaßnahme folgende qualitätssichernde Maßnahmen notwendig:

- Hebungs- und Setzungsmessungen
- Überwachung der Baustoffeigenschaften (z. B. Bindemittel, Suspension, Wasser)
- Kontrolle des Rückflusses (Wichte, Menge, Zusammensetzung)
- Kontrolle des Düsenstrahlkörpers: Bohransatzpunkt, Abmessungen, Vertikalität (Inklinometermessung), Reichweitenmessung (Schalldrucksonden)
- Kontrolle und Aufzeichnung der Herstellparameter (Bohrtiefe, -neigung, Suspensionsmenge, Ziehzeit und Umdrehungszahl, Druckmessung an den Pumpen und am Bohrgerät)

Nach der Baumaßnahme sind folgende Maßnahmen vorzusehen:

- Setzungsmessungen
- Integritätsprüfung des Düsenstrahlbauwerkes: Druckfestigkeit, Durchlässigkeit, Kontrolle der Düsenstrahlkubatur, Anschluss an Fundamente, Dichtigkeitspumpversuche

6.6 Unterwasserbetonsohle

6.6.1 Technische Grundlagen

Als horizontale Abdichtung unter einer Baugrube wird bevorzugt eine natürliche, auftriebssichere gering bis sehr gering durchlässige Bodenschicht genutzt. Falls keine natürliche Barriere in wirtschaftlicher Tiefe erreichbar oder eine künstliche Barriere (vgl. Kapitel 6.5) herstellbar ist oder sehr hohe Anforderungen an die Systemdichtigkeit gestellt werden, kann eine Unterwasserbetonsohle als horizontale Abdichtung und ggf. als dauerhaftes Bauwerkselement ausgeführt werden.

Für die Herstellung einer Unterwasserbetonsohle wird zuerst die vertikale Baugrubenumschließung hergestellt (vgl. Kapitel 6.2 bis 6.5) und auf dem Niveau des Grundwasserspiegels durch Anker oder Steifen gesichert. Im Schutz der wasserdichten Verbauwände wird die Baugrube dann ohne wesentliche Absenkung des Grundwasserspiegels ausgehoben. Sofern die Sohle nicht allein durch Eigengewicht auftriebssicher ist, werden Zugpfähle unterhalb der Sohle eingebaut. Danach wird der Unterwasserbeton mit Anschluss an die Baugrubenwände eingebracht. Gesichert durch das Eigengewicht und ggf. durch Pfähle kann die Baugrube schließlich kontrolliert gelenzt werden.

Um die erforderliche Dichtigkeit der Grundwasserabsperrung zu erzielen, muss die Unterwasserbetonsohle mit ihren Anschlüssen an vertikale Barrieren und ihren Auftriebssicherungen ausreichend tragfähig und wasserdicht sein. Unvermeidbare Fugen (Betonierabschnitte, Stufen, Anschlüsse Sohle – Wand etc.) sollen planmäßig mit Injektionsleitungen ausgerüstet werden, damit dort nachverpresst werden kann. Während der Lenzphase erkannte lokale geringe Undichtigkeiten können nachträglich mit Injektionen abgedichtet werden. Bei größeren Leckagen ist i. d. R. eine Flutung der Baugrube zwecks Wasserdruckausgleich während der Abdichtungsarbeiten notwendig. Unterwasserbeton wird üblicherweise nach der folgenden Rezeptur hergestellt:

- Wasser-Zement-Wert: W/Z = 0,45 bis 0,55
- Konsistenz/Ausbreitmaß: a = 45 bis 50 cm
- Zement: Hochofen- oder Portlandzement, Festigkeitsklasse 32,5 oder 42,5
- Zementgehalt: Z > 350 kg/m^3 (bei Größtkorn 32 mm)
- Mehlkorngehalt: > 400 kg/m^3 (bei Größtkorn 32 mm)
- Stetige Sieblinie (Bereich A/B)

Unterwasserbetonsohlen werden unbewehrt oder (seltener) bewehrt ausgeführt. Für bewehrten Unterwasserbeton werden Festigkeitsklassen C 25/30, C 35/45 oder C 45/55 (B 25, B 35, B 45) mit einem Fließmittelzusatz erreicht. Die Dimensionierung der Bewehrung erfolgt mit den üblichen Nachweisen des Massivbaus. Bei der Ausführung ist ein ausreichender Korrosionsschutz und ein maßgerechter Einbau besonders zu beachten.

Die Auftriebssicherheit der Unterwasserbetonsohle kann durch die Ausführung einer Schwergewichtssohle erreicht werden. Bei größeren Wassertiefen ist es wirtschaftlich, die seitliche Baugrubenumschließung zur Auftriebssicherung heranzuziehen, um die Stärke der Unterwasserbetonsohle und damit den Unterwasseraushub sowie die Einbindetiefe der Verbauwände zu vermindern. Dies kann über Wandaussparungen oder Stahlknaggen an den Wänden erfolgen. Bei großen Baugrubenbreiten ist es oft nicht möglich, die Auftriebssicherheit über die Baugrubenwände und das Eigengewicht zu gewährleisten. Die Sohlplatte wird dann zusätzlich durch Injektionsanker oder Zugpfähle gesichert.

Wenn zur Auftriebssicherung Verbauwände oder Zugelemente (Anker, Pfähle) herangezogen werden, müssen die Kräfte konstruktiv zuverlässig übertragen werden.

Neuere Untersuchungen zeigen, dass alternativ zu einer (unbewehrten) Betonsohle Stahlfaserbetonsohlen hergestellt werden können. Stahlfaserbetonplatten weisen im Vergleich zu unbewehrten Betonplatten eine höhere Traglast und ein größeres Verformungsvermögen auf, was insbesondere bei großen, tiefen Baugruben mit unregelmäßigem Grundriss und Höhenversprüngen vorteilhaft ist.[50]

Zur Herstellung eines Unterwasserbetons ist insbesondere die DIN 1045 „Beton und Stahlbeton, Bemessung und Ausführung“ zugrunde zu legen.

6.6.2 Nachweis und Dimensionierung

Zur Auftriebssicherung durch das Eigengewicht der Sohle ergibt sich eine erforderliche Dicke der Sohlplatte von:

$$d \geq \frac{\eta_a * h * \gamma_w}{\gamma_B - \eta_a * \gamma_w}$$

mit d: Sohldicke [m]
η_a: Auftriebssicherheit nach DIN 1054, $\eta_a = 1{,}1$ [-]
h: Höhe des Grundwasserspiegels oberhalb der Baugrubensohle [m]
γ_w: Wichte des Wassers [kN/m^3]
γ_B: Wichte des Betons, $\gamma_B \approx 23$ [kN/m^3]

Wenn die Auftriebskraft der Sohlplatte in die Baugrubenwände abgetragen werden soll, kann für den Nachweis eine Gewölbewirkung (Bild 6.35) angesetzt werden.

[50] Falkner, H.: VDI Berichte

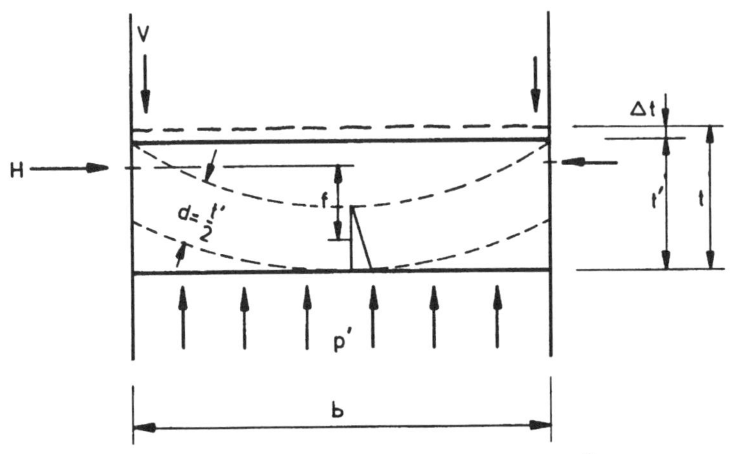

Bild 6.35 Gewölbebildung im unbewehrten Unterwasserbeton[51]

Die Belastung des Gewölbes ergibt sich zu:

$$p' = (h+t)\gamma_w - \frac{t * \gamma_B}{\eta_a}$$

mit p‘: Belastung des Gewölbes [kN/m²]
t: Dicke der Unterwasserbetonsohle [m]

Sicherheitshalber soll aufgrund unvermeidbarer Herstellungstoleranzen eine verminderte Unterwasserbetondicke t‘ von

$$t' = t - \Delta t$$

mit Δt = 20 cm angesetzt werden. Die Mindestdicke soll etwa 1,0 m betragen.

Die Dicke des Gewölbes d [m] sowie der Bogenstich f [m] wird berechnet mit:

$$d = t'/2$$

$$f = 2/3\, t'$$

Daraus ergibt sich die Belastung der Baugrubenwände zu:

$$V = \frac{p'}{2} * b$$

$$H = \frac{p' * b^2}{8f} = \frac{V * b}{4f}$$

mit V: Vertikalkraft [kN/m]
H: Horizontalkraft [kN/m]
b: Breite der Baugruben bzw. Abstand zwischen den Zugelementen [m]
p‘: Belastung des Gewölbes [kN/m²]
f: Bogenstich [m]

[51] Baldauf, H., Timm, U.: Betonkonstruktionen im Tiefbau

Die Vertikalkraft muss unter Beachtung der Sicherheit nach DIN 1054 kleiner als die Summe aus Eigengewicht, ggf. der Vertikalkomponente der Ankerkraft und der Wandreibung der Verbauwand sein. Die Horizontalkraft muss kleiner sein als die Kräfte (Erd-, Wasserdruck) auf die Verbauwand.

Wegen der Biegebruchgefahr der Sohle bei fehlender Gewölbewirkung wird üblicherweise zusätzlich nachgewiesen, dass die Sohle die Differenz aus Sohleneigengewicht und Wasserdruck als Balken (durch Biegung) aufnehmen kann. Bei diesem Nachweis müssen die vorhandenen Betonzugspannungen σ_{bz} gegenüber der Zugfestigkeit β sehr gering sein:

$$\sigma_{bz} = 0{,}25 * \beta^{2/3}$$

Wenn die Auftriebskraft zusätzlich über Zugelemente (Injektionsanker, Zugpfähle) übertragen wird, muss zwischen den Elementen eine Gewölbewirkung möglich sein. Beim Ansatz des Gewölbebogens ist die tatsächliche Höhenlage (red t') der Lastabtragungsflächen innerhalb des Betons zu berücksichtigen (Bild 6.36). Die Lastabtragungsflächen sind entsprechend der zulässigen Betondruckfestigkeit zu wählen.

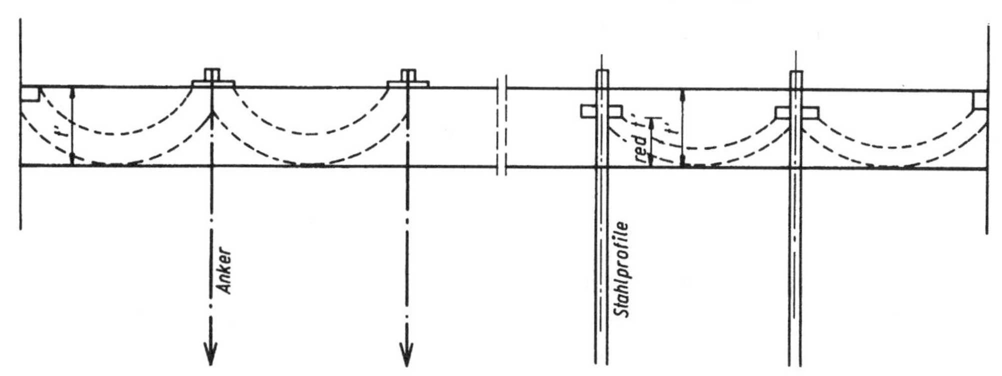

Bild 6.36 Zugverankerung bei unbewehrtem Unterwasserbeton[52]

Detaillierte Nachweise, welche zumindest bei größeren Vorhaben allein aus wirtschaftlichen Gründen erforderlich sind, werden mit numerischen Methoden geführt.

[52] Baldauf, H., Timm, U.: Betonkonstruktionen im Tiefbau

6.6.3 Verfahrenstechnik

6.6.3.1 Verfahrensbeschreibung

Verschiedene Verfahren zur Herstellung einer Unterwasserbetonsohle bezüglich des Betonierens werden im Folgenden erläutert. Bei allen Einbauverfahren ist zu beachten, dass weder Ausspülungen noch eine Vermischung des Betons mit Wasser bzw. Schlamm auftreten, um eine ausreichend ebene Betonoberfläche und gleichmäßige Betonqualität zu gewährleisten. Bei fein- und besonders bei gemischtkörnigen Schichten im Aushub muss die Sohle vor dem Betonieren abgesaugt werden.

Contractor-Verfahren

Beim Contractor-Verfahren wird die Unterwasserbetonsohle über Schütttrichter und Fallrohre betoniert. Der Fallrohrdurchmesser liegt i. d. R. zwischen 0,2 und 0,3 m. Um zu verhindern, dass der Beton zu Beginn des Betoniervorganges mit Wasser in Berührung kommt, wird das Rohr mit einem Stopper (Gummiball) verschlossen und der Trichter mit Beton gefüllt. Wenn der Vorrat im Trichter ausreicht, um das Schüttrohr zu füllen, wird der Stopper gelöst. Dies bewirkt, dass das Wasser aus dem Rohr gedrückt wird und der Beton absinkt. Durch vorsichtiges Anheben des Fallrohres kann der Beton austreten. Das untere Ende des Fallrohres muss ca. 1 m tief in den bereits eingebrachten Beton eintauchen, um ein Ausspülen bzw. Entmischen zu vermeiden. Die Aufwölbung des Betons (Bild 6.37) in Rohrnähe wird durch gewählte Rohrabstände zwischen 3 und 6 m begrenzt[53].

Beim Contractor-Verfahren gibt es drei Arten von Rohrsystemen. Die einfachste Form, das starre Rohr, wird mit steigender Einbauhöhe nach oben gezogen, so dass das Rohr über die Übergabekonstruktion hinausragt. Dagegen wird das gegliederte Rohr beim Hochziehen um jeweils ein Glied gekürzt, beim Teleskoprohr werden die einzelnen Schüsse ineinander geschoben. Die Rohre sind im Allgemeinen an einer Übergabekonstruktion, an der Trichter angebracht sind, aufgehängt. Mit Hilfe dieser Übergabekonstruktion kann der Beton (meistens Transportbeton) an jeder Stelle der Baugrube eingebaut werden.

[53] Schnell, W.: Verfahrenstechnik zur Sicherung von Baugruben

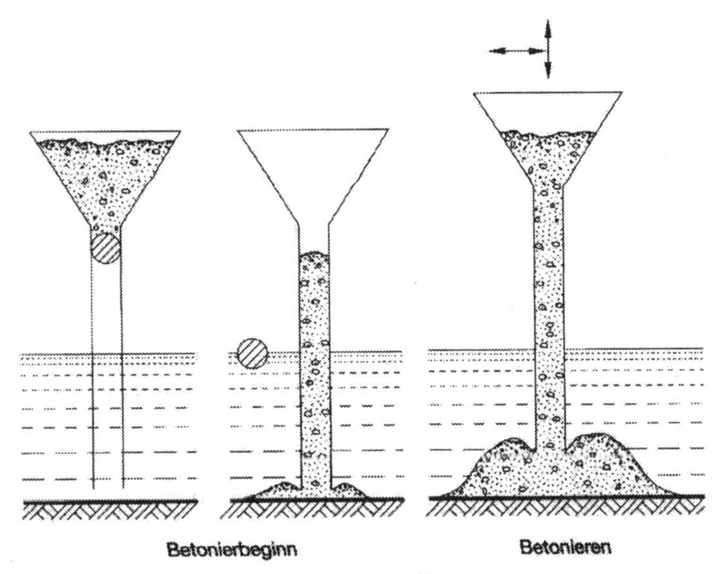

Bild 6.37 Contractor-Verfahren (Schema)[54]

Eine Weiterentwicklung des Contractor-Verfahrens ist das Hop-Dopper-Verfahren (Bild 6.38). Dieses System besteht aus einem Stahlschüttrohr (∅ = 0,35 m) und einem angeflanschten achteckigen Teller (∅ = 1,1 bis 1,65 m). Der Teller verhindert das Aufwölben des Betons im Bereich der Einbauleitung und stabilisiert die Konstruktion. Das Rohr muss ca. 10 bis 40 cm in den Beton eintauchen.

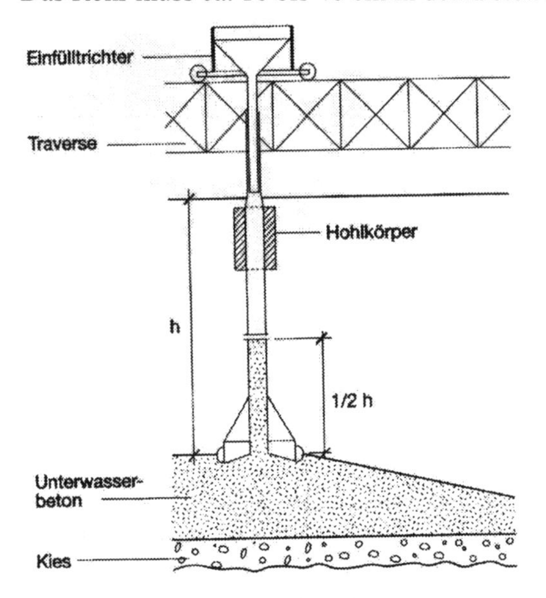

Bild 6.38 Hop-Dopper-Verfahren[55]

[54] Tegelaar, R.: Unterwasserbeton
[55] Tegelaar, R.: Unterwasserbeton

Hydroventil-Verfahren

Beim Hydroventil-Verfahren erfolgt der Betoneinbau nicht kontinuierlich, sondern in einzelnen Chargen. Das Fallrohr besteht aus einem elastischen Schlauch, der in einem Stahlzylinder endet. Der Zylinder ist mit Ketten höhenverstellbar am Trichter eingehängt. Die Ketten sind an einzelnen Stellen mit dem Schlauch verbunden, um diesen zu fixieren und bei Bedarf kürzen zu können (Ziehharmonika-Effekt). Der äußere Wasserdruck bewirkt eine Zusammenpressung des Schlauches (Bild 6.39). Dies bewirkt, dass ausschließlich größere Betonmengen den Wasserdruck und die Reibungswiderstände im Schlauch überwinden können, so dass der Beton ohne Entmischung in einzelnen Chargen eingebracht wird.

Der Vorteil dieses Verfahrens liegt gegenüber dem Contractor-Verfahren darin, dass sehr dünne Betonsohlen (i. d. R. bewehrt) hergestellt werden können. Dies ist möglich, da das Rohrende über die Betonsohle gleitet und nicht in den Beton eintaucht. Die Unebenheiten der Betonoberfläche liegen durchschnittlich bei ± 10 cm.

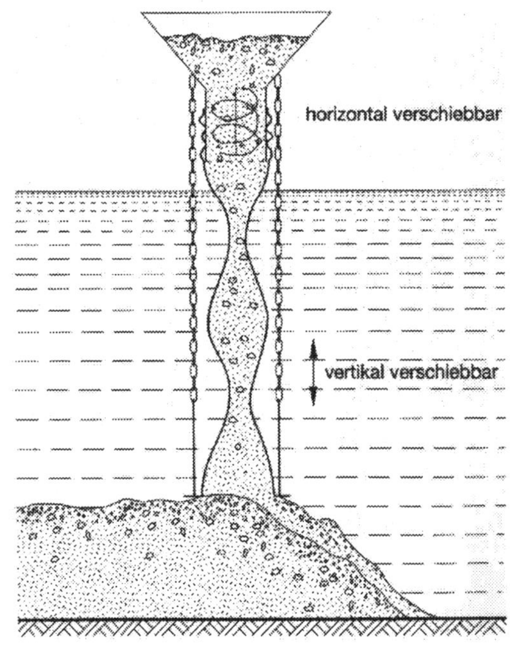

Bild 6.39 Hydroventil-Verfahren[56]

Pump-Verfahren

Der Beton wird mit einer Betonpumpe durch Druckleitungen bis zur Baugrubensohle gefördert, wobei das untere Stahlrohr händisch geführt wird. Die Betondicke und die Eintauchtiefe des Schüttrohres wird mit Hilfe eines Peilstabes mit aufgeschweißter Fußplatte kontrolliert (Bild 6.40).

[56] Tegelaar, R.: Unterwasserbeton

Der Beton wird in die eingebrachte Schicht eingedrückt, so dass keine Qualitätseinbußen durch Entmischung zu erwarten sind. Damit beim Herausziehen und Versetzen des Rohres kein Wasser eindringt, sind am Schüttrohr hydraulische Betonsperren bzw. –klappen angebracht. Mit Hilfe des Pump-Verfahrens können Bauteile jeglicher Art hergestellt werden.

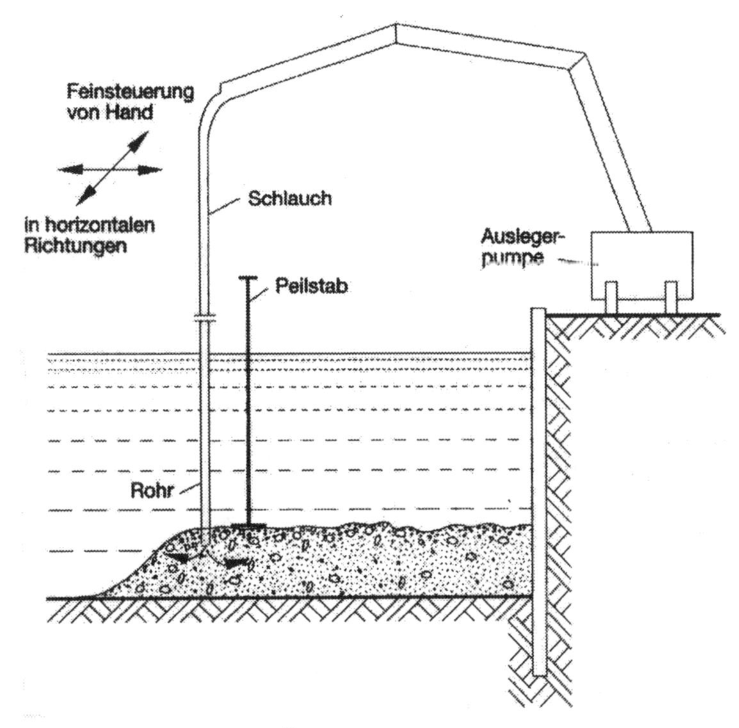

Bild 6.40 Pumpverfahren[57]

Mörtelinjektion-Verfahren Colcrete und Prepakt

Bei dem Colcrete- und Prepakt-Verfahren setzt sich der Einbau des Unterwasserbetons aus zwei Arbeitsgängen zusammen:

- Einbringen eines Grobkorngerüstes (Steinschüttung, Schotter, Kies)
- Injizieren des Grobkorngerüstes mit einem von unten aufsteigenden Mörtel (Sand der Körnung 0/2 bis 0/4 mm, Bindemittel, Wasser)

Der Unterschied dieser Verfahren liegt in der Mörtelzusammensetzung. Beim Prepakt-Verfahren wird im Gegensatz zum Colcrete-Verfahren ein Zusatzmittel, das als Verflüssiger und Quellmittel dient, dem Mörtel beigefügt.

Der Mörtel wird über Injektionsrohre (∅ 35 bis 50 mm) an der Unterkante der Schüttung unter geringem Druck eingebracht und beim Verpressvorgang mit den Rohren nach oben gezogen (Bild 6.41). Der Schüttrohrabstand beträgt 1,5 bis 2,0 m.

[57] Tegelaar, R.: Unterwasserbeton

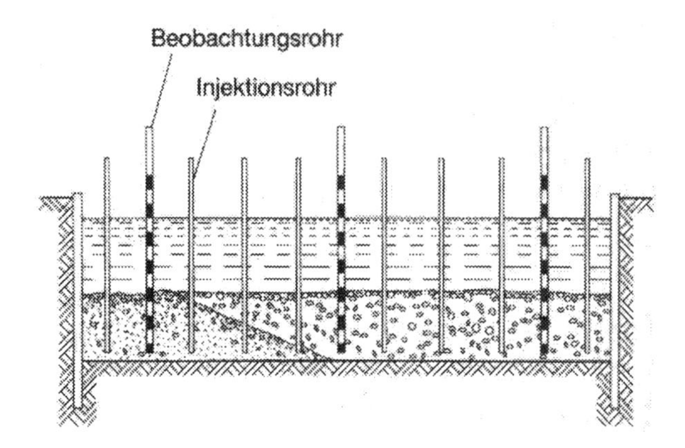

Bild 6.41 Unterwasserinjektion eines Grobkorngerüstes[58]

Das Colcrete- und das Prepakt-Verfahren haben gegenüber den anderen Verfahren folgende Vorteile:

- einfaches Anbringen der oberen Bewehrung auf der Steinschüttung
- kontinuierliche Arbeitsweise
- Verwendung grober Zuschlagsstoffe
- geringer Zementverbrauch
- geringes Schwindmaß

Die Nachteile dieser Verfahren sind:

- geringe Festigkeit
- große Porosität, da die Hohlräume nicht voll ausgefüllt sind
- relativ hohe Kosten

In der Tabelle 6.36 werden die Arbeitsprozesse zur Herstellung einer Unterwasserbetonsohle beschrieben. Jedem Arbeitsprozess sind Teilprozesse sowie die dafür erforderlichen Geräte zugeordnet.

[58] Tegelaar, R.: Unterwasserbeton

Tabelle 6.36 Prozesse zur Herstellung einer Unterwasserbetonsohle

Prozess	Teilprozess	Gerät
Herstellen wasserdichter Verbauwände	- vgl. Kapitel 6.2 bis 6.4	
Aushub des Bodens	- Aushub bis zum GW-Spiegel - Aushub unter Wasser	Seilbagger Spezialbagger auf einem Schwimmfloß
evtl. Herstellen von Auftriebsankern	- Montieren - Vorspannen	Taucher Mobilkran, Vibrationsgeräte
Einbringen des Unterwasserbetons	- Absaugen der Schlammmassen - Betonieren	Taucher, Ponton Traverse mit Einfülltrichter, Betonpumpenwagen mit Ausleger, evtl. stationäre Mischanlage
Lenzen der Baustelle	- Abpumpen des Grundwassers - Nachbehandlung der Betonoberfläche	Schmutzwasserpumpen Mobilbagger, Stemmwerkzeuge

6.6.3.2 Gerätebeschreibung

Im Folgenden werden nur die Geräte, die zum Einbringen des Unterwasserbetons erforderlich sind, beschrieben. In Abhängigkeit von der Baugrubengröße werden verschiedene Verfahren/Geräte verwendet, um den Beton zur Einbaustelle zu befördern:

Fahrbare Brücke

Bei schmalen langgestreckten Baugruben mit rückverankerten Verbauwänden werden i. d. R. fahrbare Brücken, an denen mehrere Contractorrohre befestigt sind, verwendet (Bild 6.42). Der Beton wird mit Hilfe von flexiblen Autobetonpumpen über Teleskopausleger in die Trichter gepumpt.

Bild 6.42 Betonierbrücke Neubaustrecke Mannheim-Stuttgart der DB[59]

Ponton (Sonderkonstruktion)

Bei breiten Baugruben, bei denen die Reichweite der Ausleger überschritten wird, bieten sich Arbeitspontons zur Führung der Contractorrohre an (Bild 6.43). Pontons sind schwimmende Geräteträger, z. B. für Bagger, Rammgeräte oder Betoniereinrichtungen. Die Einrichtung besteht aus einem verschiebbaren Betonierschlitten und schwimmend verlegten, horizontal beweglichen Betonleitungen. Über diese Leitungen wird der Beton mit stationären, am Rande der Baugrube stehenden Großpumpen zum Einsatzort gefördert. Zur Regelung der Betonierhöhe sind an dem Betonierschlitten vertikal verschiebbare Betonierrohre angebracht, die bis zur Aushubsohle reichen. Durch die horizontale Verschiebbarkeit des Betonierschlittens wird eine kontinuierliche Einbringung des Betons gewährleistet.

[59] Hochtief: Vortrag Betontag

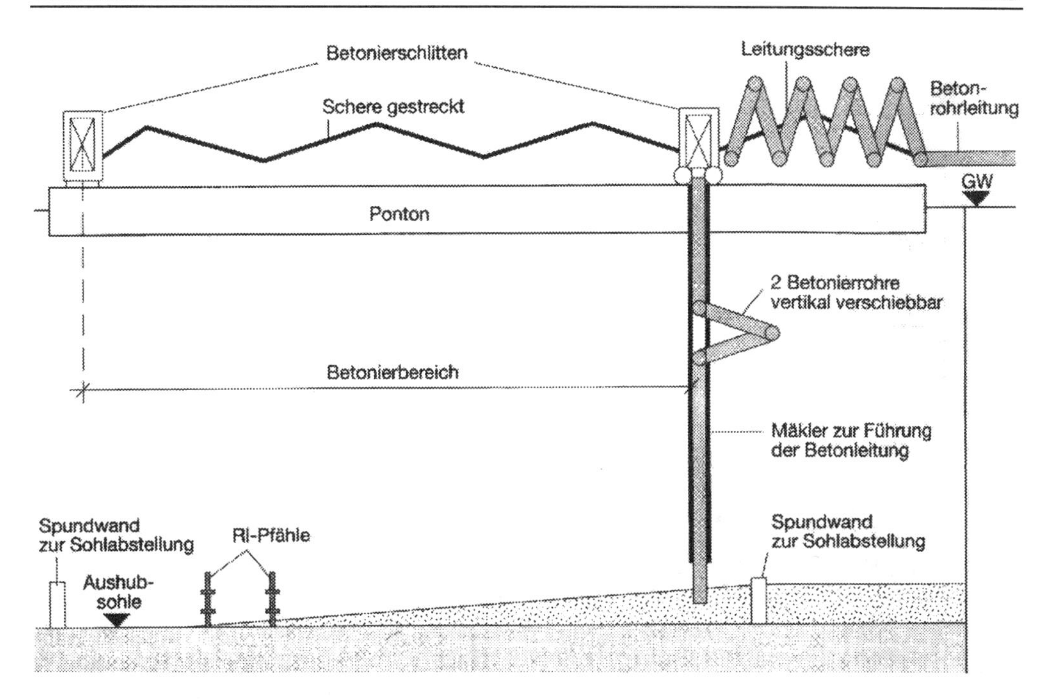

Bild 6.43 Schema der Betoneinrichtung am Potsdamer Platz[60]

Taucherausrüstung

Unterwasserarbeiten (z. B. Ausbesserung, Hindernisbeseitigung, Führung der Betonleitung) werden von Helm-Tauchern durchgeführt. Der Taucheranzug besteht aus doppeltem, gummigetränktem Baumwollstoff, der zur Verhinderung des Auftriebs mit Gewichten beschwert ist. Die Luftversorgung des Tauchers erfolgt entweder durch Tauchgeräte oder durch eine Druckluftversorgungsanlage außerhalb der Baugrube. In dem Kupferhelm ist ein Fernsprecher und eine Signalleine, die im Notfall als Rettungsleine zur Bergung des Tauchers dient, installiert. Dadurch wird die Verständigung zwischen dem Taucher und der Bedienungsmannschaft über Wasser gewährleistet. Bei leichten Unterwasserarbeiten, Kontrollen und Überwachungen können Taucher mit einfacher Sporttaucherausrüstung eingesetzt werden.

Betonpumpe

Auf einem Lkw-Fahrgestell sind eine Betonpumpe und ein hydraulisch faltbarer Betonverteiler angebracht. Zur Gewährleistung der Standsicherheit während des Pumpbetriebes wird das Fahrgestell auf ausklappbaren Abstützungen hydraulisch abgepratzt. Die Förderleitung hat am unteren Ende eine hydraulische Klappe (Bild 6.44), um beim Umsetzen des Rohres ein Eindringen von Wasser zu verhindern.

[60] Tegelaar, R.: Unterwasserbeton

Bild 6.44 Hydraulische Betonsperre für das Endstück der Förderleitung[61]

6.6.3.3 Informationen zur Leistungsberechnung

Für die Leistungsberechnung zur Herstellung einer Unterwasserbetonsohle ist die Leistung der Betonpumpe bzw. der Fördermaschine maßgebend. Eine Betonpumpe hat beispielsweise einen Volumenstrom bis 150 m^3/h. Die tatsächliche Leistung ist jedoch deutlich geringer (10 bis 30 m^3/h je Pumpe), da Baustellenbedingungen, häufiges Umsetzen und Nachbesserungen einen kontinuierlichen Betrieb behindern.

Zum Lenzen der Baugrube werden Kreiselpumpen als Schmutzwasserpumpen verwendet. Verschiedene Typen und Leistungen werden im Kapitel 4.3.2 beschrieben.

Wenn die Unterwasserbetonsohle durch Rammpfähle oder Zuganker gegen Auftrieb gesichert wird, sind die Leistungswerte der Geräte zur Pfahlherstellung in die Kalkulation einzurechnen. Zu beachten ist, dass das Rammen von schwimmenden Plattformen aufwändiger ist als auf einer Landbaustelle.

6.6.3.4 Anmerkungen zur Leistungsbeschreibung

Für die Herstellung einer Unterwasserbetonsohle gelten die folgenden Normen:

DIN-Normen

- DIN 18 331 „Beton- und Stahlbetonarbeiten“
- DIN 18 305 „Wasserhaltungsarbeiten“
- DIN 18 311 „Nassbaggerarbeiten“
- DIN 18 304 „Rammarbeiten“
- DIN 1045 „Beton und Stahlbeton, Bemessung und Ausführung“

[61] Tegelaar, R.: Unterwasserbeton

Spezielle Technische Bedingungen

- Spezielle Technische Bedingungen für Wasserhaltungsarbeiten (STB-WH) (vgl. Kapitel 4.3.3)
- Spezielle Technische Bedingungen für Bohr-, Bohrpfahl- und Bohrpfahlwandarbeiten (STB-BP) (vgl. Kapitel 6.4.3.4)
- Spezielle Technische Bedingungen für Ramm- und Rüttelarbeiten mit Stahlprofilen (STB-RRS) (vgl. Kapitel 6.3.3.4)

Zusätzlich sind bei einer Baustelle im Wasser weitere Vorschriften zu beachten:

- Schwimmende Geräte müssen durch Laufstege oder Boote erreichbar sein.
- Bei Arbeiten, bei denen die Gefahr des Ertrinkens besteht, sind Rettungsmittel (z. B. Kähne mit Ruder, Seile, Haken, Rettungsringe) an geeigneter Stelle vorzuhalten.
- Die Unfallverhütungsvorschrift „Taucharbeiten" schreibt vor, dass bei Taucheinsätzen generell ein zweiter Taucher zur Verfügung stehen muss.

6.6.4 Qualitätssicherung

Bei der Herstellung einer Unterwasserbetonsohle zur Grundwasserabsperrung sind zusätzlich zu den im Kapitel 7.2 genannten bauvorbereitenden Untersuchungen folgende baubegleitende Maßnahmen erforderlich:

- Kontrolle der Eintauchtiefe des Pumpenschlauches
- Höhenmessungen
- Kontrolle der Betonfüllung in den Trichtern
- Überwachung des Betons nach B II-Richtlinien
- Kontrolle des Ausbreitmaßes (45 bis 50 cm)
- Optische Konsistenzkontrolle des Betons pro Lieferung

Nach der Baumaßnahme können folgende Maßnahmen vorgesehen werden:

- Messung der Sohlhebung während und ggf. nach dem Lenzen der Baugrube
- Überwachung der Festigkeitsentwicklung mittels Temperaturmessung
- Setzungskontrolle der Nachbarbebauung
- Kontrolle der Dichtigkeit

Bei einer Grundwasserabsperrung mit Unterwasserbeton werden besonders hohe Anforderungen an die Qualitätssicherung gestellt, da Fehlstellen in der Wand und in der Sohle aufwändig nachgedichtet werden müssen. Im Übrigen können lokal erhöhte Durchlässigkeiten einen Bodeneintrieb zur Folge haben, der schließlich zu einem Bodenentzug aus der Umgebung der Baugrube und dort zu Gebäude- oder Anlagenschäden führen kann.

6.6.5 Beispiel

Situationsbeschreibung

Die Baugrubenabmessungen sowie die Bodenkennwerte werden als bekannt vorausgesetzt (vgl. Kapitel 3.2).

Die Höhe des Grundwasserspiegels oberhalb der Baugrubensohle beträgt 7 m. In diesem Beispiel wird eine Schwergewichtsbetonsohle eingebracht. Aus einer Vorbemessung ergibt sich eine Plattendicke von 3 m. Damit liegt die Unterkante der Sohle 10 m unterhalb der Geländeoberkante.

Die Herstellung wasserdichter Verbauwände, der Erdaushub und die Schlammentfernung auf der Sohle sind nicht Gegenstand der Kalkulation.

Leistungsverzeichnis

Tabelle 6.37 Leistungsverzeichnis der Unterwasserbetonsohle

Leistungsverzeichnis				
Pos. Nr.	**Bezeichnung**	**Menge**	**EP [DM]**	**GP [DM]**
1	Einrichten und Räumen der Baustelle Vorhalten der Baustelleneinrichtung für sämtliche in der Leistungsbeschreibung ausgeführten Leistungen Sanitäre Einrichtungen, Unterkünfte, Wasser- und Stromanschluss werden vom Generalunternehmer gestellt	1 psch	1.255,68	1.255,68
2	Ortbeton der Unterwasserbetonsohle mit dem Pumpverfahren einbringen Untergrund waagerecht, obere Betonfläche waagerecht aus unbewehrtem Beton, C 25/30 (B 25), wasserundurchlässig für Unterwasserschüttung Dicke: d = 3,0 m	1350 m³	193,73	261.535,50
Titel	Unterwasserbeton	Summe Netto		262.791,18 DM
		16 % MwSt.		42.046,59 DM
		Angebotssumme		304.837,77 DM

Massenermittlung zur Leistungsberechnung

Pos. 2: Die Grundfläche der Baugrube ergibt sich aus den Bauwerksabmessungen, da die Verbauwände in das Gebäude integriert werden. Bei einer Sohlendicke von 3 m ergibt sich eine Betonmasse von: 15 m * 30 m * 3 m = <u>1350 m³</u>

Bauverfahren und zugehörige Leistungswerte

Die Herstellung der wasserdichten Verbauwände sowie der Baugrubenaushub werden von einem anderen Unternehmen durchgeführt. Die Schlammmassen werden von der Baugrubensohle entfernt. Der Einbau des Unterwasserbetons erfolgt mit Pumpen, die den Beton über Ausleger zur Einbaustelle fördern. Der Betoniervorgang wird von Tauchern unterstützt. Die Einbauhöhe des Betons wird mit einem Peilstab, der von einem Arbeitsboot aus bedient wird, kontrolliert. Nach Fertigstellung der Unterwasserbetonsohle wird die Baugrube gelenzt. Nacharbeiten an der Sohle (z. B. Aufbringen einer Ausgleichsschicht) werden in diesem Beispiel nicht berücksichtigt.

Geräteauswahl: Für die Herstellung der Unterwasserbetonsohle werden folgende Geräte gewählt:

- mobile Betonpumpen mit Zweizylinder-Kolbenpumpen
- Unterwasserbetoniereinrichtung
- Arbeitsboot

Zeitaufwand: Der Beton wird über zwei gemietete Betonpumpen eingebracht. Die durchschnittliche Pumpenleistung beträgt 20 m³/h. Dabei werden die folgenden Erschwernisse berücksichtigt:

- hoher Vorbereitungsaufwand
- häufiges Umsetzen des Rohres
- hoher Zeitaufwand für die Herstellung einer ebenen Oberfläche
- Hilfsarbeiten für den Tauchereinsatz
- Nachbesserungen

Für das Betonieren wird eine Kolonne von 3 AK benötigt. Damit beträgt der Aufwandswert (ohne Taucher) je m³:

$$\frac{1}{2\,Pumpen * 20\,m^3/h} * 3\,AK = 0{,}075\,h$$

Die Betriebszeit für die Geräte beträgt:

$$\frac{1}{20\,m^3/h} = 0{,}05\,h/m^3$$

Die Vorhaltezeit der Geräte für die gesamte Unterwasserbetonsohle beträgt:

$$0{,}05\,h/m^3\ je\ Pumpe * 1350\,m^3 * \frac{1}{2\,Pumpen} = 33{,}75\,h$$

Der Einbau der Unterwasserbetonsohle muss ohne Unterbrechung stattfinden. Für die Vorhaltezeit der Geräte wird jedoch von einem 8-stündigen Arbeitstag ausgegangen.

Dies entspricht einer Arbeitszeit von: 2,0 AT
und einer Gerätevorhaltezeit von: 4,5 AT

Sonstige Kosten: Die Tauchmannschaft (3 AK) wird zu einem Stundensatz von 400 DM/h angemietet. Die Miete für eine Betonpumpe einschließlich Fahrer beträgt 150 DM/h und der Betonpreis 145 DM/m³.

Kosten- und Preisermittlung

Tabelle 6.38 Zusammenstellung der Tonnagen und monatl. Vorhalte- und Betriebsstoffkosten je Pos.

Pos. Nr.	Bezeichnung		Geräte		Leis-tung	An-zahl	Auslas-tung	Betriebs-stoffe	Geräte-kosten
			klein	groß					
		BGL-Nr.:	t	t	kW	Stk	%	DM/h	DM/Mon.
1	Materialcon-tainer	9415-0030		1,40	-	1	-	-	181,00
	Kleingerät	-	0,50		-	1	-	-	2.000,00
Summe Pos 1			**0,50**	**1,40**				**-**	**2.181,00**
2	Unterwasser-betonier-einrichtung	2530-1410	0,18		-	8	-		241,72
	Arbeitsboot	8320-400		0,375	-	1	-	-	229,93
	Rotationslaser	9507-0005	0,008		-	1		-	348,53
Summe Pos 2			**0,188**	**0,375**				**-**	**820,18**
Summe der gesamten Tonnage:			**0,69**	**1,78**					

Tabelle 6.39 Einzelkosten der Teilleistungen

Einzelkosten der Teilleistungen					
Pos. Nr.	Teilleistungen und Kostenentwicklung	Kosten je Einheit			
		Lohn [Std.]	Sonstige Kosten [DM]	Geräte-kosten [DM]	Fremd-leistung [DM]
1	**1psch Baustelleneinrichtung**				
	Container aufstellen: 2,0 h	2,00			
	Transportkosten: 2 * (0,69 t + 1,78 t) * 35 DM/t		172,90		
	Laden auf der Baustelle: 2 * 0,69 t * 1 h/t + 2 * 1,78 t * 0,15 h/t	1,91			
	Laden auf dem Bauhof: 2 * 0,69 t * 40 DM/t + 2 * 1,78 t * 10 DM/t		90,80		
	Gerätevorhaltekosten: (2.163 DM/Mon. / 21 AT/Mon.) * 4,5 AT			467,36	
Summe Pos. 1		**3,91**	**263,70**	**467,36**	
2	**1350 m³ Unterwasserbetonsohle herstellen**				
	Lohnaufwand, einschl. Rüst- und Verteilzeiten: 3 AK * 0,05 h/m³ * 1,1	0,165			
	Geräteaufwand: (820,18 DM/Mon. / 21 AT/Mon.) * 4,5 AT/1350			0,13	
	Sonstiges: Taucher: 400 DM/h * 0,025 h/m³ Betonpumpe: 150 DM/h * 0,05 h/m³ Beton: 145 DM/m³		10,00 7,50 145,00		
Summe Pos 2		**0,165**	**162,50**	**0,13**	

Tabelle 6.40 Einheitspreisbildung

Einheitspreisbildung					
	Lohn [h] * 65,41 [DM/h] + 40 % = 91,57 [DM/h]	Sonstige Kosten + 10%	Geräte-kosten + 30%	Fremd-leistung + 10%	Einheits-preis
	[DM/E]	[DM/E]	[DM/E]	[DM/E]	[DM/E]
Position	①	②	③	④	Σ ①-④
Pos. 1 Baustelleneinrichtung 1 pauschal	3,91 * 91,57 = 358,04	263,70 *1,1 = 290,07	467,36 *1,3 = 607,57		1.255,68
Pos. 2 Betonsohle herstellen 1350 m³	0,165 * 91,57 = 15,11	162,50 *1,1 = 178,45	0,13 *1,3 = 0,17		193,73

7 Grundwassermanagement und Qualitätssicherung

7.1 Grundwassermanagement

Großprojekte mit umfangreichen Eingriffen in den natürlichen Wasserhaushalt erfordern ein optimales Grundwassermanagement und abgestimmte Maßnahmen zum Schutz ökologisch wertvoller Bereiche und vorhandener Bausubstanz. Der Bauherr muss neben der Verbringung des von ihm geförderten Grundwassers die wasserbehördlichen Auflagen organisieren und sicherstellen. Hierzu zählt insbesondere eine umfassende Beweissicherung. Im Allgemeinen beinhalten die wasserbehördlichen Genehmigungen, dass der Grundwasserspiegel infolge der Baumaßnahme nur in einem eng begrenzten Bereich schwanken darf. Hierfür werden durch die Wasserbehörde Grundwasserstände definiert, die nicht unter- bzw. überschritten werden sollen. Grundlage für die Festlegung sind die unbeeinflussten Grundwasserstände der letzten Jahre (ca. 20 Jahre) sowie ökologische und pflanzenphysiologische Überlegungen. Hieraus ergibt sich die Notwendigkeit für alle Teilprojekte ein gemeinsames Grundwassermanagement einzurichten. Das Grundwassermanagement kann in eine Grundwassermanagement-Organisation und eine Grundwasserverbringung unterteilt werden. Die Aufgaben der Grundwassermanagement-Organisation umfassen im Einzelnen:

- Planung und Errichtung eines Grundwasser-Messstellennetzes
- EDV-gestützte Überwachung der Grundwasserstände in zugeordneten Grünflächen mit grundwasserabhängiger Vegetation und in der Umgebung von Bauwerken, die vor Grundwasserabsenkung zu schützen sind
- EDV-gestützte Überwachung der Grundwasserförderung und Dokumentation der entnommenen Grundwasservolumina/-volumenströme sowie deren Verbleib
- Steuerung der Verteilung des geförderten Grundwassers zwischen wiederzuversickernden und abzuschlagenden Mengen zur Erfüllung der wasserbehördlichen Auflagen bezüglich der Einhaltung von Grundwasserständen in den zu schützenden Arealen
- Durchführung von Grundwassermodellrechnungen als Entscheidungshilfe
- Qualitätsüberwachung des wiederzuversickernden bzw. abzuschlagenden Grundwassers
- Beweissicherung zur Überprüfung, Bewertung und ggf. Abwehr von geltend gemachten Ansprüchen Dritter, einschließlich eines vierteljährlichen Beweissicherungsberichtes
- Betriebswirtschaftliche Abwicklung des Grundwassermanagements gegenüber den Bauherren, einschließlich einer Nachweisführung

Das von der Organisation betriebene Grundwasser-Messstellennetz dient zur lückenlosen Erfassung der jeweils aktuellen Grundwassersituation. Dies ist für eine gezielte und erfolgreiche Steuerung der Grundwasserverbringung und der Beweissicherung erforderlich. Die Verteilung der Grundwasser-Messstellen richtet sich nach der Höhe der zu erwartenden Grundwasserstandsänderung und nach der Schutzbedürftigkeit der benachbarten Bebauung. In unmittelbarer Baugrubenumgebung, an den Wiederversickerungsarealen und an zu schützenden Gebäuden und Grünbereichen ist eine Konzentration der Messstellen erforderlich. Die Messanlagen werden so ausgelegt, dass das System bei einer Über- bzw. Unterschreitungen der festgesetzten Grenzwerte einen Alarm auslöst, so dass Gegenmaßnahmen eingeleitet werden können. Die an den einzelnen Messstellen gewonnenen Daten und die daraus abgeleiteten Grundwassergleichen (Linien gleichen Grundwasserstandes) bilden die Grundlage für die Steuerung der Verbringung des geförderten Grundwassers und für die Beweissicherung.

Die Aufgaben der Grundwasserverbringung beinhalten:

- Aufbau, Vorhaltung, Unterhaltung, Betrieb und Rückbau eines Leitungsnetzes (von den Übergabestationen der Einzelbaugruben bis zu den Einleite- bzw. Wiederversickerungsstellen), einschließlich der Beschaffung der erforderlichen Genehmigungen und der Ausführungsplanung
- Aufbau, Vorhaltung, Unterhaltung, Betrieb und Rückbau der Pumpenanlagen und der zugehörigen Armaturen, einschließlich der Ausführungsplanung
- Lieferung, Aufbau, Vorhaltung, Unterhaltung, Betrieb und Rückbau von Wiederversickerungsbrunnen, einschließlich der Ausführungsplanung
- Aufbau, Vorhaltung, Unterhaltung, Betrieb und Rückbau der Enteisungs- und Entmanganungsanlage für die Wiederversickerung des geförderten Grundwassers, einschließlich der Ausführungsplanung

Die aufgeführten Leistungen werden je nach Baufortschritt bzw. nach Bedarf an Lenz- und Restgrundwasser-Verbringung stufenweise realisiert. Zur Einhaltung der in den wasserbehördlichen Auflagen festgelegten Höchst- und Niedriggrundwasserstände ist eine vollständige bzw. teilweise Wiederversickerung des entnommenen Grundwassers erforderlich. Insbesondere an zu schützenden Gebäuden und Grünanlagen sind umfangreiche Versickerungsmaßnahmen notwendig. Der nicht für die Wiederversickerung benötigte Anteil des entnommenen Wassers wird in einen Vorfluter geleitet. Gegebenenfalls wird ein Teil des Grundwassers in Baugruben, die sich z. B. in der Phase des Unterwasseraushubes befinden, zur Stützung des Wasserstandes in der Baugrube und damit zur Verminderung der Absenkung im Grundwasserleiter eingeleitet.

Das zu verbringende Wasser (Lenz- bzw. Restgrundwasser) wird an den Übergabestationen, die i. d. R. am Baugrubenrand stehen, an die Verbringung übergeben. Der Hersteller der Baugrube ist dafür verantwortlich, dass das Wasser die von der Wasserbehörde vorgeschriebene Qualität besitzt. Dafür ist ggf. ein Einsatz von dezentralen Dekontaminationsanlagen erforderlich. Das Wasservolumen und die –qualität werden vor der Übergabe in das Verbringungssystem von der Organisation gemessen und geprüft.

Durch das Wasserhaushaltsgesetz (WHG) wird allgemein die Behandlung wasserrechtlicher Fragen geregelt. Einige Bundesländer haben zusätzlich Landesgesetze erlassen. Diese enthalten insbesondere Verfahrensvorschriften, die Festlegung des Behördenaufbaus und die Verteilung von Zuständigkeiten. Vor der Einleitung eines Genehmigungsverfahrens zur Grundwasserabsenkung wird empfohlen, das jeweilige Landesgesetz einzusehen, um durch die Stellung formell richtiger Anträge Zeitverzögerungen zu vermeiden.

Sowohl die Grundwasserabsenkung als auch die Ableitung des anfallenden Wassers sind genehmigungspflichtige Vorgänge (WHG, 1986). Zu beachten ist, dass eine Baugenehmigung (z. B. für die Baugrube und die Wasserhaltungsanlage) keine Bewilligung nach den Vorschriften des WHG darstellt. Ob eine Bewilligungspflicht für die Grundwasserabsenkung vorliegt, wird von der jeweiligen Genehmigungsbehörde entschieden. Generell ist es sinnvoll, bereits in der Planungsphase die Frage der Erlaubnis zu prüfen bzw. durch den Bauherrn prüfen zu lassen.

Das Wasser, das in die örtliche Kanalisation abgeleitet wird, ist kein Vorgang, der dem WHG unterliegt. Dennoch besteht eine Genehmigungspflicht. Die Betreiber der Abwassersysteme (Gemeinden oder Verbände) erheben Einleitungsgebühren, die vom Unternehmer zu tragen sind.

7.2 Bauvorbereitende und baubegleitende Maßnahmen zur Qualitätssicherung

Bauvorbereitende und baubegleitende Maßnahmen zur Qualitätssicherung sind bei allen Wasserhaltungsmaßnahmen erforderlich. Um eine hohe Sicherheit und Qualität bei einer Grundwasserabsenkung (offene Wasserhaltung bzw. Absenkung mit Brunnen) zu gewährleisten, sind die in der Tabelle 7.1 aufgeführten Maßnahmen zu beachten.

In der Tabelle 7.2 sind die bauvorbereitenden und baubegleitenden Maßnahmen zur Qualitätssicherung bei Grundwasserabsperrungsverfahren zusammengestellt.

Tabelle 7.1 Maßnahmen zur Qualitätssicherung bei Grundwasserabsenkungsverfahren

	vor der Baumaßnahme	während der Baumaßnahme	nach der Baumaßnahme
Offene Wasserhaltung	- Einholen aller wasserrechtlichen Genehmigungen - Ermittlung des Grundwasserstandes - Bestimmung der Bodenkennwerte (z. B. k-Wert) - Durchführung einer Grundwasseranalyse - Einholen von Angaben über Nachbargebäude (Gründung, Statik etc.) - Erkundung der Wasserstände benachbarter Gewässer	- Messung der geförderten Wassermenge (täglich) - Kontrolle der Pumpen bzgl. Sandfreiheit - Kontrolle des Grundwasserstandes - Prüfen der Dichtigkeit des Leitungssystems - Gewährleistung der Stromversorgung	- Vermessung der Nachbargebäude (Setzungen) - Kontrolle der Gebäudeabdichtung - Ermittlung des Grundwasserstandes - Überprüfung aller Pumpen und Leitungen auf Dichtigkeit, nach dem Rückbau der Anlage
Schwerkraftanlage	- vgl. offene Wasserhaltung - Durchführung von Probebohrungen	- vgl. offene Wasserhaltung - Setzungsmessungen an der Nachbarbebauung - Bereitstellen von zwei unabhängigen Energiequellen - Installation von optischen und akustischen Warnanlagen - Installation einer Schalteinrichtung zur Stromversorgung der Pumpen - Installation einer automatischen Umschaltvorrichtung bei Ausfall einer Pumpe - Kontrolle auf Versinterung, Verockerung, Korrosion - Kontrolle der Pumpenleistung - Kontrolle des Grundwasserstandes unter der Baugrubensohle	- vgl. offene Wasserhaltung
Vakuumanlage	- vgl. offene Wasserhaltung - Durchführung von Probebohrungen	- vgl. offene Wasserhaltung und Schwerkraftentwässerung - Vermeidung von turbulenten Strömungsverhältnissen - Verwendung von Filtern mit glatter Oberfläche - Entsandung der Brunnen - Vermeidung der Sauerstoffaufnahme durch Diffusion - Bekämpfung von Mangan- und Eisenbakterien durch keimtötende Mittel - Aufrechterhalten des Vakuums - Einregelung und Abstellung der Brunnen muss einzeln erfolgen	- vgl. offene Wasserhaltung

Tabelle 7.2 Maßnahmen zur Qualitätssicherung bei Grundwasserabsperrungsverfahren

	vor der Baumaßnahme	**während der Baumaßnahme**	**nach der Baumaßnahme**
Schlitzwand	- Untersuchung der geologischen und topographischen Eigenschaften - Festlegung der Schlitzwandtiefe basierend auf den Aufschlussbohrungen - Erstellung von Testlamellen - Ausführungsbeschreibung - Eignungsprüfung aller Materialien und Geräte	- Prüfung des Schlitzwandansatzpunktes nach Lage und Richtung - Kontrolle der Bentonit-Suspensions-, Beton-, Filtratwassereigenschaften - Bewehrungsabnahme - Vermessen des offen Schlitzes (Inklinometermessung, Seillot) - Vermessung der Nachbargebäude (Setzungen)	- Güteüberwachung, Ultraschallprüfung - Kernbohrung - Endvermessen des Schlitzes und der Anschlussbewehrung - Erd- und Wasserdruckmessung - Setzpunkte auf GOK - Fugenkontrolle - Überprüfung der Systemdichtigkeit über Großpumpversuche - Vermessung der Nachbarbebauung
Spundwand	- Untersuchung der geologischen und topographischen Eigenschaften - Erdstatische Berechnung	- Vermerken und Kontrollieren der Lage und Stellung der Bohlen im Rammplan - Kontrolle Verankerung zwischen den Schlössern	- Durchführung von Nachkontrollen - Beseitigung von evtl. Schäden (Schlosssprengung, Aufrollen der Spundwand, Schlossundichtigkeit
Bohrpfahlwand	- Untersuchung der geologischen und topographischen Eigenschaften - Festlegung der UK basierend auf den Aufschlussbohrungen - Ausführungsbeschreibung - Eignungsprüfung aller Materialien und Geräte	- Kontrolle der Vertikalität und Überschneidung der Bohrungen - Reinigung der Bohrlochsohle - Sorgfältiger Umgang mit der Bewehrung - Überprüfung der Betoneigenschaften	- vgl. Schlitzwand
Düsenstrahlsohle/-wand	- Untersuchung der geologischen und topographischen Eigenschaften - Eignungsprüfung aller Materialien - Wahl des Verfahrens - Kontrolle und Aufzeichnung der Herstellparameter	- Hebungs- und Setzungsmessungen - Überwachung der Baustoffeigenschaften - Kontrolle des Rückflusses (Wichte, Menge, Zusammensetzung) - Kontrolle des Düsenstrahlkörpers (Bohransatzpunkt, Abmessung, Vertikalität, Reichweite) - Kontrolle und Aufzeichnung der Herstellparameter	- Setzungsmessung - Integritätsprüfung des Düsenstrahlbauwerkes (Druckfestigkeit, Durchlässigkeit) - Kontrolle der Düsenstrahlkubatur, Anschluss an die Fundamente, Dichtigkeit

Fortsetzung Tabelle 7.2

Unterwasserbetonsohle	- Untersuchung der geologischen und topographischen Eigenschaften - Eignungsprüfung des Betons - Logistikplan bei mehreren Betonierabschnitten - Berechnung der erforderlichen Pumpenleistung - Angaben zur Nachbarbebauung	- Kontrolle der Eintauchtiefe des Pumpenschlauches - Höhenmessungen - Kontrolle der Betonfüllung in den Trichtern - Überwachung des Betons nach B II-Richtlinien - Kontrolle des Ausbreitmaßes (45 bis 50 cm) - Optische Konsistenzkontrolle des Betons pro Lieferung	- Messung der Hebung nach dem Lenzen der Baugrube - Überwachung der Festigkeitsentwicklung mittels Temperaturmessung - Setzungskontrolle der Nachbarbebauung - Kontrolle der Dichtigkeit

Bei Verbauwänden, die eine dichtende und eine statische Funktion haben, ist bei der Qualitätssicherung insbesondere auf eine ausreichende Beständigkeit zu achten. Hierfür sind u. a. eine geringe Wasserdurchlässigkeit, eine hohe Widerstandsfähigkeit gegen aggressive Stoffe, eine gute Verformbarkeit und eine hohe Erosionsstabilität erforderlich.

Im Einzelnen wird darauf hingewiesen, dass neben der Untersuchung der geologischen und topographischen Baugrundeigenschaften (vgl. Kapitel 1.3) eine Ermittlung der Wasserqualität vor jeder Wasserhaltungsmaßnahme (offene Wasserhaltung, Grundwasserabsenkung, Restwasserhaltung) erforderlich ist. Wasseranalysen dienen einerseits für die Beurteilung von Korrosions-, Verockerungs-, Versinterungs- oder Verstopfungserscheinungen. Andererseits ist sicherzustellen, dass sich die Wasserzusammensetzung von der Eintrittsstelle in dem Brunnen bis zur Einleitungsstelle in den Boden nicht nachteilig verändert. Gegebenenfalls können die Ergebnisse der Wasseranalyse für ein Beweissicherungsverfahren herangezogen werden.

7.3 Leckageortung

In der Praxis erweisen sich Baugrubenumschließungen zur Grundwasserabsperrung häufig weniger dicht als geplant. Dies führt zu einer deutlich größeren Förderrate für die Restwasserhaltung bzw. zu weitreichenden Absenkungen, was Setzungen in der unmittelbaren Umgebung der Baugrube nach sich ziehen kann. Um dies zu vermeiden, müssen die Wasserzutrittsstellen in der Baugrubenwand lokalisiert werden. Wenn lokale Fehlstellen ein Schadenspotential darstellen und durch summarische Beobachtungen (Pumpversuche) nicht detektierbar sind, sollen Leckageortungen ausgeschrieben werden. Im Folgenden werden einige Messverfahren im Überblick vorgestellt. Die geeignete Methode muss jedoch projektspezifisch gewählt werden.

Thermische Verfahren

Beim Abbinden der zementhaltigen Dichtungselemente (z. B. bei Schlitz-, Düsenstrahlwänden/-sohlen, Unterwasserbetonsohlen) wird Wärme freigesetzt, was zur Erhöhung der Bodentemperatur und des Wassers führt. Wenn beim Lenzen der Baugrube aufgrund einer Leckage Grundwasser durch die Verbauwände tritt, führt dies lokal zu einer deutlichen Auskühlung. Durch Temperaturmessverfahren kann die Temperaturverteilung innerhalb der Baugrube erfasst werden. Dieses Verfahren ermöglicht eine wirtschaftliche und zuverlässige Leckageortung bis in ca. 30 m Tiefe.

Zum Einbringen der Messsensoren wird ein verschraubbares Hohlgestänge (∅ = 22 mm) bis in die gewünschte Tiefe gerammt. Danach wird eine Messkette, bestehend aus einer elektrischen Zuleitung und mehreren Temperatursensoren, in das Hohlgestänge eingebracht. Die Messung wird mit einem Präzisionstemperaturmessgerät durchgeführt und die Daten über einen Datenlogger automatisch aufgezeichnet.

Aufgrund der einfachen Handhabung können Temperaturmessungen mit großflächig ausgelegtem Raster generell als Qualitätssicherungsmaßnahme eingesetzt werden. Bei Ortung einer Fehlstelle kann durch eine räumliche Verdichtung des Messrasters bereits während der Absenkung eine gezielte Lokalisierung der Leckage erfolgen.[62]

Hydraulische Verfahren

Hydraulische Verfahren, wie z. B. Absenk- und Pumpversuche, ermöglichen eine Mengenabschätzung des Wasserzutritts in die Baugrube und eine Unterscheidung zwischen einer allgemein erhöhten Systemdurchlässigkeit und einer durch Fehlstellen verursachten Leckage. Markierungsversuche mit Farbstoffen, Isotopen etc. können die Leckageortung unterstützen. In wassergefüllten Baugruben können zudem durch Fließgeschwindigkeitsmessungen (thermisch, mechanisch) Fehlstellen geortet werden. Diese Verfahren bieten sich für die Abschätzung der Dichtigkeit der Verbauwände an, da im Allgemeinen ein Großteil des Aufwandes für das hydraulische Verfahren (Brunnen, Messpegel) für die Restwasserhaltung sowieso geleistet wird. Eine genaue Lokalisierung der Leckage ist mit einem hydraulischen Verfahren nur selten möglich.[63]

Seismische Verfahren

Seismische Verfahren, wie z. B. Ultraschallmessungen, werden vor allem für Detailuntersuchungen herangezogen. Mit diesen Verfahren können Fehlstellen in Absperrungswänden geortet und lokalisiert werden. Ultraschallmessungen sind jedoch nur für vertikale Bauteile - nicht für Baugrubensohlen - einsetzbar.[64]

---

[62] Fa. GTC Kappelmeyer: Firmenprospekt
[63] Fa. GTC Kappelmeyer: Firmenprospekt
[64] Fa. GTC Kappelmeyer: Firmenprospekt

Geophysikalische Verfahren

Zu den geophysikalischen Verfahren zählt die Messung hydrogeologischer Potentiale mit rasterförmig instrumentierten Sendern auf der Geländeoberfläche oder in Bohrungen.

Literaturverzeichnis

Baldauf, H. Timm, U.	Betonkonstruktionen im Tiefbau Handbuch für Beton- Stahlbeton- und Spannbetonbau, Entwurf - Berechnung - Ausführung Ernst & Sohn, 1988
Dachroth, W. R.	Baugeologie in der Praxis Springer-Verlag, Berlin/Heidelberg, 1990
Deutsche Bauindustrie	Baugeräteliste BGL 1991 Technisch-wirtschaftliche Baumaschinendaten Bauverlag, Wiesbaden und Berlin, 1991
Dornstädter, J. Huppert, F.	Thermische Leckortung an Trogbaugruben mit tiefliegenden Sohlen Vorträge der Baugrundtagung Deutsche Gesellschaft für Geotechnik, e. V. 1998
EAB	Empfehlungen des Arbeitskreises „Baugruben" Ernst & Sohn, 1988
EAU	Empfehlungen des Arbeitskreises „Ufereinfassungen" Häfen und Wasserstraßen Ernst & Sohn, 1996
Englert, K. Grauvogel, J. Maurer, M.	Handbuch des Baugrund- und Tiefbaurechts: mit Einführung in die europäische Grundbaunormung, das Deponie- und Kampfmittelrecht sowie einer Darstellung der wesentlichen Tiefbautechnologien 2. Auflage, Werner-Verlag, Düsseldorf, 1999
Fa. Bauer Spezialtiefbau	Firmenprospekte: Vibrosol, HDI, Fräsen, Geräteprogramm
Fa. Brückner	Firmenprospekt
Fa. GTC Kappelmeyer	Firmenprospekt: Leckageortung
Fa. Keller, Bochum	Firmenprospekt: HDI, Verfestigung
Fa. Hochtief	Firmenprospekt: Vortrag Betontag 97, Dr. Berm, 1997

Fa. Hüdig	Firmenprospekt: Absenkanlagen
Fa. Hüdig	Firmenprospekt
Falkner, H.	Gründung von Großprojekten im Grundwasser - Stahlfaserbeton für Unterwasserbetonsohlen VDI Berichte Nr. 1246, 1996
Herth, W. Arndts, E.	Theorie und Praxis der Grundwasserabsenkung 3. Auflage, Ernst & Sohn, 1994
Hoesch Stahl AG	Spundwand-Handbuch Berechnung Hoesch Stahl AG
Hoffmann, M.	Zahlentafeln für den Baubetrieb 4. Auflage, B. G. Teubner Stuttgart, 1996
Kilchert, M. Karstedt, J.	Schlitzwände als Trag- und Dichtungswände Band 2, Standsicherheitsberechnung von Schlitzwänden nach DIN 4126 1. Auflage, Beuth-Kommentare, 1984
König, H..	Maschinen im Baubetrieb Grundlagen und Einsatzbereiche Bauverlag, Wiesbaden und Berlin, 1996
Kühn, G.	Handbuch Baubetrieb Organisation - Betrieb - Maschinen VDI-Verlag, Düsseldorf, 1991
Kutzner, C.	Injektionen im Baugrund Ferdinand Enke Verlag, Stuttgart, 1991
Lampe-Helbig, G.	Praxis der Bauvergabe
Lorenz Bau	Ausschreibungsunterlagen
Quick, H. Katzenbach, R.	Das Grundwassermanagement für die Parlaments- und Regierungsbauten und Verkehrsanlagen im Spreebogen Berlin VDI Berichte Nr. 1246, 1996
Schmidt, H. G. Seitz, J.	Grundbau in: Betonkalender, Teil 2 Ernst & Sohn, Berlin, 1998

Schnell, W. — Verfahrenstechnik der Grundwasserhaltung
Leitfaden der Bauwirtschaft und des Baubetriebs
B. G. Teubner Stuttgart, 1991

Schnell, W. — Verfahrenstechnik zur Sicherung von Baugruben
Leitfaden der Bauwirtschaft und des Baubetriebs
B. G. Teubner Stuttgart, 1995

Schnell, W.
Vahland, R. — Verfahrenstechnik der Baugrundverbesserungen
Leitfaden der Bauwirtschaft und des Baubetriebs
B. G. Teubner Stuttgart, 1997

Simmer, K. — Grundbau, Teil 2
18. Auflage, B. G. Teubner Stuttgart, 1990

Smoltczyk, U. — Grundbau-Taschenbuch Teil 2
5. Auflage, Ernst & Sohn, 1996

Smoltczyk, U. — Grundbau-Taschenbuch Teil 3
5. Auflage, Ernst & Sohn, 1997

v. Soos, P. — Festschrift für Karlheinz Bauer

Tegelaar, R. — Unterwasserbeton
Schriftenreihe Spezialbetone Band 1
Verlag Bau + Technik, Düsseldorf, 1998

Tespa HSP — Rammfibel für Stahlspundbohlen

VOB — Verdingungsordnung für Bauleistungen
Allgemeine Bestimmungen für die Vergabe von Bauleistungen - VOB Teil A - DIN 1960
Beuth-Verlag, Berlin, 1992

VOB — Verdingungsordnung für Bauleistungen
VOB Teil B und C, Ergänzungsband 1996
Beuth-Verlag, Berlin

Weiß, F.
Winter, K. — Schlitzwände als Trag- und Dichtungswände
Band 1, Erläuterungen zu den Schlitzwandnormen, DIN 4126, DIN 4127, DIN 18313
1. Auflage, Beuth-Kommentare, 1985

DIN-Norm:

Sachverzeichnis

E

F

G

H

S

T

Ü

V

W

Z